蘇州全書

乙编

《苏州全书》编纂出版委员会 编

·天文学小史（外二种）

苏州大学出版社
古吴轩出版社

图书在版编目（CIP）数据

天文学小史：外二种 / 朱文鑫著. -- 苏州：苏州大学出版社：古吴轩出版社, 2024.6
（苏州全书）
ISBN 978-7-5672-4826-7

Ⅰ. ①天… Ⅱ. ①朱… Ⅲ. ①天文学史—世界 Ⅳ. ①P1-091

中国国家版本馆CIP数据核字（2024）第101826号

责任编辑 刘 冉
助理编辑 穆宣臻
装帧设计 周 晨 李 璇
责任校对 朱雪斐

书　　名 天文学小史（外二种）
著　　者 朱文鑫
出版发行 苏州大学出版社
地址：苏州市十梓街1号　电话：0512-67480030
古吴轩出版社
地址：苏州市八达街118号苏州新闻大厦30F　电话：0512-65233679
印　　刷 苏州工业园区美柯乐制版印务有限责任公司
开　　本 718×1000　1/16
印　　张 24.5
版　　次 2024年6月第1版
印　　次 2024年6月第1次印刷
书　　号 ISBN 978-7-5672-4826-7
定　　价 160.00元

《苏州全书》编纂工程

前　言

中华文明源远流长，文献典籍浩如烟海。这些世代累积传承的文献典籍，是中华民族生生不息的文脉和根基。苏州作为首批国家历史文化名城，素有“人间天堂”之美誉。自古以来，这里的人民凭借勤劳和才智，创造了极为丰厚的物质财富和精神文化财富，使苏州不仅成为令人向往的“鱼米之乡”，更是实至名归的“文献之邦”，为中华文明的传承和发展作出了重要贡献。

苏州被称为“文献之邦”由来已久，早在南宋时期，就有“吴门文献之邦”的记载。宋代朱熹云：“文，典籍也；献，贤也。”苏州文献之邦的地位，是历代先贤积学修养、劬勤著述的结果。明人归有光《送王汝康会试序》云：“吴为人材渊薮，文字之盛，甲于天下。”朱希周《长洲县重修儒学记》亦云：“吴中素称文献之邦，盖子游之遗风在焉，士之向学，固其所也。”《江苏艺文志·苏州卷》收录自先秦至民国苏州作者一万余人，著述达三万二千余种，均占江苏全省三分之一强。古往今来，苏州曾引来无数文人墨客驻足流连，留下了大量与苏州相关的文献。时至今日，苏州仍有约百万册的古籍留存，入选“国家珍贵古籍名录”的善本已达三百一十九种，位居全国同类城市前列。其中的苏州乡邦文献，历宋元明清，涵经史子集，写本刻本，交相辉映。此外，散见于海内外公私藏家的苏州文献更是不可胜数。它们载录了数千年传统文化的精华，也见证了苏州曾经作为中国文化中心城市的辉煌。

苏州文献之盛得益于崇文重教的社会风尚。春秋时代，常熟人言偃就北上问学，成为孔子唯一的南方弟子。归来之后，言偃讲学授道，文开吴会，道启东南，被后人尊为“南方夫子”。西汉时期，苏州人朱买臣负薪读书，穹窿山中至今留有其“读书台”遗迹。两晋六朝，以“顾陆朱张”为代表的吴郡四姓涌现出大批文士，在不少学科领域都贡献卓著。及至隋唐，苏州大儒辈出，《隋书·儒林传》十四人入传，其中籍贯吴郡者二人；《旧唐书·儒学传》三十四人入正传，其中籍贯吴郡（苏州）者五人，文风之盛可见一斑。北宋时期，范仲淹在家乡苏州首创州学，并延名师胡瑗等人教授生徒，此后县学、书院、社学、义学等不断兴建，苏州文化教育日益发展。故明人徐有贞云：“论者谓吾苏也，郡甲天下之郡，学甲天下之学，人才甲天下之人才，伟哉!”在科举考试方面，苏州以鼎甲萃集为世人瞩目，清初汪琬曾自豪地将状元称为苏州的土产之一，有清一代苏州状元多达二十六位，占全国的近四分之一，由此而被誉为“状元之乡”。近现代以来，苏州在全国较早开办新学，发展现代教育，涌现出顾颉刚、叶圣陶、费孝通等一批大师巨匠。中华人民共和国成立后，社会主义文化教育事业蓬勃发展，苏州英才辈出、人文昌盛，文献著述之富更胜于前。

苏州文献之盛受益于藏书文化的发达。苏州藏书之风举世闻名，千百年来盛行不衰，具有传承历史长、收藏品质高、学术贡献大的特点，无论是卷帙浩繁的图书还是各具特色的藏书楼，以及延绵不绝的藏书传统，都成为中国文化重要的组成部分。据统计，苏州历代藏书家的总数，高居全国城市之首。南朝时期，苏州就出现了藏书家陆澄，藏书多达万余卷。明清两代，苏州藏书鼎盛，绛云楼、汲古阁、传是楼、百宋一廛、艺芸书舍、铁琴铜剑楼、过云楼等藏书楼誉满海内外，汇聚了大量的珍贵文献，对古代典籍的收藏保护厥功至伟，亦于文献校勘、整理裨益甚巨。《旧唐书》自宋至明四百多年间已难以考觅，直至明嘉靖十七年（一五三八），闻人诠在苏州为官，搜讨旧籍，方从吴县王延喆家得《旧唐书》“纪”和“志”部分，从长洲张汴家得《旧唐书》“列传”部分，“遗籍俱出宋时模板，旬月之间，二美璧合”，于是在苏州府学中椠刊，《旧唐书》自此得以汇而成帙，复行于世。清代嘉道年间，苏州黄丕烈和顾广圻均为当时藏书名家，且善校书，“黄跋顾校”在中国文献史上影响深远。

苏州文献之盛也获益于刻书业的繁荣。苏州是我国刻书业的发祥地之一，早在宋代，苏州的刻书业已经发展到了相当高的水平，至今流传的杜甫、李白、韦应物等文学大家的诗文集均以宋代苏州官刻本为祖本。宋元之际，苏州碛砂延圣院还主持刊刻了中国佛教史上著名的《碛砂藏》。明清时期，苏州成为全国的刻书中心，所刻典籍以精善享誉四海，明人胡应麟有言：“凡刻之地有三，吴也、越也、闽也。”他认为“其精，吴为最”，“其直重，吴为最”。又云：“余所见当今刻本，苏常为上，金陵次之，杭又次之。”清人金埴论及刻书，仍以胡氏所言三地为主，则谓“吴门为上，西泠次之，白门为下”。明代私家刻书最多的汲古阁、清代坊间刻书最多的扫叶山房均为苏州人创办，晚清时期颇有影响的江苏官书局也设于苏州。据清人朱彝尊记述，汲古阁主人毛晋“力搜秘册，经史而外，百家九流，下至传奇小说，广为镂版，由是毛氏锓本走天下”。由于书坊众多，苏州还产生了书坊业的行会组织崇德公所。明清时期，苏州刻书数量庞大，品质最优，装帧最为精良，为世所公认，国内其他地区不少刊本也都冠以“姑苏原本”，其传播远及海外。

苏州传世文献既积淀着深厚的历史文化底蕴，又具有穿越时空的永恒魅力。从范仲淹的“先天下之忧而忧，后天下之乐而乐”，到顾炎武的“天下兴亡，匹夫有责”，这种胸怀天下的家国情怀，早已成为中华民族精神的重要组成部分，传世留芳，激励后人。南朝顾野王的《玉篇》、隋唐陆德明的《经典释文》、陆淳的《春秋集传纂例》等均以实证明辨著称，对后世影响深远。明清时期，冯梦龙的《喻世明言》《警世通言》《醒世恒言》，在中国文学史上掀起市民文学的热潮，具有开创之功。吴有性的《温疫论》、叶桂的《温热论》，开温病学研究之先河。苏州文献中蕴含的求真求实的严谨学风、勇开风气之先的创新精神，已经成为一种文化基因，融入了苏州城市的血脉。不少苏州文献仍具有鲜明的现实意义。明代费信的《星槎胜览》，是记载历史上中国和海上丝绸之路相关国家交往的重要文献。郑若曾的《筹海图编》和徐葆光的《中山传信录》，为钓鱼岛及其附属岛屿属于中国固有领土提供了有力证据。魏良辅的《南词引正》，严澂的《松弦馆琴谱》，计成的《园冶》，分别是昆曲、古琴及园林营造的标志性成果，这些艺术形式如今得以名列世界文化遗产，与上述名著的嘉惠滋养密不可分。

维桑与梓，必恭敬止；文献流传，后生之责。苏州先贤向有重视乡邦文献整理保护的传统。方志编修方面，范成大《吴郡志》为方志创体，其后名志迭出，苏州府县志、乡镇志、山水志、寺观志、人物志等数量庞大，构成相对完备的志书系统。地方总集方面，南宋郑虎臣辑《吴都文粹》、明钱谷辑《吴都文粹续集》、清顾沅辑《吴郡文编》先后相继，收罗宏富，皇皇可观。常熟、太仓、昆山、吴江诸邑，周庄、支塘、木渎、角直、沙溪、平望、盛泽等镇，均有地方总集之编。及至近现代，丁祖荫汇辑《虞山丛刻》《虞阳说苑》，柳亚子等组织“吴江文献保存会”，为搜集乡邦文献不遗余力。江苏省立苏州图书馆于一九三七年二月举行的“吴中文献展览会”规模空前，展品达四千多件，并汇编出版吴中文献丛书。然而，由于时代沧桑，图书保藏不易，苏州乡邦文献中“有目无书”者不在少数。同时，囿于多重因素，苏州尚未开展过整体性、系统性的文献整理编纂工作，许多文献典籍仍处于尘封或散落状态，没有得到应有的保护与利用，不免令人引以为憾。

进入新时代，党和国家大力推动中华优秀传统文化的创造性转化和创新性发展。习近平总书记强调，要让收藏在博物馆里的文物、陈列在广阔大地上的遗产、书写在古籍里的文字都活起来。二〇二二年四月，中共中央办公厅、国务院办公厅印发《关于推进新时代古籍工作的意见》，确定了新时代古籍工作的目标方向和主要任务，其中明确要求“加强传世文献系统性整理出版”。盛世修典，赓续文脉，苏州文献典籍整理编纂正逢其时。二〇二二年七月，中共苏州市委、苏州市人民政府作出编纂《苏州全书》的重大决策，拟通过持续不断努力，全面系统整理苏州传世典籍，着力开拓研究江南历史文化，编纂出版大型文献丛书，同步建设全文数据库及共享平台，将其打造为彰显苏州优秀传统文化精神的新阵地，传承苏州文明的新标识，展示苏州形象的新窗口。

“睹乔木而思故家，考文献而爱旧邦”。编纂出版《苏州全书》，是苏州前所未有的大规模文献整理工程，是不负先贤、泽惠后世的文化盛事。希望藉此系统保存苏州历史记忆，让散落在海内外的苏州文献得到挖掘利用，让珍稀典籍化身千百，成为认识和了解苏州发展变迁的津梁，并使其中蕴含的积极精神得到传承弘扬。

观照历史，明鉴未来。我们沿着来自历史的川流，承荷各方的期待，自应负起使命，砥砺前行，至诚奉献，让文化薪火代代相传，并在守正创新中发扬光大，为推进文化自信自强、丰富中国式现代化文化内涵贡献苏州力量。

《苏州全书》编纂出版委员会

二〇二二年十二月

凡　例

一、《苏州全书》（以下简称“全书”）旨在全面系统收集整理和保护利用苏州地方文献典籍，传播弘扬苏州历史文化，推动中华优秀传统文化传承发展。

二、全书收录文献地域范围依据苏州市现有行政区划，包含苏州市各区及张家港市、常熟市、太仓市、昆山市。

三、全书着重收录历代苏州籍作者的代表性著述，同时适当收录流寓苏州的人物著述，以及其他以苏州为研究对象的专门著述。

四、全书按收录文献内容分甲、乙、丙三编。每编酌分细类，按类编排。

（一）甲编收录一九一一年及以前的著述。一九一二年至一九四九年间具有传统装帧形式的文献，亦收入此编。按经、史、子、集四部分类编排。

（二）乙编收录一九一二年至二〇二一年间的著述。按哲学社会科学、自然科学、综合三类编排。

（三）丙编收录就苏州特定选题而研究编著的原创书籍。按专题研究、文献辑编、书目整理三类编排。

五、全书出版形式分影印、排印两种。甲编书籍全部采用繁体竖排；乙编影印类书籍，字体版式与原书一致；乙编排印类书籍和丙编书籍，均采用简体横排。

六、全书影印文献每种均撰写提要或出版说明一篇，介绍作者生平、文献内容、版本源流、文献价值等情况。影印底本原有批校、题跋、印鉴等，均予保留。底本有漫漶不清或缺页者，酌情予以配补。

七、全书所收文献根据篇幅编排分册，篇幅适中者单独成册，篇幅较大者分为序号相连的若干册，篇幅较小者按类型相近原则数种合编一册。数种文献合编一册以及一种文献分成若干册的，页码均连排。各册按所在各编下属细类及全书编目顺序编排序号。

天文学小史（外二种）

朱文鑫　著

出版说明

朱文鑫（1883—1939），字贡三，号槃亭。江苏昆山人。清末附贡生，毕业于江苏高等学堂，1907 年赴美国，入威斯康星大学学习天文，被推选为中国留美学生会会长。回国后曾担任南洋路矿学校校长，兼任南洋大学及复旦大学教授。朱文鑫是中国现代天文学史研究的开创者，长于用现代天文学理论研究中国古代天文学。著有《天文考古录》《历代日食考》《历法通志》《星团星云实测录》等。

《天文学小史》分为绪论、上编和下编三部分。绪论为“天文学之源流”，可视为中国近代最早且较为系统的世界天文学史概论。上编为“古天文学史”，先论中国天文学史，上起唐虞，下迄元明；次论西洋天文学史，包括巴比伦、埃及、希腊、罗马、印度、阿拉伯、西域、欧西。下编为“新天文学史”，从 16 世纪至 20 世纪，每个世纪单列一章，其第五章包括了 20 世纪最初 30 年中几乎所有最重要的天文学进展。下编之后附“外国人名中西对照表”“外国地名中西对照表”。

《天文考古录》收录《中西天文史年表》《中国历法源流》等十五篇文章。正文前有叶楚伧序、胡朴安序。本书以现代天文学方法，对中国史籍中记载的一些天文历法问题进行考证。

《历代日食考》正文前有袁希涛序、沈燕谋序。本书利用现代天文学推算交食的工具书［主要是奥伯尔泽（Oppolzer）的《日月食典》

（*Canon der Finsternisse*）]，对中国古籍中大量日食记载进行考证。按朝代先后分列春秋、战国及秦、两汉、魏晋、南北朝、唐代、五代、宋代、元代、明代、清代十一个表，表中详列史载年月日、相应的公历年月日、儒略周日等，并有备考、注释等。

以上三种著作在中国人的天文学史著中均有开拓之功。而比之西人亚瑟·贝瑞（Arthur Berry）的《天文学简史》（*A Short History of Astronomy: From Earliest Times through the Nineteenth Century*），虽然篇幅较小，价值却不遑多让。

本次出版分别以商务印书馆万有文库 1935 年版《天文学小史》、万有文库 1933 年版《天文考古录》，以及商务印书馆 1934 年版《历代日食考》为底本，改繁体竖排为简体横排。

目　录

天文学小史

上编　古天文学史

下编　新天文学史

附录

天文考古录

历代日食考

天文学小史

绪论　天文学之源流

天文之学，无分乎古今中外，而其间有一定之律也。月何以有时如镜，有时如钩。日何以有时极南，有时极北。行星遨游于众星之间，何以其行独速。众星浮生于虚空之中，何以其光不灭。彗孛飞流，何以忽来忽去。日月薄蚀，何以有全有偏。银河之星，何以独密。星云之距，何以独远。造历者何以测候日星，能预推一年之节气。航海者何以观望星月，能驶行无轨之海洋。测地者又何以推步星象，能区分大地之疆域。凡此种种，未可尽举，但皆属诸天文学之问题，而足以解答之者，惟有定律而已。其范围此定律者何在？曰空间。何谓空间？即天文学所占地位之处。其应用此定律者又何在？曰时间。何谓时间？即天文学所占地位之时。后汉张衡《灵宪》云："上下四方谓之宇，古往今来谓之宙。"宇占空间，宙占时间，时空之观念，随历史之演进而发展，宇宙之界限，由天学之进步而扩张。时间与空间，为天文观测之主要元素，有密切之关系。张衡之宇宙观，与哀斯坦之四元论[1]，上下二千年，有息息相关之理，于是天文学史尚矣。

天文为科学之祖，文化之母。世界文化之起源，莫不与天文相表里；世界科学之发达，莫不借天文以推进。上古穴居野处，宫室制度未兴，日出而作，日入而息，鸡鸣戒旦，星见而昏。观月有圆缺，知时日之转移。见星有出没，知昼夜之永短。自然之现象，随人类生活以俱进。天文之常识，偕书契纪载而同来。古代游牧人种，移居就食，昼行以太阳为南针，夜行以星月为向导，久而习之，乃知南行而极星渐低，北行而极星渐高，东行则日出渐早，西行则日入渐迟。于是仰观天文，而知方向之变迁，后世之航海测地，同此理也。迨移殖至可耕之地，遂成为土著之农，每值播种之时，则见此星东升，及至收获之候，又见彼星中天。久而习之，乃知此星东升，春之始分；彼星东升，秋之始分；此星中天，夏之必至；彼星中天，冬之必至。于是仰观天文，而知节气之转移，后世之治历明时，即此理也。稽诸旧典，《豳风·授衣》，女红之事，《唐风·三星》，嫁娶之时，定之方中，版筑以兴，农祥晨正，耕稼以始，读史者足以觇古代政教之所行，风化之所趋焉。且日星之出没，昼夜之永短，节气之早晚，交食之浅深，莫不因时而异，因地而变，读史者又足以觇世序之推移，方舆之区分焉。埃及以右枢为极星，观金字塔坠道而可证；周秦以帝星为极星，读《史记·天官书》而益显；时异而岁差所积以殊，此因天文以考见乎时者也。居北方则曰秋分候老人于南郊，语在《史记·天官书》，至南海则见老人星下列星灿然，事载《唐书·天文志》，地异而观测所得不同，此因天文以考见其地者也。故历史之纪载，得天文以证明之，而天文之观测，又借历史以阐发之。天文学史者，所以明人类进化之次第，天学发达之源流也。

天学发祥之地，即文化起始之源。世界文明古国，可考者有五千年之历史，稽古证今，东西显分二派：东方文明，起于中国，黄河、扬子江两大流域，为文化交通之枢；西方文明，起于巴比伦，幼发拉的[2]与底格里斯两河之间，为农商荟萃之区，亦即东西天学胚胎之两大中心。中国天文学，由时代而演进，有完整之历史；西方天文学，由地势而转移，随武力以兴灭，各有渊源，分道扬镳，各自发展，或因自然之现象，观测有相同之点，方法有相似之处，其有不同者，不能强同也。如谓东西天学，同出一源，勉强牵合，非失诸穿凿，即近于武断。

近时东西学者，有谓中国天学，汉以前已由西方传入，殆亦昧于中国经史，无庸深辩。中国星象历数，散见于“六经”，《书》《诗》《春秋》之日食及彗孛、流陨之纪载，正确详明，非西史所能及，故与其谓中国古代天学得诸西方者，不如谓西方古代天学得诸中国，较为可信。中国声教所讫，文化西渐，固不自汉通西域始，亦不自亚历山大帝东征始，不必远溯唐虞、羲和钦若昊天，远宅西方，作好高骛远之谈，即证诸《史记》，已足明其大概。太史公言：“幽、厉之世，畴人子弟分散，或至诸夏，或至夷翟。”则远适异国，挟书器而长征者，事诚有之。声教所播，远国怀柔。故西方古时，称中国为天朝，语载希腊人提细亚斯之著述，[3]时在西元前四百年间，约值春秋战国之际，足证周末畴人，有以中国天学，传入彼邦，始知上国文明，致尊为天朝也。据希腊史家希罗多德言，西元前六七百年间，有亚理斯底亚者，曾至新疆之西，以证东西交通之早。当亚历山大帝东征印度时，其部下泥阿卡斯将军笔记中，有中国丝绢输入西方之说。[4]证诸《汉书·西域传》，张骞至大夏，见邛竹杖、蜀布，询明自身毒传来。可见汉武以前，中国之物，已入印度，与泥阿卡斯之纪述相符。然则中国之物质文明，早已输入西方，亦文化西渐之证也。秦始皇北筑长城以却匈奴，胡人不敢南下而牧马，而中国势力出关无阻。迨汉武帝使张骞凿通西域，已威震月氏、大宛、安息、大夏诸国。后汉班超西征，远及里海，长驱西进，探得罗马军情，而中国文化自亦随之深入西方。亚历山大帝世称西方雄主，武力东侵，不过及新疆之西，未入中国之境，近人即据此而谓中国古代天学由西方传入者，殆仅读希腊史而未读中国史，知其一而未睹其二也。况当时中国之输入西方者，邛竹之杖、西蜀之布，以及锦绣丝绢，皆属人造艺术之品；而西方之贡献于中国者，大秦之宝、大宛之马，以及玳瑁、金银，尽是天然生产之物，文野之分，显然可见。即如后世罗马之所谓科学艺术，在隋唐之际，尚不值中国之一顾。[5]唐以后中国造纸之术、印刷之法，由阿拉伯传入欧西，始开中古欧陆之文明。西法之传入中国者，虽唐有天竺之《九执历》，元有西域之《万年历》，皆引用不久，疏阔即罢，至明译《回回①历》，虽立专科，与中历并用，亦不过聊备参考而已。迨明末利玛窦来中国，得徐光启之助，始用西法，岂得谓中国古代天学，已由西方传入者乎。

考中国古代天学，原分二派：一为天文家，如《周礼》之保章氏，观测恒星、流彗之隐见，其言涉及占验，不离古时之占星术；一为历家，如《周礼》之冯相氏，推步日、月、五星之行度，其法重在测算，有若近代之应用天文学。故司马迁作《史记》，历与天官，分为两书，历代因之，判若鸿沟。西方古代天学，原分三派：一为神学派，如巴比伦、埃及、希伯来之僧侣，以星为神，视地为平，犹《旧约》第一卷之《创世记》，后世谓之宗教系；一为哲学派，如柏拉图、亚力士多德、派赛格拉斯诸家，以地为球形，居宇宙中心而不动，后世谓之亚力士多德系；一为科学派，如尤笃克斯、迦力波、多禄某诸家，创诸轮之法，以测日、月、五星之行度，后世谓之多禄某系。[6]此中西天学派别之不同。

中国创十二次二十八宿之法，相传甚古；而巴比伦有十二宫二十八星之说，其法相似，而宫次界限不同，星宿分类各异。《洪范》星有好风，星有好雨；巴比伦轸为风星，昴为雨星。《史记》紫宫、房心、权衡、咸池、虚危为五官坐位，西法以心大星、轩辕大星、毕大星、北落师门为四方主星。古历冬至在牵牛，西历春分起白羊。《三统历》以一百三十五月为朔望之会，迦拉底以二百二十三月为交食周期。一岁三百六十五日又四分日之一，十九年七闰，中西古法，皆有相似之点，此乃自然之现象，与当时之实测，有不得不相符者也。

中国历法，至秦汉而始具规模。西洋天学，至希腊而始成科学，由阿拉伯而传入西欧，至德国而复兴；其间一千四百余年，欧洲各国莫不以多禄某为宗，迨十六世纪始见国际之勃兴，开近代天文学之新

① 编者注：今作回族。

纪元。哥白尼，波兰人也，创行星绕日之说，一变古来地心之宇宙观。第谷，丹麦人也，经三十年之密测，为后人推步之根据。迦略利，意大利人也，创远镜以窥天，发古人未发之秘。刻白尔，德人也，创椭圆定理。牛顿，英人也，创万有引力。此数家者，实近代天学之开山鼻祖，乃由各国相集而成，岂不奇哉。厥后天学之进步，当以德人为最，英人次之。侯失勒威廉，由德迁英者也，自造返光镜，发见天王星，破古来太阳系之范围，复开近代恒星天学；宇宙构造之研究途径，其有功于天学者，不亚于哥白尼、迦略利诸家。近年以美人为最，巨大之远镜，精良之仪器，相继制造，学者应时而起，物理天学，日见进步。尤奇者，哀斯坦，犹太人也，生长德国，发明相对论，为牛顿以来科学界之重大革命，今乃被逐于德，寄居于美。天文之学，原无分乎古今中外，惟有一定之律，而无国界之分，若斤斤于彼我之争者，适见其度量之隘矣。

天文学史由观测方面而论，约可分为三大时期[7]：

一、肉眼天文学之时期：在远镜未创以前，观测天象，全恃目力。自希腊依巴谷至丹麦第谷，约一千五百年，所用仪器，皆极简单，发明学理虽不多，而创始之功，自不可没。

二、远镜天文学之时期：一六〇八年，荷兰眼镜铺幼子利泊希发明放大幻镜，迦略利闻而改造之，用以测天，于是各国天文家应时而起。三百年来，正天学猛进之时，远镜之构造，精益求精，双星、星团、星云发见日多，至十九世纪末，已达全盛时代。

三、分光天文学之时期：自弗劳恩霍拂引用分光镜以测星，凡远镜之所不能窥测者，皆借分光镜以求之。恒星物理之性质、化学之成分，以及运动之向背，遂一一发明，为近代最新之物理天文学。二十世纪以来，进步尤见神速，而各家之致力于此者，正方兴未艾。

若以天文学之历史而论，亦可分为三大时期：

一、观测天文学或应用天文学之时期：古人观测天象，专推诸星之位置，及相与之视动，全恃几何学为推步之基础，其功在希腊学者，相延一千五百年，莫能出其范围。

二、引力天文学或论理天文学之时期：自刻白尔创椭圆定律，及牛顿创万有引力，应用于天学之后，诸星之运动，皆能精密测定，而天文学之进步，亦遂显著。

三、物理天文学或自然天文学之时期：自迦略利应用远镜以测天，凡古之所未明者，皆得目验，继以分光镜、测光镜、摄影器等，各种测验之利器，逐一应用，于是星体之组织、宇宙之构造，由物理之性质、化学之成分推究之，遂成近代天文学之大观。

由是观之，第一期为古代天文学之时期，有二千余年之历史；后两期为近代天文学之时期，经四百余年之进步；此天文学之自然区别，不能与普通历史之分期，相提并论也。故十六世纪以前，属诸第一期，名曰古天文学史，分地述之，足觇当时中外学术并行之源。十六世纪以后，属诸后两期，名曰新天文学史，分时论之，足觇近代国际科学勃兴之象。惟小史篇幅有限，只能删繁就简，纪其大略，聊备参考云尔。

注释

［1］哀斯坦相对论，以前后、左右、上下、迟早为四元时空，盖三元空间，惟有物象，四元空间，兼及时事也。

［2］外国人名地名原文，插入本文之间，似眩读者之目，故另编对照表于书后，以译音第一字笔画①为次序。譬如查哀斯坦之原名，则在人名表九画部内，查幼发拉的之原名，则在地名表五画部内，余皆仿此。

［3］参观沈璇译、新城新藏著《东洋天文学史之研究》，后附饭岛

① 编者注：底本为繁体笔画。

忠夫之论文。又《科学》第十一卷第六期，陈啸仙译饭岛氏《中国天文学之组织及其起原》，予案西方古时称中国为 Celestial，即天朝之意。

[4] 同上。

[5] 参观梁思成等译、韦尔斯《世界史纲》，上编第四〇三页。

[6] 麦克罕森《近代宇宙论》绪言，(H. Macpherson's *Modern Cosmology*)。

[7] 参观文鑫《天文考古录·中西天文史年表》，可为本书之提要，惟西人译音，略有修改，读者谅之。

上编　古天文学史

一　中国天文学史

中国天文之学，具载于经史。虽秦火以后，古籍散亡，咸阳一炬，官书尽毁。而汉室初兴，“六经”复见，固不免有残缺之虞、真伪之分，然犹得借天文之纪载以考定之。况《史记》以后，历代正史，有一贯之系统，现行二十四史，有天文、律、历诸志者凡十七史；《史记》律、历、天官，分为三书。《汉书》以律、历合志，易天官书为天文志；《续汉志》《晋书》《魏书》《隋书》《宋史》仍之；《宋书》志历与天文，而不及于律；《旧唐书》《新唐书》《旧五代史》《金史》《元史》《明史》仍之；《汉书》、《后汉书》及《宋书》另于《五行志》内，纪日食星变之事；《南齐书》仅志天文，《新五代史》独考司天；《辽史》但志历象，又皆特变其例；其他《三国志》《南史》《北史》《梁书》《陈书》《北齐书》《周书》诸书皆无志，惟《北齐书》之《方技》传，《北史》之《文苑》《艺术》《儒林》诸传，有述及各天文家之言语行事，即诸史本纪、列传之中，有关于天文历法者，纪载亦甚详明。此二千余年完整之历史，为世界各国所无，天学之发达，亦远在西人之前；徒以中途废弛，反落人后。后世推崇西学，厌弃前闻，不知探本而穷源，遂致数典而忘祖。尝见东西天文学者，引用我国旧典，译成彼国文字者，往往有之；如还译国文而不知其出处，必不得与原文相符，又有袭我前人之说，而不言其所自，国人不察，反译为某国某氏之言者，能毋浩叹。考我史日中黑子之观测，自汉迄明，一千六百余年，有百余次之纪录，而西人尚不知日面之有黑斑。哈雷彗之复见，自秦迄清，二千余年，按期不忒，未尝稍有间断，此种惊人之实录，悉具于诸史。故琴立希博士云：“观中国天文之史实，悠久明确，则所谓西方文化者，诚瞠乎其后矣。”[1]然则中国史之不可不读也明矣，盖已往之陈迹，未来之阶梯也；古天文之良史，今天文之资镜也。

（一）唐虞至周秦

古之测天，莫重于历，炎帝分八节，轩辕建五部，少皞以凤鸟司时，颛顼以南正司天，历法之源，由来远矣。然其事见史传，而其法莫可考，究未可尽信，孔子删《书》，断自唐虞。唐虞之际，尧命羲和，测天设官，舜察璇玑，观象有器，期三百六旬有六日，以闰月定四时成岁，粗举纲要，实开后世治历之端。夫历者计岁月日之法也，地球一昼夜而自转一周，故一日为天然计时之单位；自今日正午至明日正午，经过一日之时间，绝无天文知识者，皆易明了。其次为计月，自月圆以至月圆，经过一月之时间，亦显而易见，故太阴历为自然计时之基础。再次为计岁，不如一日一月之易明，必借天文观测而始定。在中国居赤道之北，见冬至日行极南，日最短，夜最长；夏至日行极北，日最长，夜最短；设竖立一杆，以测日影，如《周礼》之土圭，则一岁之中，冬至正午影最长，夏至正午影最短，由此极简之测候，而知冬至至冬至，或夏至至夏至，为一岁之长。古之治历者，以夜半为日首，朔旦为月首，冬至为岁首，故冬至至冬至为一岁，朔旦至朔旦为一月，夜半至夜半为一日。而计日之法，又创十干十二支，相配而成六十甲子。说者谓起自殷代，因殷墟文字有干支之象形，殷代帝王多以干支命名，考诸《诗经》《春秋》，其所纪干支，皆与后世相连续。故历法虽屡经变革，而古代日序仍得赖以考证，实中国历法之主要骨干，天文史开宗明义第一章也。

古之治历，首重历元，必以甲子、朔旦、夜半、冬至齐同，为起算之端。当斯之际，日、月、五星，又须同度，如合璧联珠之象，谓之上元。纬书名曰开辟，唐《大衍历》后名曰演纪上元，此古人治历之基本观念。自汉迄宋，未尝稍变，至元郭守敬《授时历》始废。七政行度，出入黄道，岁周月周，数有奇零。古人推究上元，必以甲子、夜半、至朔与七政齐同，原属理想之事，然因此而观测星象，天学赖以进步。其最显著者有三：一因推至朔同日，而昼测日影，夜考中星，《尧典》鸟、火、虚、昴，以明四时，《小正》《月令》，兼言昏旦，于是分周天为十二次，以定节气之早晚，分星宿为二十八，以测七政之行度矣。二因推日月合璧，而知同经为朔，同度为交，交在朔则日食，交在望则月食，《诗经》以月食为常，《春秋》只书日食，至后世历法疏密，验在交食矣。三因推五星联珠，而知星行之顺逆，见伏之周期；东有启明，金水之晨见，西有长庚，金水之夕见；由西而东者谓之顺行，由东而西者谓之逆行，由顺而逆，或由逆而顺之时，谓之留，亦谓之守，于是五星之掩犯凌聚，详加密测矣。中国天文学，即由此三大途径而迈进，乃以上元为目的地者也。

今相传历法之最古者，为《黄帝》《颛顼》《夏》《殷》《周》《鲁》六历，其书载在《汉书・艺文志》，其法散见于诸史及纬书、子书，其上元积年详于《开元占经》，但真本早已失传。《汉书・律历志》云："汉存六历，虽详于五纪之论，皆秦汉之际，假托为之。"祖冲之云："古术之作，皆在汉初周末，理不得远。"尝据《颛顼历》立春在营室五度，《殷历》冬至在牵牛初度，推算其测定之时，约距今二千三百余年，在周烈王时代，盖春秋战国之间，天学渐见发达，古历已经相当之整理。今将六历测算之源，简略述之，以明大概。[2]

一岁　三百六十五日四分日之一。

自冬至至冬至，一岁之长，犹今之平太阳年，其日数有小余，故今年冬至正午之日影，与去年冬至正午之日影，不能相合。古人连测四年，始见冬至午影渐复原处，极为密近，因以四周一千四百六十一日，无小余而影复初。复以周除日，得三百六十五日又四分日之一，为一岁之日数，谓之岁实。

一章　十九年七闰，二百三十五月，六九三九·七五日，冬至、朔旦齐同。

冬至为岁首，朔旦为月首。惟一年之后，冬至不能复在朔旦，经测算之后，乃知冬至十九周，与月朔二百三十五周，日数相同。则冬至与朔旦相遇，故至朔同日曰章。以冬至测一岁之长，全系太阳历，以朔望计一月之长，全系太阴历，古人以至朔齐同为治历之本，即欲使太阳历与太阴历相符，故平分一岁为十二中气，十九年凡二百二十八中气，即二百三十五朔望月内有二百二十八中气，其间有七月无中气，故十九年而七闰。秦用《颛顼历》，以十月为岁首，置闰于岁终，名后九月。汉初承之，至武帝时造《太初历》，始以无中气之月为闰月，故《汉志》曰："朔不得中，谓之闰月。"

一蔀　四章，七十六年，九百四十月，二七七五九日，冬至、朔旦、夜半齐同。

一章之后，至朔相齐，但十九年之日数，仍有小余，至朔虽同日而不能同时，必不复在夜半。故取四章为蔀，九百四十月，二万七千七百五十九日，无小余，则冬至复在朔旦夜半，此治历之基础始定。于是以月数除日数，得一月之长，为二十九日又九百四十分日之四百九十九，谓之朔实，亦曰朔策。

一纪　二十蔀，一千五百二十年，五五五〇八〇日。

一元　三纪，四千五百六十年，一六六五二四〇日，甲子、朔旦、夜半、冬至齐同。

一蔀之后，冬至复在朔旦夜半，惟不定在甲子日。因一蔀之日数，非六十所能除尽，取二十蔀为一纪，五十五万五千零八十日，以六十除之，仍余二十。则一纪之后，冬至起于甲辰；二纪之后，起于甲申；三纪之后，始复于甲子。故以三纪为元，其日数可以六十除尽无余，于是甲子、朔旦、夜半、冬至齐同矣，谓之历元。(此元年数，亦得以六十除尽之，如用干支纪年法，则年名亦复)

古人推算历元，犹求岁、月、日、时各周期之小公倍数，无如岁周月周，数有奇零，难以齐同。故自汉迄宋，屡更历元，终不密合，即十九年七闰，其数相近，而非适等。由近世测定年月常数推算，二百三十五朔望月之日数，比十九平太阳年之日数，约大千分日之八十六。故北凉赵畋，首改闰率；南北朝诸家，各有增损。至唐李淳风始破章法，更求密数，但古人创始之功，自不可没。

古历于历元之外，复求日、月、五星齐同，如合璧联珠，以为上元，于是须推七政之周期，使同起于历元，为出发之点、起算之端，而公倍数亦愈大。故《开元占经》所载六历积年，皆在二百七十六万年以上，其推算之法，始见于《三统历》，而《三统》之太极上元，推至二千三百六十三万九千零四十年。后之历家，颠倒于上元积年之间，埋没于各种周期之内，以求合于算数，而冀有验于天象，一部中国历法史，实可谓演纪上元之算史也。[3]

日月合璧，全食之象也。交在朔则起日食，交在望则起月食。日食者，月体掩日也；月食者，地影掩月也。月食则地球背日之半面尽见，日食则月影所过之地方有限，故日食虽多于月食，而可见之机会反少。古人重视日食，自较月食为甚，其最古之纪录，见于《夏书》："惟季秋月朔，辰弗集于房。"梁虞劆推为仲康元年，唐一行推为仲康五年，但周共和以前，纪年难征。据《竹书纪年》，仲康元年为己丑，五年为癸巳。而《皇极经世》仲康元年为壬戌，五年为丙寅，相差二十七年，故仲康日食，难得确期。《诗经》"十月之交，朔日辛卯，日有食之"，为周幽王六年事，查是年九月望月食，十月朔日食，月食中国可见九分余，日食仅见偏食。《诗》又云："彼月而食，则维其常，此日而食，于何不臧。"足证当时两食迭见，故《诗经》相提并论也。《春秋》日食三十七，除四者误纪外，三十三食，确为得诸目验，而书诸史策，为后世考验历法之据，亦《春秋》天学发达之征也。[4]

《春秋·鲁文公十四年》：秋七月，有星孛入于北斗。克劳密林谓为哈雷彗最古之纪录。《庄公七年》：四月辛卯，夜中星陨如雨。毕渥德谓为天琴座流星雨最古之纪录。《僖公十六年》：正月戊申朔，陨石于宋五。则陨石之能书其地而记其数者，亦自《春秋》始。当时梓慎、裨灶、史赵、卜偃之徒，虽长于机祥，短于推步，而天文之观测，赖以促进，古史之纪载，借以保存，亦未可因占验之说而忽之。

战国之时，七雄争霸，诸侯养拥游士。纵横捭阖之辈，鸡鸣狗盗之徒，乘时而起，然其间不乏深通天文之士。甘德楚人（《天官书》云齐有甘德），作《天文星占》八卷；石申魏人，作《天文》八卷，世称《甘石星经》。顾炎武《日知录》云："今天官家所传星名，皆起于甘、石。"宋邵康节《皇极经世》云："五星之说，自甘公、石公始。"盖《史记》《汉书》所引甘、石语，都属五星；《续汉志》注引《星经》五六百言，类多占验之谈，与今本不同，是刘昭所见之《星经》，已非真本。《开元占经》所载《星经》，皆出自《晋》《隋》二志，显系唐人伪托。《史记索隐》所引《星经》语，与《占经》同，则司马贞所见者，亦为赝本。《图书集成》所录《星经》语，采自《汉魏丛书》，各星去极度与《宋史·天文志》略同，又为唐以后讹撰，更无疑义。据《汉书·天文志》，岁星晨出东方，石氏在斗牵牛，甘氏在建星婺女，《太初历》在营室东壁，可证甘、石所测，正当战国之时。所惜者，当时战乱纷纭，测候失序，又经秦、项两火，古籍散亡。太史公作《史记》，诸侯之史已尽失，独得诸《秦记》。搜罗史传，仅得九日食、九彗星、一陨石而已，不著月日，其文疏略，殆为秦火之烬余矣。

二十八宿之星名，散见于《书》《诗》《夏小正》《尔雅》诸书；至《甘石星经》载岁星行天一周，遍历二十八宿，《月令》详载二十八宿之昏旦中星，及日躔所在，足证二十八宿之起原，当在殷周之间，至战国及秦而大备。[5]古人观测日、月、五星之行度，恒以恒星为背景，入宿去极之度，独今之赤道经纬，惟日之所在，星光被夺，日在恒星间之视位，目不能见，故夜测中星以推之，择二十八宿为标准。又因月、五星出入于黄道南北，顺逆留守，五星之行度各异，所经星象，阔狭不齐，乃以二十八宿东西相距之度，依赤道区分之。故二十八宿之距度，大小不等，而二十八宿之星，皆与黄赤道相近也。

十二次之名，始见于《尔雅》《左传》《国语》，分黄道为十二等分，以定各节气日躔。《汉志》所谓“日至其初为节，至其中为中”。古人所以有节气中气之别也。战国之时，以岁星为十二年一周天，分周天为十二次，以岁星所在之次，为纪年之标准。如《左传》岁在星纪，《国语》岁在鹑火之类。当时未明岁差，不知恒星与节气，每年有五十秒余之差，乃以二十八宿配定于十二次，如《尔雅》星纪-斗、牵牛，玄枵-女、虚、危之类，由此可见周秦之际，以十二次二十八宿，为观象授时之基础。

以上所述，仅举汉以前天文史之大略，自汉武帝制定历法以后，始有一贯之系统，历法之沿革，约可分为五期。

第一期　汉武帝时（《太初历》）始定历法，开中国天文史之第一纪元。

第二期　南朝宋祖冲之（《大明历》）始定岁差，开中国天文史之第二纪元。

第三期　唐傅仁均（《戊寅历》）始用定朔，开中国天文史之第三纪元。

第四期　元郭守敬（《授时历》）始废历元，开中国天文史之第四纪元。

第五期 明徐光启（《新法历》）始用西法，开中国天文史之第五纪元。

（二）两 汉

两汉天学之进步，极为显明。学理之发展，实测之精勤，历法之创改，仪象之构造，著述之丰富，在中国天文史中，造成四百年之新纪录。虽脱腕书之不能尽，只得粗举大略，借窥一斑而已。

古之谈天，有浑天、盖天、宣夜三家，蔡邕云："宣夜绝无师传，周髀多所违失，惟浑天最得其情。"浑天之说，卵中裹黄，作浑仪以测之，作浑象以象之。盖天之说，起于周髀，以句股测影，以盖图绘星。自落下闳、贾逵、张衡以来，皆宗浑天，蔡邕且欲寝伏仪下，以终其身；但测算之法，不离乎周髀；独宣夜无传，后人亦不明其义。邹伯奇以为宣夜乃测星之学，因夜考中星，自古所重，测候星象，常在夜分，此但依字义揣测，亦浅乎宣夜，其实浑盖仅言其形，宣夜乃推究其理者也。考《晋书·天文志》，述郄萌所传宣夜说，虽寥寥数行，而天学之大纲，悉具于是。《志》但言萌为汉秘书郎，而不详其行事；刘昭补注《续汉志》，常引其占说，是萌为东汉时人。

宣夜之书曰："天了无形质，仰而瞻之，高远无极，眼瞀精绝，故苍苍然也。譬之旁望远道之黄山而皆青，俯察千仞之深谷而窈黑，夫青非真色，黑非有体也。日月众星，自然浮生虚空之中，其行其止，皆须其气焉。是以七曜或游或住，或顺或逆，伏见无常，进退不同，由乎无所根系，故各异也。故辰极常居其所，而北斗不与众星西没也。摄提（岁星）、填星（镇星）皆东行，日行一度，月行十三度，迟疾任情，其无所系着可知矣，若缀附天体，不得尔也。"案天无形质，是其独到之见；众星浮空，亦属探本之论，取譬之辞，皆合实测。古人但知浑盖之形象亲切，周髀之测算简易，而忽于宣夜之理。汉以后独晋虞喜本宣夜而作《安天论》，谓天为不动，当时为葛洪所驳，而未畅其旨。从此无人过问，致不能以玄妙万能之气，推究其众星行止之故。直待二千年后之牛顿，方发明引力之理，而为天体力学之功臣，岂不惜哉。

《汉书·艺文志》载天文二十一家，四百四十五卷，历谱十八家，六百六卷，皆有书名，惜早失传。西汉天文之著作，今可考者，当以《淮南·天文训》为最古。《天文训》为《淮南子》二十一篇之一，于天文历法，候星测影，风雨气候，律度量衡，以及阴阳五行，无不具载，足以见汉初之学说。且其传必远在汉以前，故钱塘《补注》序云："三代古术，往往见于《周礼》《左氏春秋传》《史记·律书》《史记·历书》《史记·天官书》中，其可以相质证者，赖有此篇。"篇首论天地开辟，始于虚廓，虚廓生宇宙，宇宙生气，气之清妙者为天，重浊者为地，以及日月星辰之由气而生，实中国宇宙学之肇端。案刘安封淮南王，即位在文帝十六年，其时汉用《颛顼历》，《淮南》载正月建寅，日月俱入营室五度，日日行一度，而岁余四分度之一，月日行十三度十九分度之七，足以觇《颛顼历》之模型，而月行平率，古人早经测定，亦由此可见。

纬书不知何人所作，始见于西汉末叶，盛行于东汉，种类甚多，大抵为汉人搜考古籍，而附以己说之著作。《尚书考灵曜》有言："地体虽静，而终日旋转，如人坐舟中，而人不自觉。春星西游，夏星北游，秋星东游，冬星南游；一年之中，地有四游。"前半述地之自转，后半述地之公转，极为简明，后人因纬书非经，不加重视，犹宣夜之埋没于古籍，而无人顾问。今读史者谁不知地转之说，创于希腊之尤笃克司，而成于波兰之哥白尼，尚复有人忆及东汉之《考灵曜》哉。

两汉学理之发展，可以概见，其他历法实测仪象诸大端，具载于《史记》《汉书》《续汉志》，容择要言之。汉武帝雄材大略，文事武功，为一代冠。元封七年，诏公孙卿、壶遂、司马迁等，议定汉历，立晷仪，下刻漏，测二十八宿以定四方之位。复招致唐都分天部，落下闳运算转历，用邓平八十一律法，作《太初历》，改元封七年为太初元年，以建寅正月为岁首，此历法史上第一次改革。

《太初历》何故用邓平律法，以黄钟九九自乘为日法，此开宗明义第一章，治此历者当首先研究者也。考古历一月之长，为二十九日又九百四十分日之四百九十九，其策余（日下小数），大于二分之一。邓平欲化繁为简，若命为三十二分之十七，则大于古历策余；若命为四十九分之二十六，则小于古历策余，乃于二率相加，为八十一分之四十三，则最为微近。于是假托黄钟，以日法为八十一，策余为八十一分日之四十三。《汉志》云："《太初》术一月之日，二十九日八十一分日之四十三"是也。一日为八十一分，则一月为二千三百九十二分，一章二百三十五月，为五十六万二千一百二十分，名曰周天，此十九年之日分也。若以八十一除之，得十九年之日数，再以十九除之，得一年之日数，为三百六十五日又一千五百三十九分日之三百八十五，名曰岁实。若先以八十一乘十九，为一千五百三十九，一次除之，所得岁实正同，故以一千五百三十九为统法，即一千五百三十九年，有五十六万二千一百二十日。冬至在朔旦夜半，惟不定在甲子日，因此日数非六十所能除尽，于是三倍之，为一百六十八万零三百六十日，可以六十除尽无余，于是朔旦、夜半、冬至必在甲子矣。故一千五百三十九年为统法，三统四千六百一十七年为元法，即《太初历》以三统推历元之法也。后刘歆重编《太》法，遂名之曰《三统历》。盖《太初》以改元名历，《三统》以法数命名，故《续汉志》直言"太初元年，施行《三统历》"。何承天谓刘歆之生，不逮太初，后人几几乎疑《续志》之讹言矣。

古历凭诸实测，由岁实而求朔实。惟所得岁余四分日之一，尚嫌其大，将三百年而多一日，故《春秋》日食多在朔，《汉书》日食多在晦，已见一日之差。《太初》依据古历，全凭推算，由朔实而求岁实，所得岁余一千五百三十九分日之三百八十五，其数更大，将不及三百年而多一日。故太初以后，《汉书》日食，仍多在晦，落下闳运算之时，即知其非，语在《益州耆旧传》，后为张寿王所诋，事见《汉书·律历志》。当时司马迁亦知平术之未善，徒以诏用其法，不敢争执，故《史记·历书》不言邓平其人，亦不载八十一分法。后刘歆依据《太初》，重编《三统》，巧说《春秋》。班固谓其推法密要，采入《律历志》，故《太初历》行于时，而其法不见于《史记》，《三统历》并未用，而其法详载于《汉书》，于是汉历之起源，亦得赖以考证。

《太初》沿袭古历，以冬至起于牵牛初度，《三统》依据成法，未敢遽改。故刘歆始言："冬至在牵牛初。"继言："冬至在建星。"后复犹豫其辞曰："冬至进退牛前四度五分。"俱载于《三统历》。后汉贾逵论历，则明言："冬夏至不及太初五度，冬至在斗二十一度又四分度之一。"盖自春秋战国间，测定冬至点后，至刘歆时约三百余年，冬至自当差四度余，至贾逵时又将七十余年，冬至自当差五度，故在斗而不在牛，汉人虽不知岁差，而实测所得其差自显。

《三统历》共分七节：一曰统母，二曰纪母，三曰五步，四曰统术，五曰纪术，六曰岁术，七曰世经。统以步日月之躔离，纪以步五星之见伏，为此历之本根。母者立法之原；术者推算之法；五步者，实测五星以验法；岁术者，推岁之所在以纪时；世经者，稽古之年，以证其术之有据，提纲挈领，条理井然，为后世历家之法式。其历之特点有四：一曰岁星超辰，知古法之未密，以一百四十四年而超一次；二曰五星见复，以金水合日至合日为一复，火、木、土冲日至冲日为一见；三曰交食周期，以一百三十五月而二十三食；四曰世经纪年，引经据典，远溯上古，虽数有未密，皆其特创。所惜者依托钟律，附会易象，使天学入于迷途，为后世所诟病耳。

东汉知《太初》之疏阔，恢复古法，改用《四分历》，创议于建武朱浮、许淑之上书，课校于永平张盛、景防之实测，施行于元和李梵编欣之考定。迨永元间，贾逵创黄道仪，测黄道度，始悟月行迟疾之理，考订官漏增灭之数，废冬至在牛之说，而立斗分之名，去岁星超辰之法，而以干支纪年，前后经七十年而历法始备。然永元以后，议论复起，延光中亶诵议用《殷历》，梁丰议复《太初》，为张衡、周兴所难。汉安初边韶非议《四分》，又欲规复《太初》，为虞恭、宗欣所驳。熹平间冯光、陈晃非议《四分》庚申之元，甚谓“历元不正，故妖民叛寇”。为蔡邕所斥。当时《四分历》渐见疏阔，但诵、韶、光、晃之徒，墨守旧章，拘泥谶纬，不尚实测，空争历元，宜为衡、邕诸家所驳斥。而衡、邕亦无法以改进之。迨汉末刘洪，潭思密测，二十余年，始悟《四分》之疏阔。由于斗分之太大，于是减少岁余，造《乾象历》，测定月行迟疾之率，月距黄道之度，此变更古历之首创，为魏晋历家所师法，其法载在《晋志》，元元本本，可得而考也。

古历十九年为一章，一章之内，日行十九周，月行二百五十四周。《三统历》已明言之，可知十九日内，日行十九度，月行二百五十四度，即一日之内，日行一度，月行十三度十九分度之七。《淮南·天文训》亦已明言之，此东汉以前所用之平率也。然月绕地而行，其轨道微近椭圆，故每日月之视行，有时不足十三度，即古之所谓迟，有时过于十三度，即古之所谓疾。今迟疾一周之间，相差约三度余，汉以前历家不知也。迨贾逵始测得“月移故所疾处三度”（见《续汉志·贾逵论历》），刘洪复加密测，名之曰过周分，即月行迟疾一周过于周天之数也。由是测得历周日，即月行一周之日数，今谓之近点月，月自近地点环行一周之日数也。刘洪所得为二七·五五三三六日，与近世白朗氏常数二七·五五四五五日，相差不远。嗣后历家名之曰转终日，因而推测益密，大半与白朗数相合。[6]然则贾逵创始之功，刘洪测算之法，其所以促进天学者，岂浅鲜哉。

汉初推算交食之法，始见于《天官书》，惟其文有脱误，《三统历》始以一百三十五月为朔望之会，六千三百四十五为会月，谓朔旦冬至日月合璧齐同也。《四分历》延袭之，谓“月食之既者，至此而复既”。然合璧在朔，必为日食，汉历但推月食，而讳言日食。盖不愿以有数可推，发日食循环之秘，使人主无戒警恐惧之心；或者以日食不利于人主，不便预言，有触上忌；或因日食之既者难遇，月食之既者易见，举月食以为例，所以便目验也。东汉历家推算交食，益为重视，其起算之元，周期之数，屡有改革。熹平、光和间，诸家之争执尤烈，为东汉天文史中一件重要公案，考当时所用月食法，实分五期。

一、元和二年乙酉，延用三统法，以河平癸巳为元。

二、永元十二年庚子，用宗绀法。

三、熹平四年乙卯，用宗诚法，改以是年乙卯为元。

四、光和二年己未，用冯恂法；又有王汉法，以己巳为元，未行。

五、光和三年庚申，复用诚法。

其间仅光和二年，恂汉二法，为二家所创，余皆同三统法，不过易其元耳。兹将各家周期列表于后，并附以西法，借便比较。

			一食	一周后差
三统法	一三五月	二三食	五·八六九五月	多〇·四九九日
宗诚法	一三五月	二三食	五·八六九五月	多〇·四九九日
冯恂法	五六四〇月	九六一食	五·八五二二月	多一·五九一四日
王汉法	一一五〇月	一九六食	五·八六三二月	少〇·八五八七日
迦拉底	二二三月	三八食	五·八六八四月	少〇·四五九四日
牛考慕	三五八月	六一食	五·八五二四月	多〇·〇四日

案《续汉志》“光和二年，王汉上月食注，言自章和元年至今，凡九十三岁，合百九十六食”，其间有三十四闰月，合计之为一千一百五十月。恂所推一食之数，与牛氏颇密近；汉所推一食之数，与迦拉底相去亦不远；惟一周之后，所差较大，不如三统之密。故恂法仅行一年，而汉法未经行用。又案光和二年，诸家预推月食，各有不同，恂术以三月，诚术以四月，官历以五月，及期三月阴云，四月不食，五月又阴，皆未得目验，遂起各家之争执，而史官考验莫决，卒以诚、恂议论失当而罚俸两月，王汉用元不合而遣归乡里。今考是年三、四、五月，皆不应食，当时推算未密，致是非莫决，罚俸遣归，恐不足以服恂、诚、汉

之心，亦可见古人创法之难。

五星之定名，大抵起于甘、石。木星曰岁星者，古测十二年一周天，一年行一次，所以纪岁也。土星曰镇星者，古测二十八年一周天，一年行一宿，如二十八宿之坐镇也。火星曰荧惑者，以其荧荧如火，光度有变，行道不齐，足以惑人也。金星曰太白者，以其色银白，全天最明也。水星曰辰星者，以其距日不及三十度，不过一辰也。观其命名之原，皆根据实测，非漫设也。至汉代测验益密，《三统》《四分》《乾象》诸历，所测五星行度及会合周期，与今测皆不甚悬殊。而《四分历》所测水星一周之数，为一一五·八七日，几与今测相合，至足惊人。[7]

恒星之观测，甘、石以后，首推唐都。都为西汉方士，太史谈受学天官，《太初历》招分天部，故《天官书》序云："汉之为天数者，星则唐都，气则王朔，占岁则魏鲜。"史公之书，即本三家之说，虽不专论星象，而叙述恒星，尤为深切著明。言下见象，以五官之坐位为经，而曰"不移徙，大小有差，阔狭有常"。因地球之自转，现全天之动程；恒星有岁差，则浑天全转，而相与之方位不变；恒星有自行，则其动极微，非积年久测，不觉其移徙也。班固撰《汉书》，马续作《天文志》，恒星一部全录《史记》，而曰："经星常宿，中外官凡百一十八名，七百八十三星，皆有州国官宫物类之称。"良以《天官书》闳远微眇，故述而不作；惟马氏纪此名数，不知如何算起。据《天官》所述星，有不著定数者也。后汉张衡《灵宪》云："中外之官，常明者百有二十，可名者三百二十，为星二千五百，微星之数，盖万有一千五百二十。"并谓海人之占，尚不与也。今六等以上目所能见者，不过二千五百星至三千星，足证其言之有据；又述及海人之占者，明中原尚有不得见之星也。故恒星之观测，至《灵宪》而始备。

孛之名始见于《春秋》，彗之名始见于《史记》，而客星之名始见于《天官书》，惟不详其形状。《汉志》实录所载，恒与彗孛相混，大抵当时之所谓客星，非即近世之所谓新星。然《汉志》载“武帝元光元年六月，客星见于房”，实为世界最著名之第一客星，考诸西史，是年希腊依巴谷，亦见客星而作《恒星表》，谓所见者在天蝎座中，足证其为同此一星，而必明大易见。然则《汉志》特与彗孛相别，而名曰客星者，自非无据也。

《汉书·五行志》载：“河平元年三月乙未，日出黄，有黑气大如钱，居日中央。”此日中黑子之实测，为世界最古之纪录。《续汉·五行志》纪黑子凡二：一言大如瓜，在日中央；一言如飞鹊，数月而消，与日斑消长之理合。考自汉迄明一千六百余年间，有一百余次之纪录。其时远镜未创，西人尚不知日面之有黑子也。古人观测天象，全恃目力，目力所及，无不殚精测候，虽日光强烈，未可逼视，犹能于相当情形之下，观察而得其大概。[8]两汉《五行志》纪日食、日异等事，虽不免偏于占验，涉以机祥，而古人重视休咎，纪载借以流传，后世赖以质证。如《汉志》日食有晦朔之不同，而历法得以验其疏密，测候因之而加精，京房好言日异，有五色五变之占，而日中黑子即由此以发明，其有功于天学者，实未可限量，岂得以五行之志，尽属灾异之谈，而不加细察，遂令古人创造之功，隐没以终哉。

两汉之实测，具载于《天文》《律历》《五行》诸志，未可悉举，兹不过纪其荦荦大者而已。至仪象之制，亦自汉而始备，武帝时落下闳始造浑天仪，于地下转运，以测星象。宣帝时耿寿昌复铸铜为象，故杨雄说浑天，谓“落下闳营之，鲜于妄人度之，耿中丞象之”。永元十五年，贾逵创黄道铜仪，定黄道宿度，测得黄赤距纬，及黄白距纬之数。阳嘉元年，张衡作浑象，以漏水转之，璇玑所加，某星始出，某星方中，某星今没，观浑象者闭户而唱之，与灵台之观天者，皆如合符，制作之巧，为后世所取法也。今德美两国构造假天（Planetarium），作通俗之演讲，亦不出乎此理，不过规模宏大，机械益精耳。[9]

（三）魏晋南北朝

三国鼎立，天下扰攘。刘氏僻居西蜀，因汉室之裔，承《四分》之历，与国终始，而无所创改。孙氏偏据东吴，行刘洪之《乾象历》，阚泽为之解，徐岳宗其法，陆绩、王蕃皆依据以改造浑天仪象。曹氏奄有中原，自袭汉统，以《四分》为汉历而已旧，《乾象》为吴历而莫用，议造新历，自定魏制。开国之初，高堂隆、韩翊各以历上，但增益《乾象》斗分，依附《四分》范围，未见所长，不能行用。明帝时有杨伟者，长于测验，善于推算，造《景初历》，始悟黄白交点，每年有移动之度，知交食之起，不必定在交点，月朔在近交之处，亦可起日食，月望在近交之处，亦可起月食，于是定交会迟疾之差，犹今之所谓食限。复推月食分数法，及亏起方位角，皆为前历所无，后历所法。自景初元年施行以来，迄于魏末；晋一天下，沿袭承之，改名“泰始”；迨晋室东迁，偏安江左，仍未稍改。惟因《景初历》推五星甚疏，用《乾象》之五星法以代之。宋初仍袭此历，改名“永初”，沿用二十三年。故《景初历》自魏历晋而至宋，两易其名，沿用二百余年，为汉建安以后宋元嘉以前惟一之善历。

两晋沿用《景初》，无所创作，说者谓晋之士大夫好尚清谈，不重实学，故于天文历法，绝无表见，但亦未必尽然，如虞喜作《安天论》，独宗宣夜，自具卓识，且发明岁差，实开中国天文史之新纪元。晋以前不知岁差，天周与岁周不分，以为太阳自冬至一周天而一周岁。虞喜始悟太阳之一周天，非即冬至之一周岁，分天自为天，岁自为岁。因太阳自今年冬至环行一周天，至明年冬至，不能复在原点，而有不及之处，是谓岁差，又谓之恒星东行，或谓之节气西退。后祖冲之、刘焯遂用以治历，而恒星年与太阳年始有分别，皆喜创始之功也。又太原中，后秦姜岌，亦当时之善历者也，造《三纪历》，始推日食分数，又因测中星以推日躔，全恃精密时刻，但古来计时之法，悉凭壶漏，难得密合，乃以月食所冲，定日之所在，更为准切。且岌又发明蒙气差，

《隋书·天文志》引姜岌[10]语，谓“参伐初出，在旁则其间疏，在上则其间数（细密也）”。又谓“日初出时，地有游气，故色赤而大，及至中天，上无游气，故色白而小”。盖光线经过空气而曲折，星之视高，恒大于真高，名曰蒙气差；愈近地平，其差愈大，渐高渐小，至天顶而无。姜岌之说，与近代学理相合，此皆晋代之重要发明，亦中国天文史上光荣之一页也。

《晋书·天文志》撰于唐李淳风，实录所记，得以觇魏晋之实测。其论星象，虽多占验之谈，而其间有为后世所宗，且视为定论者也。其言恒星曰：“吴太史令陈卓合甘、石、巫咸（《天官书》云殷商巫咸）三家星官，著于图箓，总二百八十三官，一千四百六十四星。”自晋迄宋，皆以为定纪，惟查《晋志》所载，较陈卓数少一百七十一星，刘宋钱乐之作《浑象》，以朱、黑、白三色，用殊三家，而合陈卓之数，但其图已失传。《隋书·天文志》亦出自李淳风之手，其数始合。《步天歌》即根据《晋》《隋》二志，而分三垣二十八宿，亦合陈卓之数。此歌文词浅陋，不过便于记诵。自郑樵《通志》目为秘宝，以为只传灵台，不传人间，于是宋以后皆以此歌为根据。《宋史·天文志》载紫微垣三十五坐，一百六十星；太微垣十九坐，七十八星；天市垣十八坐，八十七星；东方七宿四十六坐，一百八十六星；北方七宿六十六坐，四百有八星；西方七宿五十五坐，二百九十九星；南方七宿四十四坐，二百四十六星；总二百八十三坐，一千四百六十四星。宋苏颂《新仪象法要》星图，紫微垣环极四十度内，三十七名，一百八十三星；东北方十四宿，距赤道南北五十五度内，一百二十七名，六百六十六星；西南方十四宿，距赤道南北五十五度内，一百十七名，六百十五星；总二百八十三名，一千四百六十四星，皆合陈卓之数。故后世所用星名，大抵皆起于《晋志》，其言天汉起讫，述银河所经星象，自尾宿起，出河鼓、天津，经王良、阁道，越天船、大陵，过天狼、弧矢，而环天一周，简而弥赅，亦为后世史志所宗。其言彗星曰：“彗星所谓埽星，本类星，末类彗，小者数寸，长或经天，彗本无光，傅日以为光，夕见则东指，晨见则西指。”由引力之理，彗之首恒向日，晨见则日在东，首向日而尾西指，夕见则日在西，首向日而尾东指。《晋志》之言，由于实测之经验，虽不言其理，而其理自显。其言孛星曰：“孛亦彗属，偏指曰彗，芒气四出曰孛。”其言客星曰：“其见无期，其行无度。”其言流星曰：“自上而降曰流，自下而升曰飞，大者曰奔，奔亦流星。”其他述抱珥背璚之象亦甚详，故天学上之名称，亦大抵起于《晋志》。《志》所纪日中黑子凡二十二，如桃如李，如枣如卵，皆能志其形状，明其消长，亦为后世所法。

南北朝历家承虞喜之后，实测岁差之率，在历法沿革史上，处重要之地位。何承天、祖冲之创之于前，张子信、刘焯继之于后，其间屡有发明，天学日臻进步。南朝以何承天为宗，北朝以祖冲之为法；而北齐历家蜂起，祖氏开山之功也。无如两朝之纪载，最为纷歧；南朝之历有六，载在《宋书》者仅《元嘉》《大明》二历；北朝之历有十二，载在《魏书》者仅《正光》《兴和》二历。李延寿撰《南史》《北史》，总括两朝而不作诸志。南自宋武帝永初元年，至陈后主祯明二年；北自魏明帝泰常五年，至隋文帝开皇八年；凡一百六十九年。《南史》书日食三十六，而《北史》有七十九，同在一年者仅二十七；其间尚有月日不合者，疏漏抵牾，莫此为甚，故考订两朝历法之沿革，须参阅各史，始得条理。[11]《隋书·律历志》采梁天监以后，五代历法损益之要，上接刘宋，下逮李唐，足见两朝之规模，并载《开皇》《皇极》《大业》三历。刘焯之《皇极历》，虽未得行用，而当时咸称其妙，又为唐历所取法，故《隋志》纪之特详。后之读《宋书》者可略得两朝之精华，读《隋书》者亦可知《皇极》之模范矣。

宋元嘉间，何承天始悟日食有在晦二日，月食有在望前后，皆不合于法，故以盈缩定其小余，而正朔望之日，使日月食必在朔望，故月有三大二小，此引用定朔之起源也，实开唐历之先。又创调日法，累强弱之数，得中平之率，以为日法朔余。譬如朔实为二十九日五三〇五八八有奇，欲收其奇零之数，须用命分。若命为二分日之一，太疏阔，不可用；改为十七分日之九，则弱；又改为三十二分日之十七，则强；应得之数，当在此强弱二率之间。于是以弱率加强率，为四十九分之二十六，仍强；再加弱率，为六十六分之三十五，则转弱；复加强率，为九十八分之五十二，则微强。如是递加，可得渐近，此何承天之调日法也。唐宋历家演纪上元，皆以此法为本。[12]

祖冲之天算大家也，又精于机械之学，改造指南车，创建自行船，运转如意，属试辄验。其所撰《大明历》，创作殊多，测得《三统历》以岁星一百四十四年超一次，其数未密，谓“岁星行天七匝，辄超一次”，约得八十四年一周天，为唐《大衍历》所本，与今测颇密近。因赵𢾺首改闰率，尚未精密，更创新率，以求适合。[13]何承天不用岁差，冲之始以入历。惟虞喜以五十年差一度，冲之以百年差一度，刘焯谓其过犹不及，改用七十五年。然虞喜首明其法，冲之始以治历，皆足为后世之创；虽其数未密，而其功实伟。冲之复测定交点月，月自交点环行一周之日数，得二七·二一二二三日，与白朗常数甚密近。[14]后之历家名曰交终日。案月法四种，原为治历之本，至冲之而始全备：一曰朔望月，早见于古历；二曰经天月，始见于《三统》；三曰近点月，始见于《乾象》；四曰交点月，始见于《大明》。由是测验有据，推求益密，冲之创始之功，不亦伟哉。

昔魏刘徽创《九章》，祖冲之作《缀术》，同为中国算学之鼻祖。《缀术》曾列于唐之学官，后乃失传，其所定圆周密率，至今不能出其范围。《隋书·律历志》云：“圆率周三径一，其术疏舛，自刘歆、张衡、刘徽、王蕃、皮延宗之徒，各设新率，未臻折衷。冲之更开密率，以圆径一亿为一丈，圆周盈数三丈一尺四寸一分五厘九毫二秒七忽，朒数三丈一尺四寸一分五厘九毫二秒六忽，正数在盈朒二限之间，密率圆径一百一十五，圆周三百五十五，约率圆径七，圆周二十二。”元赵友钦世称缘督先生，撰《革象新书》，尝推究其术，先以圆容四方形，逐次倍之，至万六千三百八十四等边形，求得祖氏密率之朒数；若以外切等边形求之，则得祖氏密率之盈数。

《大明历》为戴法兴所挠阻，当时未得行用，齐欲用之，亦未果。至梁天监中，冲之之子暅上其父历，史官考验，始知胜于旧历，遂施行之。祖暅承其父业，深通天学，尝实测纽星去极之度，以证岁差之有据。古以北极为不动处，自岁差之理明，而后知北极亦动，因北极之移动，而极星亦古今不同矣。周秦之际，以帝星为极星，《天官书》曰"其一明者"是也。隋唐迄宋，以天枢为极星，故《晋》《隋》志曰"四辅抱极"，以四星正抱天枢也。天枢为北极五星之一，为五等小星，故《朱子语类》曰"取旁一小星为极星"是也。祖暅之所谓纽星者，即天枢也。嗣后宋沈括、元郭守敬相继测候，各有不同，而北极之移动亦益显。祖暅又于嵩山之上，造八尺铜表，以为日晷，其下与圭相连，圭上为沟，置水以取平正，复开后世水平之法。

北齐得祖氏之风，历家乘时而起；信都芳、宋景业、刘孝孙、张孟宾、郑元伟、董峻各有著作。张子信因葛荣之乱，避居海岛，专以圆仪测天，历三十年，始悟日月之不平行。考月行有迟疾，汉末已经测见，日行有盈缩，当时尚无人知。盖地球绕日而行，一年一周，其轨道为椭圆，日偏在一焦点，故距离有远近，而视行有迟疾。冬至前后，地距日最近，其行最疾，反观日之视行，亦最疾。夏至前后，地距日最远，其行最迟，反观日之视行，亦最迟。张子信首先测得盈缩之数，而以日在冬至为盈之极；自冬至后渐缩，至春分而平；至夏至为缩之极，夏至后渐盈，至秋分而平；至冬至又为盈之极。刘焯始立盈缩躔差法，唐一行复加密测，为推定朔定气之本。后世始知冬至不在近日点，夏至不在远日点，而测候益密。然张子信测候之功，不亚于第谷；向使候簿犹在，未必无刻白尔者，由此绘图推算，而发见椭圆定理也。

隋高祖统一南北，行禅代之事，欲以符命耀天下。道士张宾知其意，盛言星历有谢代之征，又得内臣刘晖之援，高祖大悦，令主历法。宾乃依据元嘉，微加增损；颁行之初，刘孝孙、张胄元、刘焯皆言其非。孝孙前朝老臣，困守观台，尤为愤激，舆棺力争，伏地痛哭。高祖异之，令与胄元同课月食；而孝孙必欲先斩刘晖，后订历法，高祖不悦。会孝孙卒，张胄元得太史印，引进袁充，互相标榜，胄元谓充历妙极前贤，充言胄元术冠古今，袭孝孙与焯之法而撰《大业历》。并力排刘焯，而心实畏之，其历行于开皇十七年。初命上元冬至起虚五度，自知其疏而不敢改。至大业四年，刘焯卒后，方改为虚七度，而增损诸法。先是刘焯驳胄元历六大款，纠其谬误者多至七百余条。仁寿四年，焯撰《皇极历》，帝欲行之。袁充方幸于帝侧，与胄元共排抑之；焯称疾而归，历竟不行。当时术士咸称其历之善，《畴人传》论之至当，谓“焯术推迟疾盈缩，黄道月道损益，日月食多少及所在所起，并密于前术；唐《麟德》《大衍》，号称名术，而写《皇极》旧法，以为能究术算之微，盖自何承天、祖冲之以来，未有能过之者也”。且焯历有定朔法，有定气法，已开后世之先。淳风用定朔而另立进朔，一行用定气而只推交食，皆写《皇极》旧法，而未臻缜密。直至元《授时历》始去进朔迁就之法，清《时宪历》始用西法定气之数，不亦惜哉。

（四）唐宋元明

自汉末至唐初，中原大势，分合起伏，扰攘者四百余年，惟测候之功，未尝稍替。隋唐之间，正天学勃兴之时。唐初国势强盛，版图远扩，东收高丽，西及波斯，南服安南，北逾戈壁，怀柔远国，广宣文化。波斯景教徒来，许其设教堂于中原；阿拉伯回教徒来，许其设清真寺于广东；玄奘经土耳其而入印度，搜罗佛经，声教远播。于是中国学术遍传于印度、波斯、阿拉伯，更由阿拉伯而入西欧。历唐、宋、元、明，垂一千余年，中国常居世界先进之地位。（参观后《西洋古天文史》）

唐以前用平朔，止知月有一大一小，何承天、刘孝孙、刘焯皆议用定朔，而扞格难行。武德二年，傅仁均造《戊寅元历》，始用定朔，为历法史上一大改革。继因贞观十九年九月以后，四月连大，历家以为非常，遂复用平朔。至李淳风《麟德历》再用定朔，惟立进朔迁就之法，以避四大之事，一行谓“天事诚密，虽四大三小，庸何伤”。然其所造《大衍历》，亦未能践其言而定其法。《麟德历》始废古来章蔀纪元之法，立总法以为推算之母；《大衍历》实测九州北极高度，以定各地食分，皆为唐之善历。而《大衍历》议援据经传，旁采诸家，考证古历之得失，以明其立法之源流，而著其创作之精神。宋周琮明《天历论》，元李谦《授时历议》，皆取法也。[15]开元以后，诸家历法皆写《麟德》《大衍》，而不能出其范围。《五纪历》与《大衍》小异者九事，《宣明历》首创日食气、刻、时三差；《崇元历》用算巧捷而已。开元间译天竺《九执历》，时人以为出自西域，名数诡异，不足为法。《唐志》仅载寥寥数语，其法见于《开元占经》，足觇印度古历之大概。其他唐历如《光宅》《至德》《正光》《观象》《符天》，法多不传，《符天》为曹士蒍所撰，不用上元，为五代《调元》所法，已开《授时》之先。惟当时只行于民间，谓之小历。

《唐书·天文志》述开元时实测九州晷景及北极高度，以定各地食分之多少及南北昼夜之长短。南至交州，“八月海中望老人星下列星灿然，明大者甚众”；北尽铁勒，“骨利干昼长而夜短，既夜天如曛不瞑，夕胹羊髀，才熟而曙”，足见当时之实测。又造《覆矩图》，南自丹穴，北极幽都，每极移一度，辄累其差，亦所以稽食分之多寡及昼夜之长短也。仪象之制，亦较前代为精。唐以前浑仪，仅有三辰、四游两种重环凑合，李淳风创六合仪，始备三重之制。最外者为六合仪，次为三辰仪，最内者为四游仪。于是黄道经纬，赤道经纬，地平经纬，皆可测也。梁令瓒造水运浑天，上具列宿，注水激轮，每昼夜自转一周，以合天象；半入木匮，以准地平；另立二木人，每刻击鼓，每辰击钟，皆能按时自动。其制甚巧，汉张衡所不逮，宋苏颂所取法也。

一行测得诸星去极之度，古今不同。自牵牛至东井十四宿，去极之度皆古测大而唐测小，是星自南而北也；自舆鬼至南斗十四宿，去极之度皆古测小而唐测大，是星自北而南也。梅文鼎云："向使非恒星移动，何以在冬至后者渐北，在夏至后者渐南乎。"足以证岁差之有据。齐召南云："自古皆谓恒星随天不移，西法始谓恒星亦自移动，其说甚确，一行以铜仪测验，即知古今不符，已开西法之先。"一七一八年，英人哈雷测见天狼、北河、大角之黄道度，与希腊时不同，而天狼之移动，尤为显见。自第谷以来已见其变，而知恒星之自行。然一行所测，正在哈雷之前一千年，足证发见之早矣。

《旧唐书·天文志》述太史局原隶秘书省掌天文历法，武后时欲招致术士尚献辅为太史令，献辅辞以山野之人，不能屈事官长。武后因其精于历算，有心延揽，为改官制，使其不受牵制；迨献辅卒后，始还隶秘书省。嗣后遂屡有变更，或名浑天监，或名浑仪监，或名太史监，或名司天台，或隶秘书省，或不隶秘书省；自久视元年至开成五年，一百四十年间，纷更往复，不计其数。开成间因占候灾祥，理宜秘密，禁止司天台官与人交通往来，亦唐代天文史中之特别情形也。尚献辅天文测算，不见于史，故其名不著。

宋设太史局，专掌先期预推，事后纪录之职。又设司天监，专掌临时测候，校验疏密之事；职位分明，赏罚綦严，其重视推步，为前代所未有。故日食无不在朔，月食无不在望，史志常有当食不食，阴云不见之纪载，可知其先期预推者，尤较唐代为勤。惟太史局皆儒家者流，司天监皆术家者流，于是有儒家之历，有历家之历。儒者侈谈玄理，术士泥拘成数；遂生门户之见，易启纷争之端。且嗣世缵绪，必更历纪，而历法之改革，愈见频繁。东都自开国至靖康丙午，一百六十年，共行九历；自南渡至景炎丁丑，一百五十年，亦行九历。《宋史·律历志》凡十七卷。东都之历分五部：第一部，王处讷之《应天》，吴昭素之《乾元》，史序之《仪天》，三历合为三卷。以《应天》为本，《乾元》《仪天》附而注之，此《宋志》之创格。第二部，宋行古之《崇天历》凡三卷，首述宋儒诸家之论律，范镇以律起度，司马光以度起律，相与辩难者三十年而未决。第三部，周琮之《明天历》二卷，及皇祐时《实测》一卷，述琮论古今历法之得失，及琮与于渊舒简易之测验甚详。第四部，皇居卿之《观天历》二卷。第五部，姚舜辅之《纪元历》二卷。他如卫朴、沈括之《奉元历》及姚舜辅之《占天历》，虽经行用，法早失传，故《宋志》未详。南宋之历分三部：第一部，论律之沿革及诸历之校验凡二卷。第二部，陈得一之《统元》，刘孝荣之《乾道》《淳熙》《会元》，四历合为一卷。第三部，杨忠辅之《统天》，鲍浣之之《开禧》，陈鼎之《成天》，三历合为一卷。他如宝祐谭玉之《会天历》，早已残阙；景炎邓光荐之《本天历》，当陆秀夫拥立益王，出亡海上时用之，其法不传，故《宋志》亦未详。两都各行九历，而《宋志》各纪七历，详于东都，而略于南宋，亦事实使然。东都又有王睿之《至道历》，张奎之《乾兴历》；南宋又有李德卿之《淳祐历》，万石之《五星历》。或未经行用，或法数无存。故《宋志》不过纪其沿革之大略而已。

综观宋历凡二十二，虽法有疏密，数有繁简，但条例稍殊，纲目小异。所谓写子换母，增损于积年日法之间，以求合于一时，大抵凭诸演撰之法，累积强弱之率者也。其间惟《崇天》行用最久，《明天》论历最详，《纪元》岁朔最密。至若杨忠辅之《统天》，暗废积年日法，隐藏岁实消长，为宋历之特出，元《授时》所取法也。梅文鼎曰："宋历莫善于《纪元》，尤莫善于《统天》。"是研究有得之言也。

水运浑天之法，创于汉张衡而其制不传，成于唐梁令瓒而其法始备。宋有张思训、韩显符、周琮、于渊诸家，或据开元之遗法，或依淳风之旧规，相继建制，逐有改进。至苏颂始集各家之善，而别出新裁；得韩公廉之巧思，而机械益精，实足以超越前人，为有宋一代之精华。

其制则为台三层，上层如露台，设浑仪以观星。仪上植龙柱以支之，仪下设水趺以平之，仪中置望筒以窥之。运用低昂，悉随人意，并覆以脱摘板屋，便移动启闭也。中层设浑象，有昼夜机轮，能自运转，常使仪面星度，与天象相合。下层设木阁，阁凡五层，皆有门，以见木人出入，谓之司辰。第一层木人左摇铃，右扣钟，中击鼓。第二层报时初正。第三层报刻，皆有木人持牌出告。第四层击夜漏金钲。第五层报夜漏更筹。运转机轮，设在木阁之后，旁设天池、河车、水壶诸器，引水升降以转其轮。机械之制作甚精，后世钟表之法，不能出其范围。[16]靖康之变，宋器尽归金人，高宗南渡，欲重创浑仪，已乏专家，乃访求颂书，由颂子携进呈之。但廷臣读之不解，而携亦莫识父书，遂不能仿造之；测验之功，不绝如缕。

天文之学，至元为盛，测验之器有十三等，测验之所有二十七处。郭守敬、王恂等创简仪、仰仪、窥几、景符之属，制器渐精，造《授时历》，去虚立之元，凭实测之数，复焚阴阳讹书，破世俗迷信，以正天文，一洗古来占验之浮说，始入近世天学之正途；在西法未入中国以前，莫与伦比。汤若望尊称郭守敬为中国第谷者，非过誉也。

元初耶律楚材上《西征庚午历》，虽未行用，其书尚在。《畴人传》云："《庚午元历》写宋《纪元》旧术，与赵知微同，惟以寻斯干为里差之元，以东加之，以西减之，为楚材之创法耳。"宋《纪元历》为金所得，杨级即袭其法而作《大明历》，赵知微重修《大明》，改其历元积年，而法数仍同《纪元》。楚材本金人，元世祖忽必烈慕其名而延揽之。故其历仍袭知微，惟创里差之法，为后世经度之本。其以寻斯干为里差之元者，因西征所得极西之地，以纪太祖庚午年灭西辽之功也。至元十三年，王恂、许衡、郭守敬、杨恭懿等改治新历，与陈鼎、邓元麟、毛鹏翼、刘巨渊、王素、岳弦、高敬等，参考累代历法，测候日、月、星辰消息运行之变，分别同异，酌取中数，以为历本。郭守敬昼夜密测，创立新法，参以古制，推算极为精密。十七年历成，赐名《授时》；十八年颁行天下，终元之世，未曾改易。《授时历》凡七篇：一步气朔，二步发敛，三步日躔，四步月离，五步中星，六步交会，七步五星。条目与前代历法相若，惟岁实百年消长一分，暗袭《统天》之法，不用上元积年。气闰诸应，皆凭实测，自较前代为密。其步日躔月离，皆用句股弧矢，垛叠招差立算，步五星各注平定立三差之加减数，此授时立法之源，推步之根也。《郭守敬传》自言创法者五事：如日躔盈缩，依立招差求每日行分，一也；月行迟疾，依垛叠招差，求转分进退，二也；黄赤道差，用句股弧矢，求其积差，三也；黄赤道度，用圜容方直，矢接句股，求去极度，四也；月道交周，用立浑比量，求正交距度，五也。明之《大统》，全袭《授时》，惟去其百年消长之法耳。

李谦撰《授时历议》十二篇，阐发创法之理，及修改旧法之故，悉凭古今实测之数，详加校核，以验疏密，无虚讹夸诞之文，无凭空臆想之言。其《验气》篇，实测至元十四年至十六年，冬至前后日景，以正其数。其《岁余岁差》篇，以《大衍》《宣明》《纪元》《统天》《大明》诸历，推春秋以来冬至疏密四十九事。其《周天列宿度》篇，以汉落下闳，唐一行，宋皇祐、元丰、崇宁及元至元六测，列表比较。其《交食》篇，推《书》《诗》日食二事，《春秋》日食三十七事，三国以来日食三十五事，及元嘉以来月食四十五事。[17]以《大明》比较疏密，其《不用积年日法》篇，以《三统》后四十二历，推算其积年日法，证明人为附会之失及唐宋演撰之非。凡此皆实事求是，考据详明，足觇历代历法之变迁及元代天学之进步。《明史·天文志》云："谈天之家，测天之器，往往后胜于前。"亦不易之论也。

元初扎马鲁丁进西域仪象七种。所谓咱秃哈剌吉者，汉译浑天仪也；苦来亦撒麻者，汉译浑天象也。异域之制，亦未能超越乎前规。而郭守敬创简仪、仰仪之外，又有候极仪、玲珑仪、立浑仪、月道仪、交食仪、悬正仪、座正仪、定时仪，以及《仰规覆矩图》《日出入永短图》《异方浑盖图》，测验之器，由是益精。《元志》有云："当时四海测景之所，凡二十有七，东极高丽，西至滇池，南逾朱崖，北尽铁勒，是亦古人之所未及为者也。”《志》所载南海北极出地十五度，至北海北极出地六十五度，其间每隔十度，推算一处，共列六处夏至景长及昼夜时刻，以为标准。后载大都、上都、北京、南京等地，凡二十一处北极出地度分，较唐宋为详。

有明一代，为中西天学过渡之时期，古今历法变革之关键。《明史》《历》与《天文》二志，融贯古今，沟通中西，史志中之别开生面，而亦最重要者也。向之专习中法者，可由此而进窥西法之门径；而今之专习西法者，亦可由此而上溯中法之源流。昔梅文鼎之学历，以《大统》入手，今研究天文史者，可由《明志》开端也。明初延用《授时》，改号《大统》，移译《回回》，设科参用，议论纷纷，事同筑室。建议改历者，有李德芳、郑善夫诸人；专官修治者，有乐頀、华湘诸人；著书考订者，有朱载堉、邢云路诸人。迨后招致西士，传译西法，而国势已危，颁行莫及。明代历家，可分三派：如冷守中、魏文魁等，墨守旧法者也；唐顺之、袁了凡等，依附回回者也；徐光启、李天经等，提倡西法者也。三派之外，如黑的儿、郑阿里等，回回派也；李玛窦、汤若望等，西洋派也。嘉靖间朱载堉进《圣寿万年历》及《律历融通》二书，《明志》仅载其《推步》八篇、《历议》八篇，详论古历之得失，抉发《授时》之疏密，语多核要，惜留中不发，仅得传谕嘉奖而已。崇祯初，徐光启督修《历法条议》十事，始用本轮均轮以测月五星，多禄某之法也。后李天经继其事，复条议二十六则，其七政公说之议凡七，恒星之议凡四，太阳之议凡四，太阴之议凡四，交食之议凡四，五纬之议凡三，大抵出诸汤若望之手；西法之大略，可以考见。当时译著《新法历书》凡一百三十余卷，仍未能出多禄某之范围及第谷之学说。

《明史·天文志》三卷。第一卷分十目：一曰《两仪》，二曰《七政》，三曰《恒星》，四曰《黄赤宿度》，五曰《黄赤宫度》，六曰《仪象》，七曰《极度晷影》，八曰《东西偏度》，九曰《中星》，十曰《分野》，述当时之学理及实测也。二、三两卷，为明代之天文实录，分十三类，与前史大同小异。其《两仪》篇，引西法九重天之说，即多禄某以地为心之旧法；其《七政》篇，述地半径之数及七政高卑，皆第谷之实测。又言“土星有耳，木星有四小星，绕行甚速，金星有圆缺，如月之弦望”，系迦略利初创远镜时所测见。当时远镜力弱，故所见有限。其《恒星》篇，星分六等，即多禄某所创，载一百九星，皆有黄赤道经纬度，采自《新法历书》，而择其大者、要者。其言“策星旁有客星，万历元年新出，先大今小”，即第谷发见之客星。初见时若木星，最明时若金星，十数日渐暗小，十六月始不见，世称第谷星者是也。又言“云汉为无数小星，大陵、鬼宿中积尸亦然，昴宿有三十六星”，皆迦氏之实测。迦氏原著云：“尝以远镜窥昴宿六星，四周半度之内，有四十余星，为肉眼所不能见，取其三十六星，作图以状之。”《明史·历志》李天经言：“与陈六韬等，用窥管测见积尸为数十小星团聚。”又言：“窥管圆径寸许，两星相距三十分内者，方得同见，觜宿三星，相距三十七分，则不能同见。”与迦氏言合。[18]其二十八宿黄赤道距度及十二宫黄赤道宿度，皆系崇祯元年所测；周天始用三百六十度。其《仪象》篇除元代旧器外，复造象限大仪、平悬浑仪、列宿经纬天球、万国经纬地球、平面日晷、转盘星晷等，又有候时钟、望远镜、浑盖仪、简平仪等，种类甚多。徐光启论定时之法，议仪、晷、表、漏、指南针五事，言“针非指正子午，曩云多偏丙午之间，以法定之，各地不同，在京师则偏东五度四十分；若凭以造晷，冬至正午先天一刻四十四分有奇，夏至正午先天五十一分有奇”。足证磁针偏度，已经相当实测。其极度晷影，有蒙气差、地半径差之入算。其东西偏度，以京师子午线为中，言“欲定东西偏度，必须两地同时测一月食，较其时刻”。此测经度之旧法，而行之甚难。其《分野》篇，犹踵前史之旧，当时已用极度偏度，犹今之经纬度，足定其地之位置；而分野之说，仍不能废，亦可见积习之难移。

《明史》译载《回回历》，由元藏旧本，而搜罗考订者也。其序云："《回回历》法，西域默狄纳国王马哈麻（今译穆罕默德）所作，其地北极高二十四度半，经度偏西一百零七度，约在云南之西八千余里，其历元用隋开皇己未，即其建国之年也。"《历法》篇首云："起西域阿喇必年（原注又云隋开皇己未），下至洪武甲子七百八十六年。"考诸西史，六二一年，当武德四年，阿拉伯（明译阿喇必）教主穆罕默德，在麦加受暴民之攻击，因于翌年迁居默狄纳，遂建国焉。是为回回纪元元年，在六二二年七月十六日，阿拉伯史称之曰逃避日，相当于唐武德五年壬午六月初三日。《明史·历志》误以中历推算，谓隋开皇己未，而不知回历所用月分年，系纯太阴年，又不置闰月，比诸中西历，每三十二年约差一年。由洪武甲子上推七百八十六年，正合武德壬午。如以回历之宫分年阳历推之，差前二十三年，而为隋开皇己未，奈不合史实何。又案默狄纳北纬与《历志》合，惟经度约在今北平之西八十度，而《历志》误为一百零七度。据《明史·天文志》言，云南偏西十七度，则默狄纳当在云南之西六十三度，以当时二百五十里差一度计之，当为一万二千六百里，而《历志》误为八千里。若以《志》所言一百零七度计，则默狄纳将在云南之西九十度，相距更远，与八千里之数，相差更巨。当时经度测量，固不如今日之密，然何至度里之数，自相矛盾。康熙、乾隆间修史者，皆一时知名之士，所谓"智者一失"欤。

明末引用西法，其时哥白尼之学说尚未证实，刻白尔之定律尚未发明。崇祯所译诸书，尚不出多禄某之范围，至清乾隆间，西人蒋友仁译《坤舆全图》，由何国宗、钱大昕为之润色文字，其图说始引哥白尼、刻白尔、牛顿诸家之说，略见近代天学之一斑。至咸丰间，李善兰、伟力亚烈译《谈天》一书，中国始得见近代天学之全豹。《谈天》系侯失勒约翰原著，名《天文略》，当时西洋奉为圭臬，虽距今逾八十年，犹不失天学之范本。然李氏《谈天》，几成绝响，其后虽有译著如《天文揭要》等书，皆未见详备。十九世纪正西洋天学猛进之时，而中国反一落千丈，望尘莫及，钦天监之实录，荡然无存。回溯古人观测之精勤，益见后人故步之自封矣。读中国天文学史，不禁感慨系之。

注释

［1］《中国史之哈雷彗》，原载《天文考古录》，二十三年四月，译载美国《天文月刊》，第四十二卷第四期（*Popular Astronomy*，Vol. XLII，No. 4，1934.），编辑主任琴立希博士（Dr. O. H. Gingrich）之按语，载在该月刊第五期。

［2］参观《天文考古录·中国历法源流》。

［3］参观文鑫《历法通志》。

［4］近世牛考慕以三百五十八月为日食周期，十八周五百二十一年。同样之日食，起于同月同日，依此推之《春秋》日食与《汉书》相应者，凡十四，足证《春秋》日食，确为当时实测，参观文鑫《历代日食考》。

［5］《东洋天文学史之研究·二十八宿起原说》，考订甚详，谓二十八宿发源于周初，或周代以前至春秋中叶以后，经中央亚细亚而传入印度，复传至波斯、阿拉伯。

［6］参观《历法通志·各历近点月与交点月常数表》。

［7］参观《历法通志·各历五星会合周期表》。

［8］参观《天文考古录·中国日斑史》。

［9］参观美国《天文月刊》第四十二卷，第二、三两期，《论芝高阁新造假天》。（*Popular Astronomy*，Vol. 42，Nos. 2 & 3，*Chicago Planetarium.*）

［10］《隋志》误作安岌，钱大昕《廿二史考异》云，安岌当作姜岌，字脱其半耳。

［11］参观《历法通志·历法沿革考》。

［12］清嘉庆间，元和李锐得秦九韶《九章》算书，悟唐宋演撰家演纪上元之术，皆依何承天调日法，盖《九章》之大衍求一术，即此法也。元明以后，无人能知其底蕴，李氏撰《日法朔余强弱考》一卷，以《开元占经》及《授时历议》所载五十一家日法朔余，一一考其强弱之率，凡合者三十五家，不合者十六家，反覆推求，详论得失，为研究古历者启其扃，宜参考也。

［13］参观《历法通志·南北朝诸家章闰表》。

［14］参观《历法通志·各历近点月及交点月常数表》。

［15］《续汉志》"四分历序"、《宋书》祖冲之"历辩"、《新唐书》"大衍历议"、《宋史》周琮"历论"、《元史》"授时历议"、《明史》"历法沿革"，为史志论历之精华，研究中国天文史者不可不读。

［16］苏颂《新仪象法要》三卷，为重修浑仪而作，图说详明，今采入《万有文库》第二集，可参观也。

［17］武英殿本《元史·历志》，载三国以来日食仅三十一事，元嘉以来月食仅二十二事，必有阙漏，且有错简讹夺。

［18］崇祯五年九月望月食，徐光启言：近造窥筒，月食用以仰观，二体离合之际，鄞鄂著明，与目测迥异。先是二年，光启请造远镜三具。七年，李天经又请自制远镜，言望远镜亦名窥筒，其制虚管层叠相套，使可伸缩，两端俱用玻璃，随所视物之远近以为长短。不但可以窥天象，且能摄取数里外物在目前，可以望敌施炮，有大用焉。当时是否自造，以及所造若何，未见明文。观其所用窥管圆径寸许，殆亦当时欧洲市场之物耳。

二　西洋天文学史

西洋古代天学发源之地，起于埃及与巴比伦。古代史开卷第一章，莫不首先及之。今尼罗河畔金字塔，犹巍然在望，足见埃及古代之建筑。而巴比伦古城在幼发拉底河畔者，徒存遗迹，仅供后人之凭吊而已。然天学之创作，数千年来，犹得至今沿用而不废。犹太古国，地壤偏隘，处于巴比伦、埃及之间，希伯来之文化，受两国之影响而发达甚早，亦因两国之侵争而灭亡日促。迨希腊勃兴，东占幼发拉底河流域，南据尼罗河流域，囊括古代文化之地，尽得两国天文图籍。学校相继设立，学者应时辈出，建天文、算学之基，开自然科学之扃。多禄某《天文集》，为古代天学惟一之鸿著，经一千五百年之传习；古天文之纪载，散见于各家著述，其可以相质证者，赖有此书。罗马之起，后于希腊仅二十三年；而五百年后，希腊衰落，罗马正盛，国势之强，莫与伦比。但安富尊荣，讲求宫室之美、建筑之精，学者好习诗歌文字，长于美术而短于科学。希腊之天算，非罗马人所知。还得沙漠中之阿拉伯人，在多禄某后七百年，始传译其《天文集》及各种算学书。天文之学，赖以不坠，复得中国之指南针、造纸法、印刷术文化复兴，随回教势力所及，而传入西班牙，复遍传于欧西。至哥仑布航海而得新大陆，墨瓦腊南渡而见大小云，渐开近代天学之源。皆阿拉伯传导之功，亦未始非中国指南针之力也。

（一）巴比伦

巴比伦、埃及两古国，见于西史者最早。孰先孰后，史学家、考古家众说纷纭，莫衷一是。或谓巴比伦最古之纪载，在西元前三八〇〇年，埃及最古之纪载，在西元前三四〇〇年。然各家推算埃及建国之初，甚至相差二千余年，究属荒远难稽。今由多禄某《天文集》之纪载及西元前七六三年之日食，以考订两国之纪年，始知西元前九百年以前，已难征信，亦犹中国共和以前（西元前八四三年），疑年莫考也。

米沙帕太尼亚者，幼发拉底与底格里斯两河间之大平原也，北界山脉之地，南讫波斯湾，东至爱伦平原，西及阿拉伯沙漠；土壤肥沃，运河如织，麦产丰盛，一年两熟。巴比伦古城在幼发拉底河之东，距报达约七十英里，据大平原之主要地位。亚述古都在底格里斯河之西，巴比伦之东北，适成犄角之势，其历史可分为三部。

（1）巴比伦帝国　亦名第一巴比伦

最初苏马连人入主巴比伦，约在西元前三八〇〇年。

萨尔恭一世（阿卡人），统治巴比伦，建都报达，约在西元前二七五〇年。

哈漠拉比（亚摩利人），创立帝国，建都巴比伦，约在西元前二一〇〇年，首造楔形字，以五十五字为一组，并定法律，实为巴比伦开创之主。

（2）亚述帝国

古亚述帝国或谓自西元前三〇〇〇年始。

新亚述帝国自西元前一三〇〇年至西元前六〇六年。

萨尔恭二世称帝在西元前八〇〇年。

西拿基立（萨尔恭二世之子）继立，约在西元前七〇四年，在尼尼微建造大宫殿，正当武力全盛时代，埃及为其附庸。西元前六八九年，征服巴比伦，尽毁其城市。

阿色办尼泊（西拿基立之孙）称帝，约在西元前六六八年至西元前六二六年。

拿巴泊来撒统治，在西元前六二五年至西元前六〇五年，亚述革命。

（3）迦拉底帝国　亦名第二巴比伦

尼布甲尼撒（拿巴泊来撒之子）重建巴比伦，在西元前六〇四年，城高三百三十五英尺，厚八十五英尺，周围五十六英里，至西元前五六一年为文化发皇之时。在西元前五三八年为波斯所灭。

上古崇奉神道，巴比伦有拜日、拜星之风俗，僧侣之智识最高，权力最大。凡关于学术之事，尽属诸僧侣之职。庙宇犹如图书馆，如博物院，如天文台。当时深信日、月、星有管理人生之权威，以为星即是神，神即是星。观巴比伦五星之定名，显然可见：如木星曰马图克（Mardok），巴比伦最尊之神；金星曰伊希泰（Ishtar），爱情神女之宫；火星曰纳迦尔（Nergal），土星曰尼尼白（Ninib），水星曰尼巴（Nebo），皆城隍之神也。观测星象之行运，应验人事之吉凶，于是僧侣一变而为占星家。因人事之应验，遂注意日、月、行星、恒星之方位及相互之关系，测候其行道之变迁，发见其有定之次序，于是僧侣一变而为天文家。[1]

因日循黄道，月与五星出入于黄道南北，故于黄道附近之恒星，观测更为注意。巴比伦分一年为十二月，分黄道星象为十二宫，于是每月见日行一宫，此在阿色办尼泊之前，已经创立。如第八月名天蝎月，第十月名山羊月，第十二月名双鱼月，是其证也。巴比伦既以一年分十二月，复以一日分十二大时，此十二等分法，见于西史者为最古。巴比伦又创六十等分法：以圆周分三百六十度，每度平分六十分，每分平分六十秒，每小时亦平分六十分，每分亦平分六十秒，流传至今，沿用不废。

后世考古家发见萨尔恭砖文七十方，皆记天文现象，名曰神光（Illumination of Bêl）。英国不列颠博物院，藏有一砖，系记极星之位置，彗星之发见，日月合朔之图象，金、火二星之行道。此砖尚完好，大约已经多次之翻刻。巴比伦砖文又有一至六十之平方数及立方数，颇如今之表式。又据各家之考证，巴比伦计时之法，确用日晷及水漏，惟晷、漏之制，已不可考。

巴比伦用太阴历，以新月生明为月首，十二月为一年，在哈漠拉比时已用闰月，曾通令地方长官，宣告民众，勿因历之变更，而赋税借端滞纳。其闰月或置岁终十二月后，或置岁中六月后，亦有偶闰他月；且置闰凌乱，全无定法，最短者半年一闰，最长者六年一闰。希伯来及波斯相继延用，即今二十世纪科学昌明之世，犹太人尚保守此旧法也。

迦拉底最大之发明，为日、月、五星之周期，其所测定五星环天一周，回至原点之时，金星八年，水星四十六年，土星五十九年，火星七十九年，木星八十三年，其数皆不甚悬殊。依巴谷为希腊天学之鼻祖，所测五星之周期，亦得诸迦拉底者也。迦拉底所测定之交食周，最为著名，其名萨罗斯（Saros），谓日月食之一循环，以二百二十三月为一周，合今十八年又十一日；如其间有五闰年，则为十八年又十日。于是同样之日月食，循环一周，其数密近。以今白朗、牛考慕年月常数推之，约一千八百年而差一日。今犹用以约计日食之期，爰略释其理于后。

二二三朔望月	六五八五·三二一一日
一九交食年	六五八五·七八〇六日
二四七交点月	六五八五·三五七二日
二三九近点月	六五八五·五三七四日

案二二三朔望月与十九交食年相差不多，故一周之后，合朔时日月复同返黄白交点，因略等二四七交点月，于是日月地约在一直线上，而日食复起。又因略等于二三九近点月，故月之距地，前后日食大略相同，月影投地之大小，前后相似，而起同样之日食。由是循环相生，推求甚易，惟见食之地，前后不同。因一周之后，地球转至六五八五又三

分之一，故见食之地，约移西一二〇度。若三周之后，则日食所经之路，将绕地一周，而复返于同经度处，惟南北有移易，不能恰返原地耳。迦拉底创此周期，其功甚伟，后泰理士预推日食，停两国之战争，著名于史，亦即据此推算也。（西元前六四〇年，巴比伦圣哲名毗罗苏者，曾在夸斯岛创设学校，泰理士或肄业于此）

据劳林生之考据，在尼尼微发掘古城，得亚述砖文，纪载日食者凡三：一为“阁城总督蒲沙尔周年历[2]第七月，亚述人反叛，日食”。并在砖上画一线，以表此事之重要。曾经琴齐、爱兰、欣特诸家之研究，谓此次日食，在西元前七六三年六月十五日，食甚在上午九时四十七分，尼尼微恰在全食地带之边上，见之甚显。二为西元前六六九年五月二十七日，亚述所见为偏食，若在远东可见环食。（《春秋·庄公二十五年》，六月辛未朔日食，在长江流域，得见环食，与此相合）三为阿色办尼泊朝之日食，大约在西元前六六一年七月二十七日，但未经确定。[3]

据多禄某《天文集》纪载，巴比伦月食凡三：一为西元前七二一年三月十九日，全食。二为西元前七二〇年三月八日，偏食。三为同年九月一日，亦系偏食。《天文集》有巴比伦帝王年表，由此日月食推之，其纪年之最古可据者，起于西元前九一一年，愈早则愈难征信矣。[4]

（二）埃　及

埃及地处尼罗河流域，四围天气清朗，实宜于天文之观测；东邻迦拉底，又得文化之交通。然埃及天文之纪载，流传甚少，今惟伟大之金字塔，犹得完好存在，足觇古代之文化。其历史普通分为五期：[5]

（1）上古十朝（西元前三四〇〇年至西元前二一六〇年）；

（2）中古二朝，建都齐白斯；

（3）新兴四朝（西元前一五八八年至西元前一一五〇年），第十七至二十朝，为阿拉伯游牧之君；

(4) 衰落六朝（西元前一一五〇年至西元前三二四年），西元前五二五年曾为波斯征服；

(5) 多禄某朝及罗马朝（西元前三二四年至西元后三〇〇年），亚历山大帝统治埃及，在西元前三三二年，时为埃及第三十一朝。

历朝帝王纪年，已不可考。因古史纪载，未有及一朝之末年者，史家所推，亦未可尽信。至参考巴比伦亚述纪年，不过在西元前九一一年，始见准确。若埃及第十九朝之开始，由各种古籍推考，约在西元前一四九〇年至西元前一三一五年之间，有一百七十五年之差异，兹为研究天文史起见，自当以天文历法之纪载考定之。

埃及首创十进法，犹今之小数法，其计数自一〇至一〇〇〇〇〇，所用符号与罗马数字相似。一日分为两节，每节十二时，以日出为日之始；一年分十二月，每月三十日，于是一年仅有三百六十日。在第五朝，始知与季节不合，乃另加五日，以成三百六十五日。而此五日或加在岁首，或加在岁终，名之曰不幸日。故埃及史之纪载，不论大小事，未有在此五日之内者也。每年分三季，每季四月，每月分三旬，每旬十日。其分季之法，全借农时，无关于日之行度。当尼罗河水涨之时，为《埃及历》岁首之期，幸而尼罗河之泛滥，每年有定，故埃及计岁之法，尚不致十分差误。

埃及复观测天狼与日同升之时（七月十九日），以计岁长，名天狗周（天狼，埃及名天狗）。但《埃及历》三百六十五日，将一百二十一年而差一月，一千四百六十一年而差一年，故埃及岁首，在历面年年不同。至西元前百年间，希腊、罗马历家，始觉其差，该撒儒略首先改历，即以《埃及历》略为修正而已。亦为后世《格勒哥里历》之基础，原为每月三十一日与三十日大小相间，独于二月少一日，逢闰年加一日。而奥古斯督修正《儒略历》，以其生月为八月，而于二月又减一日，加入八月为大，于是遂见参差不齐。近世议改历者纷纷，仍有建议每月三十日，另以五日为特别日，闰年则以六日为特别日，是又不出埃及之古法矣。

埃及最大金字塔在门斐斯古都，为古代七大建筑之一，与中国之长城媲美。其建筑工程，起于第四朝，至少经一百五十年而完成其事。塔底为四方形，正对南、北、东、西。当时若无工程知识，测量方法，恐不能如是之准确。塔中隧道倾斜，与地平成二十六度角，约等于门斐斯之纬度。其北端正对当时之北极星，即今名右枢；南端在冬至时正对昴星。此种隧道，当时或为观象而设，亦未可知。据司密司言，南端所以观测恒星、行星之过子午圈及日月之南中。据泊拉克托言，若埃及人于南端蔽以黑幕而开一小孔，并足以观日中黑子（中国西汉时已发见日中黑子，西人所见，尚在一千六百年以后）。据白兰斯德言，隧道之所以正对北极星者，因此星不没，众星所拱。当时埃及人深信故帝升天，变为极星，常昭于世，永存不没，以示纪念也。然则此隧道之建筑，足以觇埃及天文之知识。[6]

埃及观测中星，创造一器，名满开脱（Merkhet），相传世界测天之器，惟此最古。其制甚简陋，而其法甚巧妙，即以棒上装一中空芦管，系一悬重之线而已。当观测时，执棒以窥管，候星至管中，可知其过子午圈；但星有高下，芦管必随之升降，而悬重之线，能常保其垂直，与地平恒为九十度，于是管与地平之角度可计，而星之高度亦可知也。近时白兰斯德发见埃及之满开脱，系乌木所制，长十英寸，阔一英寸，厚半英寸，每边皆刻有“都恩爱孟帝手造”字样，因发掘此帝古墓得之，确为三千余年前之古物，亦埃及天文史之新发明也。

（三）希　腊

天文学至希腊而始与神学分离，渐入科学之途径，而希腊天学至泰理士而始见端倪。泰氏为希腊第一哲学家，约在西元前六四〇年，生于米尔托城，首创奥尼学校，开几何学之风气。当其壮年时，曾游埃及，得物理、算学之知识，而埃及古代天学，亦由此传入希腊。泰氏在门斐斯，由木杆之影比测金字塔影而定其高，实寓比例之法，而开测量之源。回国后，即木杆以测日影而定节气。据凯觉利《算学史》[7]言：某夜泰氏步行观星，正在研究星之方向及相与之位置，而未及留意于地下之物，致陷入沟渠，旁有老媪讥笑之曰："尔既不知足下之物，安能识头上之星。"泰氏于天学无所创作，惟以预推日食著名。《希罗多德史》称：来第安人与米狄人战争延五年，胜负互见，兵连祸结。至第六年，泰氏预知将有日食，乃宣言于众，谓天心厌乱，必有日食以示警。及期两军鏖战正酣，白昼忽变黑夜，士兵恐惧，遂罢战而言归于好，并缔结婚姻，以谋永久和平。此次日食，历经古今学者之考订，确定在西元前五八五年五月二十八日。据奥泊尔子《日食图表》考之，希腊得见全食，约在下午三时，与《希罗多德史》所言相符。泰氏何以能预知是年之日食，必系根据迦拉底之交食周，由西元前六〇三年五月十八日之日食推算而得。盖两次日食之期，相距正合一交食周也。

泰理士之门人派赛格拉斯，生于赛麻司城。约在西元前五六九年，初由埃及旅行至小亚细亚，后乃定居于赛麻司，创设学校，自成派赛格拉斯学派，首创地圆之说。谓地与日、月、五星皆为球形，浮生于虚空，而无所根系；地球居宇宙之中心，因月之圆缺，由日光之返照，月体明暗之间，必成圆弧曲线，而证明月为球形，遂推想其他星象亦为球形。派氏又谓恒星皆附丽于玻璃球面，每日旋转一周，其旋转轴正过地球之心，日、月、五星自有轨道，各丽一球，距地之远近有定，与音律相配。当各球旋转之时，发生调和之音，非常人所得而闻焉，名之曰球音（Music of the Spheres）。在刻白尔行星定律未明以前，相继沿用约二千年。

斐洛拉者，派赛格拉斯学派也，后派氏约五十年，首创地动之说。谓地与日、月、五星皆旋绕于中央之火，地球自转于其轴，使地面人类不能见中心之火。此种想像，与近世之地转说，完全不同。虽哥白尼著作中，曾引斐洛拉说，不过借古人地转之言，以免惊世而骇俗耳。惟派赛格拉斯学派中，在西元前五百年间，有希司他、希拉克力托、爱芬托三人，皆深信地转之说，而爱芬托更明言之，或者谓地转之说创自希司他。

派赛格拉斯学派后，希腊著名哲学家，首推柏拉图（约在西元前四二八年至西元前三四七年），其学校门首，有“不知几何学，勿入我门”之标语，可想见其提倡几何学之心矣。其论及天文，莫不根据几何学之原理，谓日、月、五星、恒星各旋转于一轮，此八轮之心，同在一轴之上，而此轴正穿过地心。解释各星运行之象，皆依圆运动之理，其测定各星距地之次第，最近者月，其次为日，再次为水、金、火、木、土五星，最远者恒星。

后尤笃克斯者，克尼图人也（在西元前四〇九年至西元前三五六年），更申柏拉图之说，始由理想而入科学，为天文学之一大进步。其说以恒星俱附丽于大球，每日旋转于过地心之轴，行星各丽一球，而球心均在大球面上。其解释各星运行之象，日月各有三球，五星各有四球，恒星只有一球，凡二十七球，借几何图形以便推算，非实有球体也。尤笃克斯解释月行，所以用三球者：一为月之每日旋转运动，东升西没，与全天星象并行；二为每年或每月之运动，由黄道之反对方向而进行；三为月出入于黄道之运动。尤氏明知月之运行，不在黄道而出入于黄道南北，并时时变更，故必用第三球以说明之，至日循黄道，微有出入，后世方测见，非希腊学者所知。尤氏亦用第三球以解释日行，或系当时观测之误，或以为日月相同，而不能歧视，故各用三球也。五星之所以多一球者，因解释五星之逆行及速度之变迁，恒星只用一球者，惟每日旋转之运动耳，尤氏首创观象台于克尼图，并定星座之法，为依巴谷所宗。

后迦力波又从尤氏法而增加球数，日月各增二球，水、金、火三星各增一球，共为三十四球；其增加之故，未详其理。迦力波修正《希腊历》，最为著名。《希腊历》亦如埃及之用阴历，一年分十二月，六月大，六月小，大月三十日，小月二十九日，置闰无定法。自默冬创十九年章法，始见条理，当时所用岁实为三百六十五日又四分日之一。默冬因十九年之日数，约等于二百三十五月，乃于十九年中置七闰月，后世名之曰默冬章，以西元前四三二年六月二十七日夏至为元。迦力波始悟岁实之大，乃创七十六年蔀法，即于默冬四章之后，减去一日，后世名之曰迦力波蔀，以西元前三三〇年夏至为元，其数渐密，与中国古历相似。

亚力士多德（西元前三八四年至西元前三二二年）在希腊天文史中，占重要之地位，亚历山大帝亦出其门下。其以天为球形，地为球形，天空诸星皆为球形，与其他哲学家之观念相同。解释诸星运行，又从尤、迦两氏法而增二十二球，总数为五十六球，并以为实质球体，而有相互之关系。其证月为球形，用派赛格拉斯之法，由月之圆缺测定之；惟证地圆之说，为前人所未及。亚力士多德深明月食之起，为地影所掩。当在偏食之时，见地影掩月之处，必成圆形，可知地为球形，故其影必圆。又谓南行则向所不见之星，出于地平；北行则向所常见之星，入于地平，可知星之方向，随人之地平而变迁。地平到处皆圆，故地必为球形。亚氏见月掩火星，而悟月近星远之理，说者谓埃及、巴比伦已有月掩行星之观测，未足为亚氏之发明。亚氏不信地球绕日之说，以为如果绕日而行，人在地面，所见星之方位，必有变迁，盖星之视差。近百年来，用密精之仪器，始得测见，其移动，平常目力，不能觉察，宜亚氏当时据此以驳地转之说。即至十六世纪，罗马教会尚宗亚氏学说，以挠阻迦利略①之实测也。

亚力士多德以后，希腊天学之中心，遂集于亚历山大里亚。其地本为埃及古都，西元前三三二年，亚历山大帝征服埃及，欲以功业耀天下，乃以已名名其地。迨多禄某朝第二帝，名斐尔台福者，提倡学术，

① 编者注：前文作迦略利。

创设学校，史称亚历山大第一校。复建立图书馆、博物院、天文台，规模宏大，招致四方学者，研习天算；由是天学日见发达，算学随之进步。欧几里之几何学，阿泊洛尼之圆锥曲线，多禄某之三角法，相继而起。五百年中，希腊天文家莫不出于亚历山大里亚，虽天学鼻祖依巴谷，非其学派，亦曾至其地而观测也。

亚历山大里亚早年学派中，如亚里大各、亚力斯的罗、蒂马克力斯，皆西元前三世纪中之天文家也。亚里大各言，日与恒星皆不动，日在恒星天球之中心，地球不仅自转，并环行于绕日之轨道上。其说至为简明，实开哥白尼之先，惜当时希腊学者，未能深信，遂弃置而不顾也。亚里大各复候月在上下弦，半明半暗之时，则月对地之线，与月对日之线，相交成直角，日、月、地正在直角三角形之角点，于是测得日月之角距，而求两边距离之相比，其法虽合，而实测难得准确。蒂马克力斯与亚力斯的罗测定恒星之位置，而在黄道诸星相与之方位，纪之尤详，实为最古之恒星录。二氏观测日、月、五星，各有纪录，为依巴谷、多禄某推步之根据，其创始之功，自不可没。[8]

爱拉托逊为实测地球之第一人，西元前二七五年生于雪伦。初在亚历山大里亚从诗人迦力马谷游，后与物理算学家阿几密迪友善，少于阿氏十一岁。爱拉托逊才高学博，著作等身，其关于天文学者，有《历代纪年编》、《恒星星座录》、《黄赤距纬之实测》及《地球测量法》，享寿八十岁。因双目失明，病困自尽，惜哉。爱氏观测极星，在北方比在南方为高，深明地为球形，而思实测其大小。乃在亚历山大里亚，测得夏至正午，日影最短；复南至雪尼，同样观测。连接两地为南北线，即今所谓地球子午线。量得两地之距离，合五千希腊尺（Statia）。又测得雪尼与亚历山大里亚太阳距天顶之角，为七度十二分。爱氏以地为正球形，则此角合全周五十分之一，以五千希腊尺乘之，乃得全周二十五万希腊尺。据屈来野之考证，一希腊尺等于五百十七英尺，则爱氏所测全周，当等于二万四千五百英里，比诸今测，相差不多。爱氏在亚历山大里亚用直杆测影，而在雪尼用一枯井，当夏至正午，井底不见日影，乃知太阳正在天顶，此井今在埃及爱沙恩，即古雪尼地也。爱氏所测黄赤距纬，为直角八十三分之二十二，即二十三度五十一分；由今推之，所差不过七分，已足证爱氏实测之密矣。[9]

希腊天文学，自派赛格拉斯学派起，始脱神学之范围，而成哲学之理想，至亚力士多德而最盛。自亚历山大里亚学派出，遂脱哲学之羁縻，而入科学之正途，至依巴谷而大备。依巴谷者，西洋天学之鼻祖，非亚历山大里亚诸家所能企及，即十六世以前，亦莫与比伦。依氏原著，虽已散亡，幸有多禄某之《天文集》搜罗至富，尚得赖以质证。至其个人之历史，已不能考其详，或谓其生于毕散那之尼开小村，或谓其生于地中海之龙潭小岛；但依氏在岛，自设观象台，可知其测候之功，大半在此。据《天文集》所载依氏之实测，最早者在西元前一四六年，最晚者在西元前一二六年，可知其测候之时，必在此二十年间。或谓其曾游亚历山大里亚，而在彼有所观测者，亦未可知。盖其地早成科学之中心，图书馆之搜罗至富，观象台之规模较大，依氏研精天学，自亦乐以往观者也。

依氏始悟日行有盈缩，创偏心圆之理，谓此圆之心，与地球并不同在一点，而略有所偏。乃由历年之实测及古籍之纪载，推得春分至夏至凡九十四日，夏至至秋分凡九十二日半。而太阳每季所行角距，均为九十度，但春夏两季比秋冬两季为长，春季又比夏季为长，可知太阳在春季，其行最迟，距地最远。依氏知日之运行，亦可由本轮均轮以推之，此法创自阿泊洛尼。设日行于本轮而本轮心又行于均轮，其所得结果相同，而不如偏心圆法之简，故依氏舍而不用也。

月之行道，最为繁复，依氏测算甚密，始悟月行迟疾之理。测定月道与黄道相交为五度，交点退行于黄道，约十九年而一周。其考定各月之长，亦皆与今测相密近。以三百四十五年又八十二日，为朔望四千二百六十七周，迟疾四千五百七十三周，因得朔望月为二九·五三〇五八三日，近点月为二七·五五四五六日。又用两月食，择其前后各率均齐之数，以定交点行天之周数，以五千四百五十八朔望而交点行天五千九百二十三周，因得交点月为二七·二一二五日。依氏复依据亚力斯大谷法，在月食时，测候月入地影，自初亏以至复圆，所经之时刻，而推得月径为三十三分十四秒，又因亚里大谷比测日月之距地，其数甚疏。依氏亦在月食时，观测地影之角距，以比日月之视径，而推得月之距地约为五十九地半径，与今测亦甚密近。

西元前一三四年，依氏见新星出天蝎座，乃作《恒星录》，以备参考：凡一千有八十星，各具赤道经纬；并以星光之强弱，分为六等。其所用星座，皆得诸尤笃克斯。后多禄某所定四十八座，亦根据于此，至今仍沿用也。依氏编辑《恒星录》，乃得极大之发明，因比较蒂马克力斯与亚力斯的罗之星表，发见角宿第一星。在一百五十年中，赤经增至两度，平均每年增四十八秒。复考查其他诸星赤经均有增加，而赤纬不见移动，始悟春分点之西移，谓之岁差。春分点者，黄赤道之交点，恒星赤经起算之源也。恒星不移，相与之方位不变，而赤经渐增，足证春分点之西退，而岁差之有据。依氏所测每百年差一度，每年约差三十六秒，比诸今测每年五十秒余，虽未密合，而创始之功，自不可没。

依氏发明岁差之后，始分太阳年与恒星年。考古时测岁之法，原有二种：一用日晷以测定分至，一测太阳偕恒星出没之期。依氏发见第一法所得一岁之长，即太阳年，较第二法所得一岁之长，即恒星年，约少二十分二十三秒，一若春分循黄道向西渐移，欲前进以迎太阳者然，于是益见岁差之有据。依氏复考亚力斯他谷所定之分至，与当年已测相比，知西元前二八〇年之夏至，较西元前一三五年之夏至，约少五分。其所得太阳年之长，为三百六十五日五时五十五分，恒星年之长，比三百六十五日四分日之一，约增十分，与今测极为密近。

古法以黄道南北八度之间，为日、月、五星所经之处，名曰黄道带。平分十二宫，每宫三十度，各有符号，其源出于巴比伦、埃及。除天平座外，皆以动物之名名之，故又名动物圈。即宝瓶本属旧译，在西图原为手持水瓶之人，其符号为埃及水字。其他或为象形，或为希腊原文第一字母，大抵以本宫之星座命名。但因春分点西退之故，昔日之星座，今已移居他宫，故今日之宫名，只为宫之标识而已。依氏当年以白羊第一星（娄二）为春分星，与《汉志》春分日在娄相合。今春分退行约三十度，在双鱼而不在白羊，然近时年历仍以白羊为春分者，所以代表交宫之节气耳。希腊古俗，在春分后第一望月，为白羊胜节，民间选择纯白之羊，冠以鲜花，游行于市，举国若狂，波斯亦盛行之，犹中国旧俗春牛祝岁之意。亦足见依氏测定春分之后，历代奉为标准也。

依氏实测黄赤距纬，谓与前人所测无大变更；盖黄赤距纬每年约缩半秒。自爱拉托逊以来，不过百余年，所差不及一分，非精密之器，不能测见也。推交食莫难于日食，前人皆推月食，至依氏始推日食，尝谓迦拉底周期，犹未能密合；盖二二三朔望月，与二四二交点月，尚有微差。又以日月之行度，各有不齐，预推时期，亦有出入也。依氏又创三角法，为推步之根据，应用至巨，实足挈算学之领，启天学之扃者也。依氏推考古测，自创新法，殚精覃思，不遗余力，为前人所未及；后世所师法，其有功于天学者，岂浅鲜哉。

依巴谷后三百年中，希腊天学，阒焉中止。其间虽有一二学者，并无重要之创作，如泊锡图尼承爱拉托逊之法而实测地圆，所得圆周十八万希腊尺，不如爱氏之密。西元初柏林尼解释地圆，有去船先不见船身，后不见船樯之说，此二人者，已为三百年中之佼佼矣。直至西元后第二世纪中叶，希腊最后天文家多禄某出，而天学复兴。

多禄某世居亚历山大里亚，说者谓皇室后裔，因其名相同也。其生卒年月，已不可考。其著作中所载天文观测，最早者在一二七年，最后者在一五一年，可知为第二世纪中叶以前之人。生平著作甚多，天文以外，有光学、算学、地理等书，而最著名者当为《天文集》，其原本 *μεγδλη σΧυτδξις*，有集其大成之意，早已失传，今所传者为阿拉伯译本。*Almagest* 系八一三年亚尔迈蒙时所译，易为最大之意，其为有意尊称，抑无意误译，不得而知。多禄某《天文集》，大半采自依巴谷之作。在十六世纪以前，西洋各国，奉为圭臬，几成为中古时代天学之圣经。中国明末引用西法，亦不出是书之范围。崇祯《新法历书》曾译载大纲，足见《天文集》之影响于天学者，至大且广。

《天文集》凡十三卷，第一卷总论天球之旋转、地球之浑圆及日月五星之运行、恒星出没之时刻。卷末论球面三角法以测天，并推算弦线表，犹今正弦之二倍，自〇度至一八〇度，每间半度列一数，与今三角函数表相似。依氏首创三角法，至多氏而大备，故后之述算学史者，恒以多氏为三角法之师宗也。其论天球浑圆，终日旋转，地居其中而不动，以恒星之远距视之，实同一点，故地为天球之心。其论地静之说，谓诸星运行，若非星动，必为地转；但星如火，体轻易转，地是土，质重难动。如果地转，地面之人，何以不觉，且地面之物，必将抛入空中。前人地转之说，至此遂罢，直迨一千四百年后而始复明也。其论地圆之证，有五说：（一）海上之船，远者仅见船樯，近者得见船帆，最近始见船身；（二）北斗七星，在北方所见，则终年常在地平之上，南方所见，则有时没入地平之下；（三）日之出没，各地不同时，若地为大平原，将无分早晚；（四）同一月食，东方人先见，西方人后见，东方日落早，西方日落晚；（五）人在高处，所见地平大，愈高则所见地平愈大，而地平恒为圆形。凡此诸说，大半为前人所已见及。惟亚力士多德月食地影恒圆之证，不知多氏何以未采。

第二卷论各地带昼夜长短之异。在赤道者昼夜相等，距赤道愈远愈不等；两至圈下，每岁一次无影；而两极下，每岁为一昼夜。第三卷论日行及各年之长。第四卷论月行及各月之长，皆为依巴谷之说，惟多氏实测月行迟疾，其不平行之故。另有一种新发明，今名月之出差，盖月行迟疾，不仅关于距地之远近，且有关于距日之远近。多氏校验依氏之旧测，其迟疾率在朔望时甚合，而在上下弦时则所差甚显，因依氏所测，重在交食，故必在朔望。多氏之校验，则在任何时测算，故得此发见也。

第五卷论天文仪器及月之视差。其主要之器，名星盘，构造极简单，用一圆盘，四周刻有度数，中心设一指针，可以旋转于圆周之上，观测时只能移动指针，不能移动其盘。譬如测二星之角距，手持星盘，置目于盘之中心，使人目与二星常在同一平面之内，先以指针向此星，读盘上度数，再以指针向彼星，复读盘上度数，以两次所得度数相减，即二星之角距。多氏用视差法，测得月之距离为五十九地半径，与依氏同，此法至今沿用也。多氏复用依氏月食法，由月之距离以推日之距离，而得一千二百十地半径，与依氏所测相差甚微，即与后世所测，亦不甚悬殊也。

第六卷论交食，即依氏法。第七、八卷论岁差及恒星表，后论银河起没，详银河中大星所在及众星拱向之势；其恒星表凡一千二十八星，内有三星重出，实一千有二十五星，皆与依氏表相同。各星经纬度，似用依氏岁差，每年三十六秒，推后三百年，欲求合于当时，而不知依氏岁差之数，犹未密合，致各星经纬，仍不能与多氏当年相符。且龙潭岛在地中海之北，亚历山大里亚在地中海之南，多氏可见南天之星，为依氏所不能见者，亦无一增入，足证多氏恒星表，全袭依氏，而未经实测。亦犹《汉书·天文志》，恒星一部，全录《史记·天官书》，述而不作，未可视为剽窃也。多氏又承依氏法，分星座四十八，在北天者凡二十一座，在黄道者凡十二座，在南天者凡十五座，至今沿用。[10]

第九至第十三卷，俱论五星行道，为多氏之杰作。多氏以地居宇宙之中心，日、月、五星皆绕之而行，惟五星有顺逆留守之现象，由地望之，其行繁复，乃创本轮均轮之法。谓五星各行于本轮，本轮之心，环行于均轮，均轮之心为地球，地周围月、水、金、日、火、木、土，依次环列，最远者为恒星；后世称为多禄某行星系，沿用至一千四百余年。多氏之法，解释行星之视行，在古代天文学中，最为简洁。即哥白尼首创行星绕日法，实只以日地互易之，而次序不变也。

多氏光学，始悟折光之理，光线经空气而曲折，能升卑为高，映小为大；故星之视高，恒大于真高；日月在地平，恒大于在天顶，谓之蒙气差，亦多氏之重要发明也。综观多氏之作，集各家之大成，为后世之模范，其功甚伟。然多氏以后，至亚历山大里亚覆亡之时（六四〇年为阿拉伯所灭），其间五百年，继起无人（西翁及海毕梯，虽略有著作，皆无足称述），希腊天文史，亦遂从此告终矣。

（四）罗　马

罗马享国一千二百余年（西元前七五三年至西元后四七六年）执地中海之牛耳。国势称盛，拉丁文化之发皇，基督宗教之勃兴，皆足为罗马史之光荣。而于天文史上，无足称述，惟近代通行之历法，发源于罗马，是亦不可以不纪。罗马在改历以前，历法凌乱，无从考核。迨西元前六三年，教王该撒儒略始悟其非，招致希腊历家锁西日尼，议订太阳历，创四年一闰法，今称之曰《儒略历》。今以西元前四五年一月一日为始，改用新历，系冬至后第一合朔，将旧年延长为四百四十五日，故史称是年为乱年。未及行而儒略卒，教徒不明其理，以当年适逢闰年，至第四年又为闰年，误为三年一闰，经三十六年，应闰九日，而误闰十二日。后教王奥古斯督始知其误，乃下令国中，十二年内不得置闰，以求合儒略之原意。惟教王生于八月，遂改名曰奥古斯督月，复将二月缩减一日，移入八月为大，凡三十一日，今称之曰《重修儒略历》，如是行一千五百余年，未尝稍改。至一五八二年，罗马教王格勒哥里十三世，始悟《儒略历》之疏阔，承四年一闰法，而四百年减三闰以平之，其法渐密，至今依用，名《格勒哥里历》。当时天主教奉行新历，耶稣教仍沿旧历，西班牙、意大利、法兰西诸国，即于是年改用新历，以旧历十月五日为十五日，足见旧历已差十日，其他各国，逐渐改行。英国于一七五二年始改，以旧历九月三日，为新历十四日；当时国内大乱，因人民失去十一日，商业捐税，各受影响，致紊乱不可收拾；至今英国内地，犹有沿用旧历者，以十二月二十五日为新耶诞日，而以一月六日为旧耶诞日，亦可见习俗之难移。苏俄于一九一七年改用新历，已差十三日。我国于民元改用此历，阴历元旦，相当于新历二月十八日，阴阳历对照，并无缩改日期之患，亦可见中历之未尝不善。所以改用西历者，徒以世界交通发达，往来日繁，各国公用一历，得免参差而已。兹将各国改历之年，列表于后。格勒哥里改历在十六世纪末叶，已入新天文史范围，因出于意大利罗马教廷，故提前论之，以明源流。

一五八二年	意大利、法兰西、西班牙、葡萄牙、波兰
一五八三年	日尔曼及荷兰奉天主教诸邦
一五八七年	匈加利
一五八四年至一八一二年	瑞士（逐渐改用）
一七〇〇年	日尔曼及荷兰奉耶稣教诸邦、丹麦
一七五二年	不列颠诸领地
一七五三年	瑞典
一八七三年	日本
一九一二年	中国
一九一五年	布加利亚
一九一九年	南斯拉夫、罗马尼亚
一九二三年	希腊

近年以现行之历，殊多缺点，亟思改革，以求整齐划一，而便于习俗。参加者有三十余国，拟议者有三百余种，但亦未能尽善。盖地球环日一周为一岁，自转一周为一日，至岁终一日，地球未及自转至一周，致有奇零小数，此天然之不齐，非人力所能挽。又因三六五与三六六，皆非十二所能平分，故保存一岁十二月及星期七日之制，而使每月日数与星期次序划一易记，实属难能之事。[11]兹以新旧各历，应用甚广，爰略释其理于下，以备参考。

（1）《儒略历》　四年一闰

《儒略历》四年凡一四六一日，

今四太阳年凡一四六〇·六八七六日，

四年之差为〇·三一二四日，一年之差为〇·〇七八一日，

约一百二十八年而差一日弱。

（2）《格勒哥里历》 四百年九十七闰

《格历》四百年凡一四六〇九七日，

四百太阳年凡一四六〇九六·八八日，

四百年之差为〇·一二日，一年之差为〇·〇〇〇三日，

约三千三百三十三年而差一日。

其闰例云，年数以四除尽无余者为闰年，如一九一二年、一九三六年等是。

世纪年须以四百除尽无余者为闰年，如一六〇〇年、二〇〇〇年等是，若一七〇〇年、一八〇〇年、一九〇〇年等则非闰年。

（3）星期 星期七日一周，实始于巴比伦，以第七日为休息日。后基督教会沿用之，遂以星期日为礼拜之期。推算星期之法有十余种[12]，但皆适用于一历，今仿高士推复活节法，略为变更，尚称简便，并可适用于新旧二历：

① 以四及七除世纪数，所得两余数，名曰第一余数及第二余数；

② 以四及七除年数，所得两余数，名曰第三余数及第四余数；

③ 以第一余数之五倍，与第二余数相加，名曰常数；

④ 以第③项之常数，第三余数之五倍，第四余数之三倍，是月之日数，是月之定数，五项相加，名曰和数；

各月之定数表

一月 6（平年） 5（闰年）	二月 2（平年） 1（闰年）	三月 2	四月 5
五月 0	六月 3	七月 5	八月 1
九月 4	十月 6	十一月 2	十月 4

⑤ 以七除第④项之和数，所得余数，即为星期第几日，如一为星

期一，二为星期二，依次类推。

例如求一九二八年五月三十日，为星期第几日：

① 四除一九得第一余数为三及七除一九得第二余数为五；

② 四除一九二八得第三余数为〇，七除一九二八得第四余数为三；

③ 第一余数之五倍为一五，加第二余数五，得常数为二〇；

④ 常数二〇，第三余数之五倍为〇，第四余数之三倍为九，是月之日数为三〇，五月之定数为〇，五项相加，得五九；

⑤ 七除五九，余三，即星期三。

上述之法，适用《格历》。如删去第一、第二余数，而以常数为〇，即适用于《儒略历》。

（4）《宗教历》 《宗教历》者，专推耶稣复活节之法也。起源于犹太，后基督教沿用之。即以为耶稣复活节，其初规定日期，东方诸国根据希腊法，与罗马法不同，争执甚烈，至三二五年，奈斯宗教大会，始决议用罗马法，依教令复活节为春分后过月圆之第一星期日。宗教之月圆日，是新月后第十四日，复活节至迟不得过四月二十一日（希腊法至迟不得过四月二十五日），至今仍照此规定推算。爰以高士法，避去古代术语，删其繁复，述其大旨，以便应用：

① 以四及七除世纪数，名其余数曰第一、第二余数；

② 以四及七除年数，名其余数曰第三、第四余数；

③ 以一九除年数，名其余数曰第五余数；

④ 第一余数之五倍加第二余数，名其和数曰常数；

⑤ 世纪数之八倍，加十三，以二十五除之，名其余数曰第六余数；

⑥ 自世纪数减第一余数，以四除之，名曰第一商数；

⑦ 世纪数之八倍，加十三，自此和数减去第六余数，以二十五除之，名曰第二商数；

⑧ 世纪数加十五，自此减去第一、第二商数之和，名曰第三商数；

⑨ 第三商数加第五余数之十九倍，以三十除之，名其余数曰第七

余数；

⑩ 第三余数之五倍，加第四余数之三倍，加常数，加二，加第七余数，以七除其和，名其余数曰第八余数；

⑪ 自第七余数减第八余数，加二十八，所得即为三月中复活节。若此数大于三十一，则复活节当在四月，惟四月中复活节日，可自第七余数减第八余数，再减三，即得。

上法适用于《格历》，若用《儒略历》，则以常数为〇，第三商数恒为十五。惟《格历》亦有例外二则：

① 依规则计算，复活节如在四月二十六日，须提前一星期，以十九日代之；

② 以第三商数之十一倍，加十一，而以三十除之；若余数小于十九，同时第七余数为二十八，而第八余数为〇，则四月二十五日为复活节，但为教令所限，当提前一星期，以十八日代之。

例如求一九一三年之复活节：

① 第一余数三，第二余数五；

② 第三余数一，第四余数二；

③ 第五余数一三；

④ 常数二〇；

⑤ 第六余数一五；

⑥ 第一商数四；

⑦ 第二商数六；

⑧ 第三商数二四；

⑨ 第七余数一；

⑩ 第八余数六；

⑪ 复活节为三月二十三日（一减六加二八）。

（五）印　度

印度为文明古国之一，当佛教未兴以前，婆罗门教最为尊贵，社会阶级制度，分划綦严。自释迦首创佛教，提倡平等，全国崇奉，一扫婆罗门之专制。其与中国交通，当在秦汉之际。《史记》译名，谓之身毒。言其地卑下湿热，其民乘象而战。张骞凿通西域，至大夏，见蜀布、邛竹杖，询诸彼邦人士，谓自身毒购来。足证中国之物质文明，早已传入印度；而中国之文化，自亦随之以俱入。观印度古代天文历法，颇有与中国相似者，益足征信。又在战国之时，亚历山大帝东征印度，希腊文化亦借以传入。观印度古代天文历法，亦颇有与希腊相似者，是亦一证也。迨唐初，印度戒日王统一全国，提倡文学艺术，重兴佛教，为印度全盛时代。通使中国，以求中原文化。由是玄奘入印度，宣我声教，采彼佛经。开元初瞿昙悉达译天竺《九执历》，而印度历法得以考见。当时回教初兴，招集四方学者，有印度人挟天文书以入阿拉伯，犹在移译希腊书籍之前。惜其书不传，其人无闻，无从考稽，徒成历史上之传述而已。

天竺《九执历》，或简称之曰《梵历》，以唐开元二年二月朔为历首（七一四年二月十九日）。度法六十，周天三百六十度，月有二十九日又七百三分日之三百七十三；二月为时，六时为岁；三十度为相，十二相而周天；望前曰白博义，望后曰黑博义，此载在《唐书·历志》。当时历家以为出诸异域，名数诡异，不可为法，故《唐志》仅纪寥寥数语。独瞿昙悉达《开元占经》，详载其法，而题其名曰“算法”。译语晦秘，诘屈难读，且并无一言及于推算之法。昔金山顾观光据《开元占经》以撰《九执历解》，近人常福元复据英人著述（佛利特著《印[illegible]》，Fleet's *Hindu Chronology*）而撰《九执历补》，皆能探本穷原，钩深致远；而印度之古今历法，亦得以窥其大概。（《九执历补》载在民国十四年《天文学会会报》，宜参观也）

《九执历》虽译于唐之开元，实为印度之古历，十二相犹西法之十二宫，中法之十二次。其历云“春分为羖首，秋分为秤首”，羖首即西法之白羊第一点，秤首即西法之天平第一点。案春分在白羊，秋分在天平，约去今二千余年。希腊依巴谷为西洋天学之鼻祖，测定白羊（β Ari 娄二）为春分星，在西元前一三四年，与《汉志》春分日在娄，不谋而合。今春分退行约三十度，在双鱼而不在白羊，然近时年历，仍有以白羊为春分者，所以代表交宫之气节耳。可见《九执历》以羖首为春分，已得诸希腊天文学，至远不得过汉以前。

印度古代即用阴阳合历。有太阳年与太阳月，皆以日躔测定之。太阴年与太阴月，皆以月离测定之。又欲使太阳年与太阴年之岁首相近，不得不用闰法。故《摩登伽经》中，有十九年七闰之法，此得诸中国之古历也。印度计日之法，以日出为始。自今日日出至明日日出为一日，每日分为六十格（ghari），每格分为六十派（pal），每派分为六十微（vi-pal）。《唐志》云“度法六十”者，即指此日分也。如以西法一日二十四时比较之，则印度五格等于西法二时，五派等于二分，五微等于二秒。

印度之太阳年与西法之恒星年相似，今所公认之岁实有三种：

（1）三六五日一五格三一派三一·四微，即三六五日六时一二分三六·五六秒，约在西元前一〇〇〇年所定，今印度大部分地方依用之；

（2）三六五日一五格三一派五微，即三六五日六时一二分三〇秒，系四七六年所定，今麦德拉斯州及锡兰岛多用之；

（3）三六五日一五格三一派一七·二八七五微，即三六五日六时一二分三〇·九一五秒，系五九八年所定，今孟买州及西北各部多用之。

以上三种岁实，相差甚微；而以第一种为最古，约等于三六五·二五八七五六四八一日。与今牛考慕所定恒星年常数，三六五·二五六三六〇四二日，相差约〇·〇〇二四日，将四百余年而差一日。其数犹未密也。

印度之太阳月，与中西法均不同，以太阳视行，经过一相三十度，为一太阳月，十二月经十二相而一周天，为一太阳年。惟地球绕日之轨道为椭圆，太阳之距离有远近，太阳之视行有盈缩，故太阳经过各相之时，迟疾不等，而各月之日数，亦因之多少不同。在印度第九月，约等于西历十二月之下半，即冬至相近时，太阳距地最近，视行为盈，经过一相约二十九日，故一月只有二十九日。在印度第三月，约等于西历六月之下半，即夏至相近时，太阳距地最远，视行为缩，经过一相约三十二日，故一月有三十二日。如此支配一月之日，自二十九日至三十二日，而一年合三百六十五日有余，可不用闰日，但不便于社会之应用，故又有所谓政治太阳年者。然岁首不同，各地无统一之法，此印度所以无通行全国之历法也，不亦奇哉。

太阳年计分六季，当太阳在羖首，以前后二相为一季，以后每行二相为一季。故《唐志》云“二月为时，六时为岁”，即二相为季，六季成岁也。其排列法，以上年十二月与本年一月为春季，二、三月为暑季，四、五月为雨季，六、七月为秋季，八、九月为寒季，十、十一月为露季。其岁首约起于西历四月二十日，故各季之月、日可推。印度古代节季，亦犹中国之起自冬至，而以露季为始。其春季约起于《儒略历》二月十九日，或二十日。故《唐志》云“开元二年二月朔为历首”，即《儒略历》七一四年二月十九日。惟印度历法不计岁差，是一大缺点，至近世春季已退至三月十二日。

印度之大阴年与中国古历实用之年相同，有时为十二月，有时为十三月。《摩登经》虽有十九年七闰之法，而置闰与中国不同。中国以无中气之月为闰月，而印度以太阴月中，太阳未过相为闰月。若一月中太阳二次过相，则以第一相名月，而不能再以第二相命名，谓之消月。因有消月，而印度之闰月，遂较中国为多。

太阴月犹中法之朔望月。中国以月朔至月朔为一月，印度以月望至月望为一月，其理相同。印度在月望时，太阴合于某宿，即以某宿名其月。惟十二太阴月，与一太阳年，相差十一时余，则今年某月之望，太阴在某宿，明年同月之望，必不能复合于原宿。故太阳月与十二相相应，而太阴月不能一致也。其所测定太阴月之日数，为二九·五三〇五八二日，故《唐志》云"月有二十九日又七百三分日之三百七十三"是也。

《九执历》以地平经纬，随地方而变迁，曰"随方眼"，以黄道周天，分各段而计时，曰"断节著"，望前曰"白博义"，望后曰"黑博义"，译名奇奥，立法不同。悉达又过神其说，曰"《九执》历法，梵天所造，五通仙人，承习传授"，卒使唐人莫得其解，遂视为名数诡异，而不加细察，致隐没于《占经》，无人能识其微妙矣。

印度太阴月，以二十八宿为背景，其源出自中国。印度初有二十七宿，继有二十八宿，欲容纳于十二相，故每相有二宿或三宿之分，此与《淮南·天文训》所谓"二八十六，三四十二"者，同出一源，即含有二宿者凡八相，故曰"二八十六"；含有三宿者凡四相，故曰"三四十二"，总凡十二相二十八宿。印度之二十八宿，源出中国，新城新藏论之最详。（参观《东洋天文学史之研究》）大旨谓二十八宿传入印度以前，有停顿于北纬四十三度地方之形迹。中国二十八宿起于角，印度二十八宿起于昴，而以大角、织女、河鼓、瓠瓜，代亢、牛、女、虚诸宿。其分配于四陆者，与中国不同，遂断定春秋中叶以后，由中国传出，经中央亚细亚而至印度，更传入波斯、阿拉伯。足证印度古代天学，先得诸中国，后又受希腊之润饰者也。

今印度仍用《梵历》，回教徒仍用《回历》，（参观下章《阿拉伯天文史》）与现行《格历》之关系，极为重要，（参观前章《罗马天文史》）为读史者所当研究。爰定诸历换算之法，以便考求。

（1）求《梵历》星期　《梵历》《回历》均用星期，与《耶历》同。欲求《梵历》星期，以《梵历》年、月、日之积日，检下列第①、第③两表而得总积日，不计小数，以七除之，所得余数，即为星期第几日。如求《回历》星期，则检第②、第④两表，得总积日，其法相同。

例如求《梵历》一九五九年六月二十四日，为星期第几日。

法以题日期列下	24 日
检表六月之积日	167.728 150
一〇〇〇年积日	365 288.756 481
九〇〇年积日	328 732.880 833
五〇年积日	18 262.257 824
九年积日	3 287.328 808
得总积日	715 733.632 097

以七除之得余数 4 即星期四。

(2)《梵历》与《格历》换算法　先求得《梵历》之总积日，不计小数，如前法。惟《梵历》纪元在《格历》之前五十七年，应减去积日二〇八二〇日，然后逐步推算如下（由《格历》求《梵历》，只须反其次序）：

① 以《格历》四百年积日一六〇九七，除前述差数，得第一商数。

② 以《格历》一百年之积日三六五二四，除①之余数，得第二商数。

③ 以《格历》四年之积日一四六一，除②之余数，得第三商数。

④ 以《格历》一年之积日三六五，除③之余数，得第四商数。

⑤ 最后所得余数，自《格历》三月一日算起，查第⑤表，即得某月某日。

⑥ 以四百乘第一商数，一百乘第二商数，四乘第三商数及第四商数相加，即得《格历》年数。例如前题，由《梵历》求《格历》：

法以总积日	715 733		
	−20 820		
146 097	694 913	4	第一商
36 524	110 525	3	第二商
1 461	953	0	第三商
365	953	2	第四商
	223		
十月	214		1 600+300+0+2=1 902
	9 日		

由是得《格历》一九〇二年十月九日。

(3)《梵历》与《回历》换算法　其法相似。因《回历》纪元，又后于《格历》二二六九六六日，应如前法。所得差数内减去此积日，而后以《回历》一太阴年积日除之，所得为《回历》年数，余为日数，可由第②表求之。(由《回历》求《梵历》，只须反其次序)

例如前题由《梵历》求《回历》。

694 913

226 966

354. 367 056 ）467 047（ 1 320，余数 182. 49

由是检表得回历一三二〇年七月六日。

①《梵历》太阳月积日表

一　月	一一·二三三九八三
二　月	四二·一六九〇六一
三　月	七三·五八九五三八
四　月	一〇五·二三四二六一
五　月	一三六·七〇九五三八
六　月	一六七·七二八一五〇
七　月	一九八·一六九五三八
八　月	二二八·〇六二八七二
九　月	二五七·五五三一五〇
十　月	二八六·八七〇九二七
十一月	三一六·三一八九八三
十二月	三四六·一三九二六一

②《回历》太阴月积日表

一　月	·一三二九四四
二　月	二九·六六三五三二
三　月	五九·一九四一二〇
四　月	八八·七二四七〇八
五　月	一一八·二五五二九六
六　月	一四七·七八五八八四
七　月	一七七·三一六四七二
八　月	二〇六·八四七〇六〇
九　月	二三六·三七七六四八
十　月	二六五·九〇八二三六
十一月	二九五·四三八八二九
十二月	三二四·九六九四一二

③《梵历》太阳年积日表

一年	三六五·二五八七五六四八一
二年	七三〇·五一七五一二九六二
三年	一〇九五·七七六二六九四四四
四年	一四〇一·〇三五〇二五九二五
五年	一八二六·二九三七八二四〇七
六年	二一九一·五五二五三八八八八
七年	二五五六·八一一二九五三七〇
八年	二九二二·〇七〇〇五一八五五
九年	三二八七·三二八八〇八三三三

④《回历》太阴年积日表

一年	三五四·三六七〇五六
二年	七〇八·七三四一一二
三年	一〇六三·一〇一一六八
四年	一四一七·四六八二二四
五年	一七七一·八三五二八〇
六年	二一二六·二〇二三三六
七年	二四八〇·八六九三九二
八年	二八三四·九三六四四八
九年	三一八九·三〇三五〇四

⑤《格历》逐月积日表（自三月一日起算）

三月	四月	五月	六月	七月	八月	九月	十月	十一月	十二月	一月	二月
〇	三一	六一	九二	一二二	一五三	一八四	二一四	二四五	二七五	三〇六	三三七

（六）阿拉伯

案希腊自泰理士至多禄某约七百余年，正当春秋至汉末，中西天学，各有显著之进步。晋以后中国南北横决，罗马东西纵裂，天下扰攘，如出一辙。然而中国历家蜂起，不受政治之影响，天学依然迈进；罗马科学歇绝，只有历法之改革，其他阒焉无闻。隋唐以来，正中国天学勃兴之时，而欧西草昧未开，野人争逐，犹在混沌黑暗之中，更无天学之可言。独有红海之旁，沙漠之间，金字塔之对岸，向所视为游牧蛮族①者，突然崛起于阿拉伯。穆罕默德开回教之纪元（六二二年），建国于默狄纳，倡代天行政之说，行侵略邻封之实，执回回之旗帜，横行欧非，国势日隆，东尽波斯，西入西班牙，东北入土耳其，囊括阿美尼

① 编者注：此为蔑称，今不使用。

亚，东南入印度，占据印北名城，南延北非洲全部海岸，北夺地中海零星小岛，疆域之广，甚于罗马全盛时代。使节所至，远及中国，宣传回教宗旨，吸收中原文化，尽得造纸、印刷之术，火药、指南针之类，皆足助其勃兴。至第七世纪中叶，遂成为文化荟萃之地。其天学之中心，可分三部：东部在迦拉底之报达，中部在叙利亚之大马色及埃及之开义罗，西部在西班牙之科尔都巴。东部兴于前，西部起于后，科学西渐，事实使然。

当时米沙帕太尼亚，大非昔比，亚述大宫殿，早如阿房之一炬；巴比伦古城，徒存荒郊之瓦砾，运河淤塞，风景萧条，已不胜苍桑之感。惟报达地处底格里斯河旁，犹不失为东方名城，读书之士，尚有古风。在第八世纪初，已成回教之新都。教主亚尔孟梭提倡科学，创设学校，招集四方学者，闻有印度人应召而来，携有印度天文书，教主即命译阿文。又得叙利亚人能通希腊文字，遂令译希腊科学书。最初所译者，为希泊克拉及迦伦之医书，先译为叙利亚文，而后转译阿拉伯文。想叙利亚人能通希腊文而不通阿拉伯文，阿拉伯人能通叙利亚文而不通希腊文，故有此转折也。迦伦书中于亚力士多德学说，言之甚详。惟阿拉伯人重视天学，盖回教徒以故都麦加为圣地（穆罕默德所生之地），每逢教节，必向之礼拜，但教徒散处四方，必须知圣地之所在，于是观测方向，规定节期，皆须有天文之智识。

阿拉伯用纯太阴历，而不置闰月，故三十二三年，与中西历相差一年。回教规定以新月始生为月朔，而在民间日用，则无确定之法，往往同一地方，而所用月朔各异，公私文牍，莫不尽然，惟于天文之纪载，则有确切之规定。查明译《回回历》，有月分年，即太阴年，以十二月谓动月，单月大，双月小，大月三十日，小月二十九日，一太阴年三百五十四日，但朔望月二十九日半有余，故《回历》置一闰日，凡遇月分有闰之年，于第十二月内增一日，凡三百五十五日，以三十年为一周，平年十九，闰年十一，所得朔实约为二九·五三〇五五日。又有宫分年，即太阳年，以十二宫谓不动之月，一太阳年三百六十五日，凡遇宫分有闰之年，于双鱼宫加一日，凡三百六十六日，一百二十八年而闰三十一日，所得岁实三六五·二二四一九日，其数较密。

继亚尔孟梭之教主，名亚尔拉西（七六五年），即《天方夜谭》中之英雄也，招致学者，令译多禄某《天文集》，当时视为巨艰，先由呼宁平伊哈及其子伊哈平呼宁（父子之名，互相颠倒，颇为奇特）译之，后由太毕平高拉润色之。（八三六年至九〇一年）伊哈平呼宁更译其他希腊天算著作。至第九世纪末叶，所有重要希腊书，皆已译成阿拉伯文，故希腊原书，至今散亡殆尽，而犹得赖以考证者，皆得诸阿拉伯书，其功甚于汉儒之传经。

太毕平高拉修正《天文集》译著，是在亚尔迈蒙教主时，故世称《天文集》为亚尔迈蒙所译。八二九年，在报达建设大天文台，所用仪器，虽不出希腊之范围，但尺幅较巨，而构造益精。当时天文家昼夜测候，已成日常之工作，继续不懈，亦有规定之次序。除实测重要星象之外，并注意日月食亏复前后恒星之位置，事后纪录，以便推算将来复见之期。又发见希腊各种天文表之疏阔，于是随测随纪，随时发表，犹今之年历然，其体例与希腊大同小异。而各数已屡经修正，阿拉伯复有一种特殊之点，凡重要测簿，必经多数天文家与律师会同签字，始成正式之纪录，亦足证其重视天文，为各国所未有。亚尔迈蒙校验多禄某所测地球之大小，用子午线之测量者凡二次，所得结果前后相符足以校正多氏之疏，盖多氏所采者，以泊锡图尼之数，已不如爱拉托逊之密（参观前章在依巴谷之后，多禄某之前），同时太毕平高拉所测岁差之数，亦较多氏为密，此皆报达天文台之成绩也。

阿拉伯最著名天文家为亚尔拜帖尼，因其生于拜帖尼故名，系阿拉伯之王子，经四十年之实测（八七八年至九一八年），所得黄赤大距及岁差之数，均甚密，著有天文学书及各种日月表。《回历》中重要条目，大抵皆由其创作，其最著名之发明，为测得地球远日点之运动，后世谓之最高行。明译《回历》有日、五星最高行度，谓日、五星之本天各有小轮，小轮心循本天右旋，日、五星循小轮周左旋，其小轮最远地心之点，即为最高。日、五星距最高渐远，则加减差渐多，在最高则平行无差，其测月行则因本天之高卑而生本轮，又因距日之远近而生次轮，本轮高卑线与地心参直，而次轮远近线与本轮心参直，实则本轮者月绕地之轨道，次轮者月绕日之轨道也。拜帖尼又为著名算学家，引用正弦、正切，以代数式明三角函数之关系，并创球面三角各种公式。[13]

亚尔沙非在九〇三年，修正亚力山大里亚《恒星表》，亦为报达著名学者，亚尔华发，报达最晚出之天文家（九四〇年至九九八年），发见月之中心差及出差，不仅在朔望上下弦，即在弦望之间，亦有此种现象。著有天文学多卷，亦名之曰《天文集》，有各种创作，与多氏书不同。然后世每有误为译本者，未加细察也。

中部大马色在亚尔迈蒙时，已建有天文台，规模不如报达之巨，而观测所用之器，与所用之法，悉如报达。亦有各种天文表，随时发表，惟未详天文家之名耳。埃及开义罗为非洲科学之中心。亦在回教势力之下，一〇〇八年以前，有天文家名伊品行拿，著各种天文算学表，名“哈纪米的表”（*Hakemite Tables*），延用二百余年，奉为标准。伊品又搜罗前人之著述及历年之实测，汇为一集。

西班牙以科尔图巴为中心，回教执政以后，建立学校及图书馆，遂为西方文化发源之地。由是邻近各都，闻风兴起，如托来图、塞维勒及摩洛哥，学者辈出。其间以托来图为最盛，亚尔哈成发明蒙气差之法则（一〇三八年），亚柴却（一〇八〇年）重测亚尔拜帖尼《天文表》，而著《托来图表》，流传至今，颇为著名。托来图诸家改良仪器，精于测算，尝以多氏《天文集》校验疏密，评骘得失，发表论著甚多，为西部天学最盛之时。自西班牙基督教徒于一二三六年克托来图，一二四八年克塞维勒，回教势力衰落，阿拉伯天文史遂不见于纪载。

阿拉伯于天学虽无重大之创作，而仪器之精，胜于希腊，测候之勤，超越前人，希腊天学赖以传世，其功甚伟。今恒星专名可考者有三百余，大半出于阿拉伯，天文名词如年历、天底等，亦出自阿拉伯，至数目字之习用、三角法之完备、代数学之创造，皆足以促进天文之测算。代数（Algebra）一字原出阿拉伯，名东来法。故清代学者如梅文鼎、钱大昕等，皆以为阿拉伯得中国四元术而蜕化者也。沟通中西，承前启后开欧洲科学之源，皆阿拉伯之功也。

（七）西　域

西域之名，始见于《史记》《汉书》，其范围至广，大概新疆以西者属之。汉自张骞凿空、班超西征，远及里海、波斯湾。唐初与大食（阿拉伯）通使，仍称西域。宋末蒙古勃兴，成吉思汗横行欧亚，如入无人之境；西至罗马，欧洲震撼，其武功为历史之冠。元初札马鲁丁进呈西域《万年历》及仪象七种，此西域天文之始见于史志者也。爰据西洋天文史之纪载，关于西域者，略述于后。

回教衰落之后，正蒙古兴盛之时，成吉思汗之孙呼拉格汗，于一二五八年灭报达，其政治顾问名那梭伊亭，本新疆人，深通天文。呼拉格汗曾集资在米拉迦近波斯西北境，建立天文台，命那梭主其事，并招集学者助之，重译希腊天算诸书，如欧几里《几何学》、阿几密迪著作、多禄某《天文集》，加以注释，详为考验；又自著天文学及几何学，多心得之作，在近东诸国，奉为圭臬者，将二百年。复经十二年之实测，重修《哈纪米的表》，而名曰“大汗表”（*Ilkhanic Tables*），所以尊呼拉格汗也。五星行度及恒星经纬，皆由实测而得，那梭诸家测定岁差为五十一秒，与确数相差不及一秒，可谓密矣。

米拉迦天文台所用仪器，构造极精，不仅胜于阿拉伯，即欧西三百年后哥白尼所用之器及第谷初造诸仪，尚不如也。其仪若何，今难详考。但观《元史》所载札马鲁丁诸器，得诸西域，亦足引为佐证。一曰“咱秃哈剌吉”，汉言“浑天仪”也；二曰“咱秃朔八台”，汉言

"测验周天星曜之器"也；三曰"鲁哈麻亦渺凹只"，汉言"春秋分晷影堂"也；四曰"鲁哈麻亦木思塔余"，汉言"冬夏至晷影堂"也；五曰"苦来亦撒麻"，汉言"浑天图"也；六曰"苦来亦阿儿子"，汉言"地理志"也；七曰"兀速都儿剌不定"，汉言"昼夜时刻之器"也。前五种与中国旧器大同小异，后二种有特殊之点，非中国所有，亦足见当时西域制器之精。盖第六种与今地球仪相同。《元史·天文志》云："其制以木为圆球，七分为水，其色绿，三分为土地，其色白，画江河湖海，脉络贯串于其中，画作小方井，以计幅员之广袤，道里之远近。"第七种类于近世之钟，《元志》云："其制以铜如圆镜而可挂，面刻十二辰位，昼夜时刻，上加铜条缀其中，可以圆转，铜条两端各屈其首，为二窍以对望，昼则视日影，夜则窥星辰，以定时刻。"案札马鲁丁进呈之时，在元世祖至元四年，即一二六四年，在那梭去世之前十年。那梭在一二七三年卒于米拉格，从此学者风流云散，天文台之事业，无人主持，遽尔阒然。[14]

约三百年后，帖木儿之孙乌罗培（一三九四年至一四四九年），长于天文，在撒马尔罕建天文台（昔耶律楚材以寻斯干为里差之元，即其地也），招集学者相助观测，印行日月行星诸表，其恒星表所测之星，与多氏《天文集》大略相同。惟兼列黄道经纬度分，此自依谷巴以来所未有，比诸今测星表，虽或有数分之差，然在当时实已异常精异，非有精良之器，亦未能得此度分也。况其创始之功，尤为难能可贵，后乌罗培为其子所弑，于是蒙古天文家在西域者，遂无闻矣。[15]

（八）欧 西

欧洲自罗马覆亡之后，早成割据之局，战乱频仍，欧西则国基未立，科学不兴，十二世纪以前，虽有一二学者，皆无足称道。至十二世纪初，亚力士多德哲学，始译成拉丁文，流行欧陆，深入人心；基督教徒，奉为圭臬，三四百年后尚为宗教派固守之学说。阿拉伯天文学传入西欧，在十三世纪初，始见端倪。其功在西班牙与意大利，意王番叚力克，素谙西西利岛回教徒，因深知阿拉伯之科学，于一二二四年，设学校于那波利，始具大学之模型，延揽四方学者，重译阿拉伯科学诸书。西班牙自克复托来图后，尽得阿拉伯天文图籍，亚而封所王自谙天文，捐数十万金，访求各方知历之士，改革《托来图表》，经数年之实测，编订始成，名“亚而封所新表”，颁行于一二五二年王即位之日。新表各数，皆密于旧表，其岁实测算之密，尤为显著，于是风行全欧。亚而封所又著《天文百科全书》（*Libros del Saber*），虽多采自阿拉伯旧籍，而非全系译述。是书有一图，颇奇特，绘水星绕地之轨道，乃为椭圆，突破前人平圆之例，谅由实测所得，决非无意误绘，此在刻白尔发明椭圆定律之前所未见者也。

十三世纪中，英人培根，著名哲学家也。长于光学，著有《光学》三集，皆合于科学的正则，尝力辟食古不化、空凭理想之作家，于亚力士多德之学说，尤深恶而痛嫉之，拟销毁其书，并言研究科学，当于实验与算理中求之，亦见其崇尚实学，深斥臆说。或谓其曾制远镜，则未可信也。同时有法人名哈力法克斯，又名湖来胡特，而又以拉丁名著于世，曰撒克罗巴斯谷，曾在巴黎任算学教员有年，著《天球论》一书，系简易天文学，详论天球旋转之理，简明浅显，颇受社会之欢迎。撒氏卒后（一二五六年），此书屡经复版，十五世纪末叶，三十年间，印行二十五版；十七世纪中叶，又印行四十版；如初等教科书如《通俗天文学》，流行三四百年，亦云盛矣。

十四世纪中，维也纳创设大学（一三六五年），渐成天算之中心。十五世纪中，日尔曼学校继起，科学渐见发达。有泊拔克者，生于一四二三年，二十七岁任维也纳大学天算教授，撰《天文揭要讲义》，即由多禄某《天文集》择要教授，并以拉丁文撰述多氏行星系。其用意原欲增入撒氏《天球论》，因此书所未及，亦所以增进教课程度，但其所用《天文集》，已属拉丁文，非译自希腊原书，亦非由阿拉伯之善本，或系叙利亚之译本，殊多差误，故未能如愿。洎拔克有得意门生，名默来安，世称利奇蒙太那。十六岁时，在维也纳已颇露头角，师生相与观测，悟《亚而封所表》，历时已二百年，殊多舛误，月食差至一时，火星差及二度。一四六一年，罗马教廷慕其名，延聘研究希腊文籍，因一四五三年君士坦丁覆亡之后，此项文籍，流入意大利者，卷帙浩繁，内有多禄某《天文集》，非专家不能识，故特聘二人前往，不幸工作未始，老者遽卒。

利奇蒙太那不因其师之去世，而停止工作，在意七年，悉心考订。希腊文字，在维也纳时已粗知大略，至此遂大进。遍读《天文集》及其他希腊天算书籍，因续成其师之《天文揭要》，以竟其未竟之志，并自撰算学书编正弦函数表，自〇度至十九度，逐分推算，其功甚伟。著书之外，兼事观测，又尝演讲，回维也纳，即任大学教授。为时不久，匈加利王又延聘其研习希腊文籍，但匈王专属意于希腊之战略，利奇蒙太那遂去而他往。至努伦堡，系德国著名城市，有新设之印刷厂，往彼参观，努市人士，颇为欢迎，有富商华尔善，资助各费，并忘年而师事之。于是招市中精于工艺之徒，制造天文仪器。当时欧洲尚未闻有精密之器，初次创造，仍不如西域诸器之精。（参观前章《西域天文史》）

一四七二年彗星见，利氏实测其行度，开西洋天文史之新纪元。盖彗星自古以来，皆视为怖恐之象，但知彗有八凶，何敢再加细察，故作天文之观测，用科学之方法者，实自利氏始。中史于彗星之下，虽各有占验之说，然《春秋》书彗星，必纪其方位，《汉书》纪彗星，必详其行度，方诸西洋，实早二千余年。[16]

利氏因努市印刷厂不能印天文图表，乃自设厂，力求改良。洎拔克《天文揭要》于一四七三年出版，行星系图，始能刻入，风行欧洲，再版多次。是书所论行星系，与亚力士多德法、多禄某法，已有显著之不同。亚氏法用八轮，如重环相套，最外一轮为恒星天，亦即天球每日旋转之轮。至报达天文家，于恒星天外，又加一重，名宗动天，共为九重天。其八重之次序，则与多禄某同。(《明史·天文志》即采此说) 后太毕平高拉又加一重，为十重天，亚而封所宗之。是书则以太毕所定一重为岁差天，其次序第一月，第二水星，第三金星，第四日，第五火星，第六木星，第七土星，第八恒星，第九岁差，第十宗动。洎拔克以后，中古时代，又以岁差分为东西岁差天，南北岁差天，共为十一重天。最后于宗动天之上，又加一重，名常静天，谓太虚无穷，终古不动，于是共为十二重天。此哥白尼前之学说也。[17]

利氏又印行一种年历，与近今所用者相似，附有星历，所测各数，足以应用三十年。其间有星月距离表，用以测定舟行海面之经纬，是其特创。哥仑布发见美洲，赖有此表，利氏创始之功，不亦伟哉。一四七五年，罗马教王闻其名，延聘改历，翌年即卒于意大利，享年仅四十岁。[18]

利氏卒后，华尔善仍勤于观测。定蒙气差之法则，较亚尔哈成为密。又用金星距日之度，以定日之所在，更为精密，亦华氏之特创。(中国在宋中叶，姚舜辅《纪元历》已行此法，比诸华氏，约早四百年) 华氏复创造时钟以测天，其有功于天学者，亦非浅鲜。努市天文事业，利奇蒙太那倡之于先，华尔善继之于后，基础固定，故其事业得延至十七世纪而始终也。

哥白尼之生，在利氏去世之前三年，故利氏可为古天文史中之最后天文家。惟哥白尼学说发表之日，已在其易箦之时。当新旧交替之间，尚有利氏之宗派数人，如叚文西（一四五二年至一五一九年）于新月之时，发见地球之返照；弗拉开斯脱（一四八三年至一五四三年）与爱拜因（一四九五年至一五五二年）测定彗尾之方向，恒与日相反(《晋书·天文志》，言晨见东指，夕见西指，在千余年前已发见，参观前章《中国天文史》)；拿尼斯（一四九二年至一五七七年）测定朦胧时之长短，因各地纬度而异；佛内尔（一四九七年至一五五八年）重测地球之大小，所差不及百分之一。之五人者，虽生同哥氏，而学宗利氏，故古天文史之结束，不得不属诸此数家，而新天文史之开辟，亦不可不专属于哥白尼矣。[19]

兹为便于查阅起见，作中西天文史对照年表，以耶稣纪元为标准。

<table>
<tr><td>前七二二年至前二〇五年</td><td>春秋迄秦</td><td rowspan="2">希腊 前六〇〇年至后二〇〇年</td><td rowspan="3">罗马前七五三年至后四七六年</td></tr>
<tr><td>前二〇四年至后二一九年</td><td>两　汉</td></tr>
<tr><td>二二〇年至四一九年</td><td>魏　晋</td><td rowspan="2"></td></tr>
<tr><td>四二〇年至六一八年</td><td>南北朝</td><td rowspan="3"></td></tr>
<tr><td>六一九年至九〇六年</td><td>唐</td><td rowspan="3">阿拉伯六二二年至一二四八年</td></tr>
<tr><td>九〇七年至九六〇年</td><td>五　代</td></tr>
<tr><td>九六一年至一二六三年</td><td>宋</td><td rowspan="3">欧西一二〇〇年至一五五〇年</td></tr>
<tr><td>一二六四年至一三六八年</td><td>元</td><td rowspan="2">西域一二五八年至一四五〇年</td></tr>
<tr><td>一三六九年至一六四四年</td><td>明</td></tr>
</table>

注释

［1］此篇根据密结尔《巴比伦日食史》，（S. A. Mitchell's *Eclipses of the Sun*, *Eclipses of Babylon*, pp. 9-19, 1924 edition）。

［2］亚述民间每以地方长官之名纪年，而止及一年，故名周年历（Eponym Canon），大约当时地方长官一年一任。

［3］参观《历代日食考·春秋日食表》。

［4］本编所用西元为耶稣纪元，所用日期为《儒略历》，始与后世相应而便推算。

［5］本篇根据密结尔所述《埃及天文史》，载在其所著《日食论》（S. A. Mitchell's *Eclipses of the Sun*, *Egyptian Astronomy*, pp. 19-24），埃及史之分期，根据享默林《美国百科全书》，（Hamlin's *Encyclopedia Americana*）。

［6］白兰斯德著《古埃及之宗教与思想》（Breasted's *Religion & Thought in Ancient Egypt*），泊拉克托《古今天文学》（Proctor's *Old & New Astronomy*）及海尔《银河之外》（Hale's *Beyond the Milky Way*）言之

甚详。

［7］参观凯觉利《算学论》，《希腊几何学篇》。（Cajori's *History of Mathematics*）

［8］《畴人传》引《新法算书》云，亚里大各于周显王二十五年，测得黄赤大距为二十三度五十一分二十秒。案显王二十五年，为西元前三四四年，尚在亚历山大帝征服埃及以前。

［9］雪尼枯井摄影，载在斐力浦《天文大观》，可参观也。（Phillips's *Splendour of the Heavens*）

［10］依巴谷创星座，多禄某重修之，至第谷始增二座，至十八世纪末增至一〇九座，渐形繁复。一九二二年国际天学会决定八十八座已足包括全天星象，惟界线屈曲未能遽改。兹将各家创作星座前后之时列表于后，以备参考。

多禄某	（Ptolemy）	四八座	一四〇年
第　谷	（Tyche Brahe）	二座	一六〇一年
班　野	（Bayer）	一二座	一六〇三年
劳　爱	（Royer）	五座	一六七九年
哈　雷	（Halley）	一座	一六九〇年
希维利	（Hevelius）	一一座	一六九〇年
佛兰斯德	（Flamsteed）	二座	一七二五年
拉　该	（La Caille）	一四座	一七五二年
希　尔	（Hell）	一座	一七七〇年
来蒙逆	（Le Monner）	二座	一七七六年
拉伦德	（Lalande）	一座	一七七六年
派克查白	（Poczobut）	一座	一七七七年
波　德	（Pode）	九座	一八〇〇年

［11］高梦旦《十三月新历》，可参观也。

［12］参观商务印书馆《日用百科全书》采有多种。

［13］案《畴人传》载亚尔罢德，一作亚耳罢德，一作亚耳巴德，其学本多禄某，《新法算书》载亚尔罢德于唐僖宗广明元年（八八〇年），测定黄赤大距二十三度三十五分，最高在夏至前七度十三分，又五星距离及视径等数。又载巴德俔于唐僖宗中和四年（八八四年），测恒星黄赤经度，用多禄某法考五星及恒星距地之远。又测诸大星之视径。又有亚巴德者，于唐昭宗大顺时（八九〇年），测日月实径，又推得日距地心如地半径一千一百四十六倍。诸人译音，与亚尔拜帖尼相近，事迹相类，时期相同，当系一人。亚尔（Al）本属阿拉伯之冠词，亚尔拜帖尼亦可称拜帖尼，与巴德俔音相近，足证译音之不同耳。

［14］撒马尔罕天文台，建于一四二〇年，在明成祖永乐十八年。

［15］参观《元史·天文志》及《历志》所载《西征庚午元历》。

［16］参观《天文考古录·中国史之哈雷彗》。

［17］参观《明史·天文志》及蒋友仁《坤舆全图总论》。

［18］希腊、阿拉伯各种天文表，与中国之历法相似，其推岁实、朔实，犹中法之步气朔，推日行及年长，犹中法之步日躔，推月行及月长，犹中法之步月离，推五星行度，犹中法之步五星，推交食各数，犹中法之步交会，推时刻，犹中法之步晷漏，可见中西古法，如出一辙，惟各有疏密之不同耳。西洋之所谓历法，犹今之月份牌，清之时宪书，不过定节气，分月日，排星期而已。利奇蒙太那始变古法，仿阿拉伯之年历，而增入星历，遂开近代各国年历通书之法。

［19］本编自《希腊天文史》以后，皆根据培尔来《天文学史》（A Berry's *Short History of Astronomy*，1898），并参考其他有关之书，已择要分注于各章之下，小史篇幅有限，疏漏必多，还望读者参观诸书，随时指正为幸。

下编　新天文学史

一　十六世纪天文学史

溯自西班牙克复科尔图巴城，而天学西渐；土耳其占领君士坦丁堡，而学者西行；努伦堡首创印刷所，图书得以流行；哥仑布发见新大陆，人心因之解放。东方文明，希腊科学，经阿拉伯之媒介，由西班牙而意大利，而日尔曼，而法兰西，而遍及西欧。至十五世纪末叶，已见文化新兴之象，亚力士多德学说之衰落，足震顽固之士习，亦犹基督教之革新，足惊世俗之人心。然而惟名惟物，启门户之争，《旧约》《新约》，有派别之分。政教之所行，风化之所趋也；世序之推移，学术之递转也。考诸欧洲历史，十六世纪正值中古近代过渡之时期，亦即古今天学变更之关键也。利奇蒙太那者，古天文史之殿军；哥白尼者，新天文史之先锋。当一五四三年，多禄某行星系告终之日，哥白尼太阳系出世之期，遂开天文史之新纪元。第谷经三十年之密测，欲反证哥白尼学说之误，而不意适供刻白尔证实之资。迦略利见木星之卫星，金星之圆缺，益足证地转之有据，绕日之可信。虽受教廷之凌虐，行辕之拘留，然真理所在，地动如故。哥氏学说，俨然如新旧两界之分水岭，不可动摇也。其划分时代之力量，不亦伟哉。

哥白尼在一四七三年二月十九日，生于波德交界之索伦城，因其父业商，于十年前由波京迁此，乃波兰所力争治权之地也。哥氏幼年失怙，随叔起居，叔本教主，颇欲哥氏将来继承其业。在十七岁时，遣其入波京大学，专习宗教学，教员白罗齐司基，颇负盛名，课程中列有泊拔克及利奇蒙太那之讲义，哥氏之有志天算，即由此而起。留校三年，以宗教不足学，未卒业而去。越二年，其叔以哥氏学宗教不成，遂资遣游学意大利，令其学医与律。在意约十年（一四九六年至一五〇六年），仅返家一次。留学之地，初在白洛那，继在拍图亚，后毕业于佛拉拉，尝游罗马城，而研习天学之心益坚。故在意虽学医与律，而天算之学攻习甚勤，希腊文字研习亦精。回国后潜心著述，正其太阳系新学说创作之时，屡经易稿，不肯轻于付梓。雅不愿哗世盗名，仍力求精进，未尝稍间。其叔卒后，在弗拉恩堡主理教政及地方公益事，凡三十一年。尝为人治病，而不以为业，非特不取医资，遇贫病且施给药物。又尝奉派处理波德争地之事，虽百务猬集，而精研天学，从未稍间。

哥氏尝谓弗拉恩堡地处北方，气候又劣，不利于天文观测，水星偶或一见，而时间短促，不能为详细之测候。故哥氏不重实测而长于推算，所用仪器皆系自制，远逊于西域之器，且不如努市之货。其著作中所载实测仅有二十七，亦不甚精密，有一星之位置，至差及四十分，即在依巴谷时亦不致如是之大误。门人利的堪以为测验宜密，商请于师，哥氏谓“予所求者，在实测与学理相符，粗具大略，足敷应用，不欲究及细密也”。可见其专注于行星绕日，地球旋转之理，以求其新学说之成立而已。

哥氏在离意之前，已颇闻名，早在天算专家之列。迨一五一五年，罗马教廷有改历之议，就商于哥氏；而哥氏以日行地行之理，尚未解决，本根不立，历法何依，不愿有所表示。于是哥氏地动日静之学说，渐闻于时。哄动天文学界之外，新教领袖路德，在宴会演说席上，论及哥氏学说，违反《圣经》，斥其愚妄；又有米伦区松者，新教派之有名学者，宗教大学之校长也，竟视为邪说，深恐流行误人。但哥氏全不介意，其书仍作名山之藏，而不愿轻于问世也如故。今观其著作中最后之实测，在一五二九年。想即其大功告成之时，嗣后即撰提要一篇

(*Commentariolus*)，删去算式之繁，述其学说之纲，足以证明地球旋转之象，行星绕日之理。不过备友人之索阅，亦无意付印也。一五三三年，罗马天文家受教廷之命，演讲哥氏学说，大旨即据此提要立论。故越三年，教廷又函哥氏，谓大纲已明，拟请示以详说，而同时各方之征求发表全作者，络绎不绝，其最后决定付梓者，全赖其得意门生利的堪之请求也。

利的堪生于一五一四年，在努市从希翁纳学天文，青年好学，十七岁即受米伦区松之聘，任宗教大学算学教席。见哥氏学说提要，慕名往谒，愿执贽门下，哥氏款待甚殷。利的堪本拟暂住一二星期，而不觉久留至二年余，其初到数星期内，即用心攻习哥氏之著作，遂择其要旨，撰浅说一篇（*Prima Narratio*)，寄交旧师希翁纳，翌年即付印。于是太阳系新学说，遂流行于世。利的堪从学二年，力劝哥氏印行全书，及其归里，挈哥氏《三角法》以去，而付印焉。

哥氏自知年老力衰，不能再有所创作，以毕生巨著，付于牧师奇斯，请其便宜处置。奇斯自维不能胜此重任，立即送交利的堪，即在努市付印。奈利的堪无暇亲自校雠，乃委托渥欣德，系路德派教士之雅好天文者也。渥欣德见此新奇之论，大为惊骇，于是妄增序文，而不自署名，混充原著，大旨谓地动日静，但为便于推算，系属假定而非事实，并易其书名曰《天旋论》（*De Revolutionibus Orbium Celestium*)，与哥氏原意大相径庭，（案哥氏原书名《旋转论》，*De Revolutionibus*，渥氏妄增天球二字，遂相反背，而后世以讹传讹，不复加以区别。汤若望历法西传，称“哥白尼有天动以圆之解”，皆渥氏窜改之流弊也）且此书已于一五四二年冬印就，直至次年五月二十四日，哥氏病已沉笃，方将样本送至病榻，尚何能辨别书名之更易，序文之真伪哉？然哥氏之鸿著，赖以传世，而世俗之骇怪，借以稍息，渥氏之情，犹可原也。[1]

哥氏《天旋论》在天文史中占重要之地位，上与多禄某之《天文集》，下与牛顿之《哲数原理》，适成鼎立之势。其书凡六卷，第一卷前十一章，论太阳系之大纲，后附各种算式及表，先由利的堪分别印行，前卷为《浅说》所取材，[2]后卷即《三角法》所从出也。其论太阳系，以太阳居宇宙之中心，最近太阳者水星，次金星，次地球，次火星，次木星，次土星，最远者恒星。月则绕地而行，地与五星皆绕日而行。以金、水在地球轨道之内，名内行星，火、木、土在地球轨道之外，名外行星，皆为前人所未及。哥氏言地转之说出于希司他，而派赛格拉斯学派，有斐洛拉及亚里大各者，不仅言地之自转，并言地绕日而转，或绕宇宙之中心而转。然希腊学者之言，并无确切之证据，故自多禄某以来，无人能知其理，至哥氏而始大明。其论宇宙间诸星皆为球形，以滴水成圆之理喻之，而地之为圆，更为显见。譬如人向北行，北极渐高，而南极渐低之度当相等，在北斗邻近之星，不与众星共没，而南天诸星不与众星同升。如意大利不能见老人星，而在埃及则灿然在望，意大利可见江波座诸星，而在寒带如波兰以北者不能见。又如人向南行，北极渐低，而南极渐升之度当相等，北天之星下降，南天之星上升，足证地两极之间，必为球面。设在东方之人不能见黄昏之日月食，在西方之人不能见清晨之日月食，而在此两地之间者，见黄昏之日月食较迟，见清晨之日月食较早，足证地东西之间，亦必为球面。海洋同属球面，譬在船舱，初不见陆地，若升至桅顶，即可望见。又譬如桅顶有灯，在陆望之，其船渐远，其灯渐低，渐至灯光沉没而不见，足证水陆同为球面，不过陆地略高于水面耳。虽山高水低，以球面之广大，实无分乎轩轾，此与前人之论相似而较详。其论地转之理分二，一为自转，旋行一周而成昼夜；一为公转，绕日一周而生四季。譬如舟行海上，舟中之人，见舟中之物，相距之远近不变，则不觉舟行，但见舟外山岛诸物，时近时远，时左时右，掠舟而过。今地行空中，地面之人，见地面之物，相距之远近不移，则不觉地行，但见地外日月诸星，时上时下，时左时右，绕地而过，其理正相同也。地球旋转自西而东，则见日星之出没，自东而西，其方向恒相反，亦一定之理也。其论太阳居宇宙之中心，谓月、水、金、火、木、土皆为暗体，以太阳之光为光，设有人在月面及五星面上，视地球，亦如地面之人见月有圆缺，月与五星皆似地球，故以太阳居中，遍照各体。地与五星绕日而行，月绕地而行，复随地以绕日。

第二卷详论地球之自转。现天球之视行，皆以算式推演，并比验旧测，发见黄赤距纬。古大今小，虽其数未密，而其理至合，亦哥氏之重要发明也。后半卷载恒星表，即以多禄某表略加改测，依岁差推算之。但多氏《天文集》，原由希腊移译拉丁，时有传写之讹，时有校印之误。哥氏未经抉择，故其表中，时用希腊，时用拉丁，悉仍其旧，而未尝更正。多禄某表以春分点为恒星经度起算之原，而哥氏表则以白羊第一星（娄二）为起点，虽相距不远，实亦出乎例外。

第三卷详论岁差之理。算数繁重，颇费经营，校验蒂马克力斯及希腊诸家之旧测，并亚尔拜帖尼之实测，考定平均岁差为五〇・二秒，极为密近。后第谷以密测著名，亦无以过之。（清初《时宪历》所用第谷岁差为五十一秒，反不如哥氏之密）昔依巴谷论岁差，以赤道移动之故，而春分点西退。哥氏以天赤道与地赤道遥相应合，赤道环天大圈，恒与地旋转轴正交，而与黄道斜交，岁差因赤道移动，而春分点西退。实由地轴移转之故，约二万六千年而一周，即赤极旋绕黄极一周之数也。（每年行五〇・二秒，二六〇〇〇年行三六〇度）卷末论地球绕日，一年一周，故见太阳恒循黄道；一岁周天，惟地球自转恒循赤道；一日周天，黄道与赤道斜交，地极偏向太阳，当太阳在交点时为春分，至极北而夏至，由夏至复至交点为秋分，至极南而冬至，由冬至回归原交点则又为春分，是为环天一周，四季所由生焉。其测算诸数，引用地道偏心率，因太阳之视行，仍可应用多禄某之轮法，并改正拜帖尼所测远近点之数。惟昔之所谓近地点，已改为近日点，昔之所谓远地点，已改为远日点，始与新理相合。又推算太阳视位表，于是太阳之视位，随时可检。

第四卷论月行之理与日月食。与前人无大异，因月绕地球，自古相传。多氏行星系与哥氏太阳系，虽日地之位置互易，而月地之关系未变。哥氏欲谋实测与理论相符，推算仍不厌求详，并发见旧测有不合之处。其所推月之距离，与多氏几相符合，惟所推日之距离，为一千五百地半径则较多氏为胜。其论月之视差及视径亦甚详，大旨谓月视径之大小，关于月距离之远近，并考定视径最大与最小之差，约为八分，比诸今测（约五分)，亦不甚悬殊。

第五、六两卷皆论五星。其求行度，仍用多禄某轮法，而更增轮数，反覆推演，不厌其繁，故行星轨道，仍用正圆形，犹未能一洗旧习。其测定五星太阳周（会合周期)、恒星周及距离等数，列表于后。

五星	太阳周	恒星周	距离（以日距地为一)	今测（以日距地为一)
水星	一一六日	八八日	〇·三六	〇·三八七
金星	五八四日	二二五日	〇·七二	〇·七二三
火星	七八〇日	六八七日	一·五	一·五二三
木星	三九九日	一二年	五	五·二〇二
土星	三七八日	三〇年	九	九·五三九

哥氏学说最要之点，即地球绕日，恒星应生岁周视差。昔亚力士多德以恒星不移，为地静之证，一千八百余年以来，无以破其说。哥氏明知人在地面，随地球之旋绕而移易位置，所测诸星之方向，亦随之而变迁，然当时仪器不良，未能实测。哥氏无从目证，但言恒星过远，视差极微，不易觉察而已。其言固确切不移，而仍无以祛旧派之疑。当时宗教家号称维新，《圣经》是奉，即有名学者，仍以亚力士多德学说，为金科玉律。不然七十年后，迦利略亦不致为教廷之罪人，足见古人创法之不易矣。

想当时路德之徒，一闻地动之说，即目为畔道离经，不胜其骇怪。及哥白尼全书行世之后，各界反无动静，即呈送教王，亦无间言。殊出意外，自非无因。一则书名《天旋》，视为寻常，渥欣德序，反掩盖其内容，非细阅全书，不能知其真理；一则算数繁复，非学有专长者，不能窥其底蕴，故能读哥氏书者甚鲜。利的堪亲炙有年，奉为师宗，自不待言，而利氏之友，名赖因化者，宗教大学之天算主任也。（自一五三六年至一五五三年，在职十七年）奉崇哥氏学说，不亚于利氏，二人皆路德教派，同事于新教势力教育之中心，独能一洗旧习，私淑新学，益见其少年英俊，卓尔不群矣。（时赖氏年三十二岁，长于利氏三岁，皆青年好学，不可多得）

利的堪在印行浅说之后，即根据哥氏学理，编制年历（一五五〇年）。嗣后专心研究算学，曾编各种极详之算数表，直至一五七六年去世之前，方行告竣。赖因化之重要著作，为日月诸星行度表。一五五一年，由普鲁士公爵亚尔培出资付印，故名“普鲁士表”。此表推算详密，虽或有计数之误，自亦难免，而于哥氏所推各数，颇有修正，检查诸星之位置，甚为便捷。著者自称，“上推三千年诸星之位置，皆能与实测相符”，非夸言也，实胜于著名之《亚而封所表》远甚，流行七十余年（自《刻白尔表》出而止）。哥氏之学理，由此推行渐广，其有功于天学，良非浅鲜。不幸于一五五三年死于疫，著有《哥氏太阳系解》，尚未付印，卒后稿遂遗失。

赖因化后五十年，天学绝无进步，即自利奇蒙太那、华尔善以来，能以密测著名者，亦未有所闻。迨十六世纪末叶，始见发展之象，德国黑森伯爵威廉第四（一五三二年至一五九二年）幼时见爱拜因天文图之美丽，爱不忍释，少长即致力天文。一五六一年，建天文台于卡赛，始用旋动台顶，为后世之法。（宋苏颂仪象台，用脱摘板屋，以便启闭，今私家小远镜室，移动屋顶，颇相类似）观测六年，因其父去世，主理政务，无暇及此。三年后（一五七〇年）丹麦天文家第谷来谒，会谈之余，重起测天之兴，复招致罗斯孟与盘尔纪二人，相助观测，编制两种新表。罗斯孟精天算，宗哥氏学说，而研究有得。哥氏论天球之视动，因地动而起者，其故有三：一因自转之运动；二因绕日之运动；三因岁差之运动。罗斯孟谓第三种之运动，无庸涉入，反见复杂，言之至当。《普鲁士表》有观测之误者，亦为之修正。盘尔纪精于算，有巧思，能造钟，首创钟摆，能校正迟速，测星计时，赖以渐密。（其法未经印行，故嗣后迦略利与海更士各自创造）又造对数表，与纳氏异地同时，名自发明，但因其不愿自表，或尚未完备，故发明之功，归诸纳氏。卡赛天文台主要工作，系编制恒星表，拟实测一千余星，由日之经度及金星、木星之经度，以推恒星之位置，改定蒙气差，推算日视差，测验不厌求详。至一五八六年，有一百二十一星，始经精密测定。继因罗斯孟往访第谷，一去未回，从此失踪，阅二年廉威亦卒，此表遂未完成。卡赛天文台，造旋转顶，创有摆钟，渐成近代科学化，而不著于世者，因当时第谷天文台之宏大，有以掩盖之也。

第谷于一五四六年，生于丹麦之纽司曲洛城，贵族州长之长子。自幼承继于伯父，十三岁入夸本海更大学，为将来从政计，习文学与哲学。翌年（一五六〇年）得见偏微日食，发生无穷兴趣，欲研究占星之术，预卜休咎之征，故在校未二年遂致力于天文算学。十六岁入德国来布悉大学习法律，所遇助教，指导无方，使其见憎于法律，而仍专致于天文。一五六三年，测候土、木二星相会之时，发见《亚而封所表》预推差及一月，《普鲁士表》亦差数日，此其实测之初次纪录也。又在来布悉市，购置数种仪器，皆不甚精密，因试验器差，屡加校正，故后来改良诸器，遂成专家。

一五六五年，丹麦、瑞典之战，第谷因伯父死于难，遂回家一年，后游历各处学术著名之地。在德国得交二三天文家，至奥古斯堡，遇海因湛昆仲，系富家子弟，俱好科学。第谷为之绘图雇工，造大象限仪，阔十九呎，缘边九十度，逐分细刻；又造天球仪，径长五呎，以实测之星，逐一绘志于球面，随测随志，方位了然。在外五年，因生父年高，回国省亲。次年父卒（一五七一年）。第谷有叔久居司底培里，雅好科学，因往谒之，遂在彼研习化学，类乎炼金之术，而天文之学，由是中辍。

第谷虽移其心于他种学术，而未尝忘情于天文，自言“每遇向晚天晴，必仰望星象，几成习惯”，故不及二年，而测天之志，又行奋起。是乃一五七二年十一月十一日，日落之后，忽见新星出椅女座，(《明史·天文志》云“策星旁有客星，万历元年新出，先大今小”，即此星也）明若木星，大为惊异。因恒星中向所未见，行星亦不能至此间，于是逐日详测。其明渐增，有若金星，后渐暗小，至十六阅月而始不见。迭测此星与椅女座诸大星之距度，复用各种方法，试验其有无显明之视差，而终不能测见，遂断定其比月必甚远，又无行星运动之象，复断定其必在恒星之列。爰撰《新星解》一卷，凡十二章，大旨论新星之现象及各项之测验。[3]当时朋辈劝其与所编年历（一五七三年）同付铅椠，而第谷以为印行书籍，有失贵族之尊严，故未即付梓。《新星解》虽多占验之谈，而在其著述中颇占重要之地位。刻白尔尝谓：“无论此星有何作用，至少足产一大天文家。”

一五七四年，夸本海更大学延聘讲演，多属占星之术。（此项讲义，第谷卒后约十年行世）未及一年，又游历各地，至卡赛参观天文台，虽居停甚暂，而与伯爵订终生之交。至弗伦福特采办图书；至拔赛里爱其风景，有作久居之想；至威尼斯参观文化学术。及其归也，经利琴司堡，购得哥氏《天文提要》一书。

一五七六年，开第谷天文事业之新纪元。当时丹王番叚力克二世提倡科学文艺，不遗余力，闻第谷名，赐以黑文小岛，为其测天之所，许以建造天文台及房屋仪器一切设备之费，另由岛上官产租金内，年拨百镑，为补助之资。第谷奉命之下，不胜欣喜，即于是年五月赴岛，起建天文台。经费有着，咄嗟可成，未及年终，全部落成，早已开始观测。第谷身为天文家，而终不自忘其为贵族，力求建筑之富丽堂皇，始与自身地位相称。全部房屋，名曰天宫（Uraniborg），四周筑成正方之园，四角正对东西南北，有观象台多座，其他实验室、图书馆、膳堂宿舍，应有尽有。于是四方学子及助理人员，络绎而来，桃李门墙，人才济济。至一五八四年，原有设备，不敷应用，复起建第二天文台，名曰星宫（Stjerneborg），设地下观象所多处。又因便于工作起见，造第谷住宅，并仪器制造厂、印刷所、造纸厂，相继建设。非特两宫房屋，即一切仪器，无不金碧辉皇，竭装饰之能事；经费之浩繁，至为可观。第谷平居豪华，自亦不甚措意。丹王补助年金之外，并随时捐给地产款项等类，故收入颇丰。但第谷只知官产之收入，而不顾公益之支出，是以种种纠纷，相继而起，争执不已。结果终是丹王为之赔偿，而深觉第谷之多事烦恼，颇为不悦。第谷又嫉妒人之才能，常疑其助理员或参观之来宾，窥窃其底稿，而直责人之抄袭，因之又时起纷争。第谷与人争执，不畏其烦，而款待来宾，又不胜其忙。盖天文台闻名遐迩，参观者不仅为天文家，即王公贵显，亦络绎不绝，皆须殷勤招待，引导浏览，大半工夫，消耗于争执、款待之间。然而测天之事，未尝稍懈。在岛二十一年，得门下诸家之助，昼夜密测，无间寒暑，所用仪器，多系创造，体制甚大，分限极精，勘验亦确，清台候簿之记，课校精详，实足以超越前人，有助后学也。

一五七七年，大彗星见，又足使第谷测候精进，虽当时天宫初成，仪器未全，已足敷应用。其观测之精勤，一如昔年之新星。测定此彗距离，较月为远，至少约三倍之，证明其在日与月之间。而昔之所谓彗星出于大气之高空者，第谷亦难免旧见，今不攻而自破。又测见此彗绕日而行，彗首恒向日与金星，其距日之度，较金星为远，证金星在日与此彗之间，则昔之所谓行星附丽于硬玻璃球，随之俱转者，亦始悟其谬。犹新星之出见，足破星象千古不变之说。盖当时天文家，泥于亚力士多德哲学者，尚不乏人。第谷经此实测，始悟前非，刻白尔所谓足以造就天文家者，良有以也。

第谷撰《彗星解》十卷，详述各项之实测，脱稿反在《新星解》

之前。因新星各种关系，均须测验，为时甚久，未能即行完成也。但《彗星解》亦未印行，其第一卷论及太阳系。第谷另创一法，谓“地居宇宙之中心，日、月、恒星各有本轮，绕地而转；水、金、火、木、土五星之本轮，则以日为心，而本轮之上，俱有均轮”。盖欲折衷多禄某、哥白尼两家之说，实未脱旧习，而不合实用。后利满著《太阳系论》（约在一五八八年），与第谷颇相似，大旨谓“地居宇宙之中心，不离本所，而每日旋转一周于南北两极，地周围日、月、恒星绕之，日周围水、金、火、木、土绕之”。利满曾至黑文岛（一五八四年），不久即去。第谷遂控告其窥窃底稿，抄袭其意，而先行付印，利满何能甘服，遂反诉第谷袭其著作，争讼不休。其实利满论地球自转，为第谷所未及。天球运行，本为多禄某系最弱之点，况各家立说，容有相似，讵可遂谓之剽窃。而第谷嫉妒心深，遽诉诸法律，徒见其多事而已。第谷《彗星解》，即在诉讼之时，始分送友人，而正式印行，乃在其卒后二年（一六〇三年）矣。

一五八八年，丹王去世，嗣王年幼（十一岁），大臣摄政，待遇第谷，初无间然。天文台经费，犹得资助巨款，无如第谷常与岛民争执，并引起种种纠纷，于是廷臣渐生厌恶之心。迨一五九六年，嗣王亲政，以天文非所急，黑文岛耗费过巨，又因第谷不洽舆情，内援无人，各项经费，停止供给，天文台事业，势难维持，第谷不得不离岛归里。家居数月，仍望恢复原状，而未能如愿，遂决赴德，住亨堡近郊友人家。一五九七年冬，发表《天文仪器详论》，附以自传，并述各种主要创作。又编订《恒星表》一册，凡一千星，其间七百七十七星，皆精密测定，余未及详测。此二种乃其生平得意之作，亦二十余年精力所萃，分呈各界名人，亦所以表见其测候之功深。第谷在岛时（一五九四年），曾与德王代表书函往还，德王热心科学，早闻其名，故几经德王及王子之商约，遂于一五九九年六月，受德王之聘，遄赴波希米都会（巴拉哈），准其在卑那地居住，离都会约二十哩，由是移家始定。遣其一子往黑文岛迁运仪器，物色助理之人才，重振测天之事业，仅得旧门生一人为助，幸有刻白尔闻名而来，于是相得益彰。惟当时内乱频仍，第谷官费，不能按时支给，而刻白尔又阮囊羞涩，常以为虑，不久返都。翌年第谷亦移居都会，相与观测，甚为翕然。不幸未及一年，第谷病卒（一六〇一年十一月二十四日）。遗稿交于刻白尔，因之发明行星椭圆定律，立天学之新基础。而第谷实测之精微，亦赖以传诸千秋。所惜者仪器由家属保藏，置诸高阁，后因波希米之战乱，遂遭散失。

考第谷天文著作，约可分为三大种。第一种《新天文学》，系第谷手定之稿。一六〇二年刻白尔所印行，凡六卷：第一卷论四季时刻；第二卷论日躔、岁实、岁差、蒙气差；第三卷论月离、交食；第四卷论五星行度及《恒星表》；第五卷论新星；第六卷论仪器。第谷在德时，曾将《恒星表》分送名人，后附《天文问答》，第谷与卡赛伯爵及罗斯孟等论天之往还函牍，曾在离岛之前（一五九六年）编印也。第二种《彗星解》，凡二部。一专论一五七七年之彗星，即第谷于一五八八年分送诸友，而刻白尔于一六〇三年所印行；二论一五八〇年、一五八二年、一五八五年、一五九〇年、一五九六年所见诸彗，后附一五九三年之彗，系其门人所测，不如第一部之详备。第三种即历年测簿。虽未经编订，而第谷三十年实测之精华，尽萃于斯，实亦重要之纪录也。

第谷所持太阳系学理，虽与哥白尼相违，而数十年测候之功，艰苦卓绝。凡一星一事，必几经叠测，复以各种不同之方法，校验差异，反复推求，昕夕不倦，故所得结果，至为密近，比诸近今所测，所差甚微。（所定岁实，极为精密，清初甲子元《时宪历》采用之，其他用数，亦皆依据第谷，盖利玛窦、汤若望及徐、梅诸公，皆宗其说）其于火星之顺逆留伏，视道屈曲，测算尤为精勤，尝欲作图以明其理，而天不假年，未及观成。卒由刻白尔依据旧测，继续前功，发见火星椭圆之轨道，并推水、金、木、土之同出一理，而创三大定律，开十七世纪天学之新纪元，创造之功，不亦伟哉。

注释

［1］本编十六世纪以后十九世纪以前天文史，亦根据培尔来《天文学史》择要叙述，仍参考其他各书。哥氏《天旋论》译载夏伯兰《天文图书考原》（Shapley & Howarth's *A Source Book in Astronomy*），可参观也。

［2］［3］第谷《新星解》（*De Nova Stella*），一九二八年，由华尔腾（J. H. Walden）译为英文，亦载在《天文图书考原》。徐光启《新法算书》，论第谷各书内容，亦颇扼要。近人张钰哲撰《泰西天文家列传》十余人，络续载在《宇宙月刊》，可参观也。历代大天文家，曾由拜耳氏各撰以列传（Ball's *The Great Astronomers*），颇为著名。现正由陈遵妫译为《天文学名人传》，亦采入《万有文库》第二集《自然科学小丛书》，足资参考。

二 十七世纪天文学史

古人观测天象，全恃目力，推究诸星之方位，皆以几何学为基础。自依巴谷以来，莫不以轮法为推步之本，不能出圆周运动之范围。至十七世纪迦利略、刻白尔、牛顿诸家起，始由几何而入力学之途，为天文史开一新纪元。远镜之创制，得窥前人未发之秘，而哥氏太阳系之原理，借以证实，椭圆之应用，始破轮法相沿之习。而第谷数十年之密测，未尝无功，万有引力之理以明，天体力学之基以定。十六世纪诸家启其扃，而十七世纪诸家辟其途，迦利略、刻白尔、牛顿，宜乎彪炳史乘，占十七世纪天文史之主要地位；然其间如德之班野、我国之王锡阐、英之哈罗克斯、荷兰之海更士、法之毕考特、意之葛西尼、丹麦之勒墨尔诸家，各有创作，皆为一时知名之士。读史者当按其纪年之次第，而考其学术之源流也。

第谷《恒星表》印行之次年（一六〇三年），德人班野创制《恒星图表》，新增南天星象十二座，始以希腊及罗马字母纪星，按字母之前后，依星光之强弱，顺次纪之。图中人物之像，描绘精细，而星等之序，分别显明，于第谷七百七十七星之外，复增五百余星，皆由精密实测，为近世星图之创作，足证其观测有年。想第谷至德时（一五九九年），以《恒星表》分赠名人，班野早已鉴及。第谷表重在比验新星，故星等一项，即采自多禄某而未经实测。班野图表，不仅首创纪星之简法，而当时星光强弱纪之甚明，足为后世校验变星之参考。至十七世纪末，英人佛兰斯德以新测之星日增，字母不敷分配，复创数目纪星之法，按星之赤经，自西而东，以阿拉伯数字顺次纪之。案今所用纪星之法，约分四类：一为专名，其原出于古籍；二为字母，即班野所创；三为数目，即佛兰斯德所创；四为表目，以著名恒星表之目次，分别志之也。班野创造之功，足补前人之阙，又为后世之法。班野身为律师，而能专心实测，创立新表，在天文史上别立一帜。然较诸同时之天学大家迦利略、刻白尔，已是小巫之见大巫。案迦利略生于一五六四年，刻白尔之生后七年，班野之生又后一年，而其去世最早，是在一六二五年，先于刻白尔者五年，迦利略者十五年，故迦氏享年最大七十九岁，刻氏次之五十九岁，班氏仅四十七岁，独发表著作，则在二家之前。[1]

迦利略生于意大利之碧沙城，聪颖异人，十七岁入碧沙大学习医，而心慕算术，校课之外，延师补习，昕夕忘倦。父亦善算，但见其子沉溺于算学，恐反害于校课，因将算师辞去。然迦利略已读毕欧几里《几何》六卷，早具根柢，无师自修，亦日见精进。而在校学业，辄冠侪辈，思想新颖，才高善辩，不能见谅于师长。某日在教堂内，偶见风吹悬灯，动荡往复，终归静止。在人视之，至平常事，而迦氏静心观察，乃悟动荡之阔狭有大小，而往复之时间实相等，推想及于人之脉搏，同出一理。又悟摆动之周期，与摆长为比例，遂创造有摆之钟，以诊病人之脉，为医学家立诊切之方，为天文家创计时之法，为物理家开力学之源。其体察之力，实验之力，创造之力，诚加人一等矣。

迦氏父出贵裔，而家已中落，所以令其习医，亦为将来谋生之计。然在校未及四年，卒以家贫辍学，时年二十一岁（一五八五年），闭户潜修，悉心科学。次年发表其第一次论文，述新发明水力平衡测验之器，名曰水称（Hydrostatic Balance），著名于时。迦氏苦攻四年，至二十五岁，受碧沙之聘，订三年之约，任算学教授，而兼课天文。薪水微薄，每星期不过五先令，惟尚可自收学生，稍资补助。迦氏授课之余，仍致力于科学之探讨，见时人泥拘亚力士多德学说，每思有以破其迷，抱培根之同情，而更胜一筹。亚氏有云："物体因重量而下坠，重者愈速，轻者愈缓。"历来学者久已认为自然，从无异言。一日迦氏在碧沙斜塔之顶，众目昭彰之地，以轻重不等之二球，令同时下坠，乃同时及地，并无轻重缓速之分。亚氏之说，不攻自破。而墨守之徒，犹未肯深信，不亦傎哉。碧沙同人，多拘执旧学者流，与迦氏之新颖，有云泥之别，成水火之势，旋因其父病故，遂未终约年，即辞职而归。随母氏住弗洛伦司，不久受柏图亚大学之聘（一五九二年），任算学教授，先订六年之约，来学日增，座为之满。讲学之余，精研科学，发明各种物理仪器，撰著天文、力学及炮垒工程等论文。惟《力学》一书，至晚年始印行，为著名之作。六年约满，又续订六年，后乃订终身教授之约，而薪水亦屡次增益。

迦氏天学，素宗哥白尼，尝谓"欲搜集证据，以坚其学说"。其第一次天文实测，则在一六〇四年十月十日，忽见新星出天市垣（毒蛇座），明若金星，十六日后，渐暗小，至明年十月中旬，始不见。测得此星比行星远甚，证明第谷新星，同出一理。当时刻白尔在德国，亦经详测，撰有《新星论》，较迦氏所见之时为久，故或有谓此星在一六〇六年，尚得望见，惜迦氏远镜尚未创造，不然必可多见若干时也。其时意大利科学大家之名，已声闻全国，及创造远镜之后，遂蜚声全欧矣。

一六〇八年，荷兰有利泊希者，设眼镜铺于中堡市。其幼子小利在铺无事，手持二玻片，玩望教堂钟楼，忽觉近在目前，而其象颠倒，惊告其父。视之果然，颇以为奇，遂装以纸管，名曰幻镜，当玩具出售。宫中卫士，购呈王子，以为远望敌舰，得有大用。老利闻之，居为奇货，申请专利而未准。迦利略微有所闻，又经法国友人函告，并请其设法改良。迦氏覃思默想，遂悟其理，以凹凸玻璃装于管之两端，虚管相套，使可伸缩，随视物之远近以为长短，影亦不倒。不仅可以摄取数里外物，如在目前，且能用以窥天。其所造第一镜，口径不过吋余，视物近三倍，大九倍；第二镜口径亦不及二吋，视物近三十倍，大六十倍。今两镜尚完好，保藏于弗洛伦司博物院，扩展观天之眼界，促进天学之飞扬，睹厥遗制，令人景仰于无穷。

一六一〇年，迦氏以第一次远镜所见，公布于世，撰一小册，名曰《天象使者》（*Sidereal Messenger*），意谓远镜为传达天象之使者也。后由卡洛斯译为英文，（一八八〇年）今载夏伯兰《天文图书考原》，得窥原著。其大旨约可分为三类。第一类论月面山谷。远镜窥月，有山有谷，宛如地面，嫦娥药兔，空托诗歌；山之向日，俱生日影，在明暗之界，愈见差参不齐；而山影较长，足证其处当日出或日入之时。又有山形中洼，圆如碗口，在月边者，望若椭圆，山之大者，内有小峰矗起，宛如地面之火山，今名寰形山者是也。第二类论远镜星象。以远镜窥星，骤增无数，向见银河如一片白云，今乃知为无数小星组合而成，鬼中积尸望之如白点，今乃知有四十余星。参宿罚星之旁，小星众多，作图状之，凡八十星。（罚旁大星云，不知迦氏何未测见。直迨四十年后，方由海更士发见。亦犹奎宿大星云，迦氏未见，乃由马流发明之）昴宿星团，寻常目力得见六星，目力佳者可多见五六星，迦氏以远镜窥之，六星四周约半度之内，有四十余星，择其三十六星，作图以状之。诗云："嘒彼小星，维参与昴。"迦氏二图，正足以形容之。第三类论木星之月。从刻白尔之议，而名曰卫星，此迦氏之重要发明也。其初见木星之旁有四小星，往返于木星右左，几经测候，乃知皆绕木星行，自西而东，犹月绕地球。诸行星之绕日，足证哥氏太阳系之理，向之所欲求其实据者，今恍然得之，哥氏有知，当亦许为大功臣。然时人顽旧，未可理喻，乃昌言人只七窍，天只七政，谓迦氏所见为不可信，或有甚谓迦氏木星之月，借幻术预设于远镜之中，望之若在木星之旁，愚顽之见，殊可嗤也。

迦氏发表此书以后，复测验土星，以为土木同类，木星既有卫星，土星当有同样之发见。而孰知土星有如二小星附丽于两旁，屡经测候，不见其动，断其必非卫星，而莫明其理，但以为土星有一体三位之形，然不愿公布，免骇俗而招物议。后数年再加细测，则见两旁如小星者，已完全消灭，大为骇异。岂真神话流传，有土星食子之事哉？盖迦氏远镜力弱，不知土星之有环也。至一六五五年，海更士始明确测定。

迦氏任职柏图亚，忽忽十有八年，知音绝少，落落寡欢，浩然有归去之思，适其著作行世以后，声名藉藉。乡邦为荣，左斯甘公爵慕其名，召之归国，授以首席哲算大家之职，俸给优裕，无授课之劳，得悉心致力于实测。是年（一六一〇年）十月，在弗洛伦司，测见金星圆缺之象，犹月之弦望；足证行星为暗体，以日光为光，推及地球，其理相同，而哥氏行星为日之理益显，此又一证也。

日中黑子，中国在西汉时已早测见，史不绝书，而在欧洲则自远镜发明以后，始成天文之研究。当时德人希爱纳、英人哈辽德、荷人法必修，各有所见。一六一一年六月，法必修且发表其著作也，而迦氏黑子之纪录，发表于后一年，而实测则早在前二年。其致友人书谓："观测逾十八月，最初发见，尚在拍图亚时。"案迦氏返国在一六一〇年九月，则其初见黑子之时，当在九月以前，足证其未尝后人。希爱纳测算黑子运行之周期颇密，惟理论有不合，以为行星经过日面之证，而迦氏则测定黑子系在日面，并言其形有散若黑云之象，非尽圆如行星之影。函告诸友，痛斥希氏，词锋犀利，不留余地，致结怨于希氏甚深。然迦氏因此文字之争执，遂引起教廷之干涉。谓其木卫之论，有背《圣经》，黑子之议，提倡邪说。一六一五年，哥氏《天旋论》列入禁书。一六一六年，迦氏被控，召赴罗马，不许再言地动以惑人，而迦氏著作自由之权遂失。

时迦氏年逾五十，精力渐衰，曾与西班牙当局，论观测木卫掩食，以求航海经度之法。盖木卫有时出入于木星之影，光为所夺，如地球之月食，谓之卫食；有时隐见于木星之前，影行木面，如地球之日食，谓之卫星过木面，犹水、金二星之过日；有时出没于木星之后，为星所掩，如月掩星，谓之木掩卫星。如有诸卫行度密表，在海面测得卫食之时，可推定其处之经度。但当时木卫行度，未能精密测定，故迦氏创其法，而未见其用也。迨一六二三年，迦氏著一书，名《试金石》（*Il Saggiatore*），虽非重要之作，但尝论及哥氏地动学理，并一六一八年所见三彗星之现象，徒以禁令所在，未能畅言其旨。当乌尔彭未升教皇以前，对于迦氏黑子之论，颇加奖誉。故迦氏以此书呈诸教皇，复蒙称许，尝令人于餐时诵之。又召迦氏入宫倾谈，许以年俸赐其子，为函左斯甘公爵，令其优以礼遇。惟迦氏申请取消一六一六年之禁令，则未获邀准。

迦氏既得教皇之优渥，遂发表其生平含蕴之志，而撰《多哥两系谈》（*Dialogue on the Two Systems of the World*, *the Ptolemaic & Coppernican*）。假设三人问答之辞，以辩两系优劣之点：一为哥白尼之信徒，乃思想新颖者流；一为亚力士多德派，乃墨守陈言之徒；一为中立无成见，乃头脑简单之人也。原属通俗之谈话，并无特殊之深理。惟其间论及恒星视差，实开后世之法。动力原理，已开牛顿之先。而此书所以著名于史者，因足见当时宗教之权威，社会之顽固，而迦氏之备受凌辱也。此书于一六三二年印行，曾经教皇之许可，乃谗者谮之，谓刊行之本，非教皇前见之稿，书中头脑简单之人，即暗指教皇之愚昧。于是教皇大怒，立饬提拘迦氏至罗马，看守于公爵行辕，尚属优待。逾二月余，至六月二十一日，始受教廷之讯鞫，罚跪于众主教之前，逼书悔过之誓。主教中亦有怜其年高学博（时已六十九岁），思为轻减，无如挟私怨者众，卒以违禁之罪，判决监禁于教皇宫中三年。迦氏含冤莫伸，惟俯首默念曰："其动如故。"（Eppur si Muove）（哥白尼三书早列禁例，今迦氏《两系谈》，自亦列入禁书，而不久复以刻白尔所著《哥氏天学提要》，亦列入禁例。据培尔来《天文史》言，一八二一年教廷违禁书目，尚列有此五书，迨一八三五年之书目始不见也）

未几迦氏因病就医，得释返家，而教会中人仍监视其行动。继以爱女去世，晚景愈形凄凉。然迦氏犹不废著述，整理旧稿，《力学》一书，即于此时印行。荷兰政府亦以木卫测海上经度见询，迦氏复研究改进之法，不厌求详。最后又观测月行，发明新理。盖月球一面恒向地，一面恒背地，背地一面，终古不见，故俗谓半面嫦娥羞见人。迦氏以远镜细测之余，见月面微有转侧，若左右摇摆之象，即今所谓天平动者是也。卒以一生心血，尽耗于测算之中，年高力衰，双目失明，古今来为科学而牺牲者，莫有迦氏之甚矣！然其创造远镜之功，永垂青史而不没。

迦利略创造远镜，证实行星绕日之理，而刻白尔测候火星，发明行星绕日之轨。由是哥氏之学说，至此而大备，二人之有功于天学，实未可限量。刻白尔，德国威尔登堡人，生于一五七一年，十七岁入左平更大学，习宗教，而长于算术。毕业后受格拉士学校之聘，任算学教员，课余多暇，兼任编历之职。当时欧洲通用历书，与中国时宪书相似，节气、朔望、星象、时令之外，复有吉凶、休咎之占验，故刻氏致力于占星之术，研究星象之运行，而力求其所以然。尝思行星何以只有地与五星，何以距日有远近，又何以速度不等，而最外者其行最迟，后忽思得立体几何中，只有五种正多面体，适合于地与五星之轨道及距日之远近，乃撰《宇宙之秘》，以论其立法之源。虽属臆想，亦足以见其用心之勤。而受知于第谷者，亦以此书为之先声。其法以土星为最远，其轨道在第一球面；此球可容正方体，体内可切第二球，木星之轨道在其面；第二球内可容六面体，体内可切第三球，火星之轨道在其上；第三球内可容八面体，体内可切第四球，地球之轨道在其上；第四球内可容十二面体，体内可切第五球，金星之轨道在其上；第五球内可容二十面体，体内可切第六球，水星之轨道在其上。重叠相套，以次递进，太阳居其中心。刻氏又为未足，复引用派赛格拉斯音球之法，以解行星之速度。以为速度之迟疾，与音调之高低相合，五音配五星，六律配地与五星，实有类于汉初五行说。刻氏好为占验之谈，以地球音调合于米

(Mi)、发(Fa)、米(Mi),故地球人类有病苦(Mi-sery)、饥馑(Fa-mine)之征。

一五九九年,刻氏闻第谷之名,离校而赴巴拉哈。第谷知其长于运思,勤于研习,遂引为知己。虽相与观测,未及二年,而第谷即以生平著述付托之,深庆得人。故第谷数十年之实测,赖以不替,而刻白尔三定律之发明,亦借以成功。第谷卒后,一六〇二年,受德王罗图夫之命,继第谷算师之职,礼遇稍衰,已不如前。所幸刻氏得第谷之测簿,经二十五年之精研,卒底于大成。一六〇四年,新星出天市垣,撰《新星论》,以述其现象,复著《光学》一书,论应用于天文之理。一六一一年,闻迦利略创造远镜,用凹凸玻璃;刻氏几经研究,力谋改进之法,乃悟两端均用凸灵视,足以增强远镜之力,即今所用折光镜,皆系此式。惜刻氏未能自造,又不得相当之工匠,故仅创其法,而未自用。惟迦氏敌人希爱纳,约在一六一三年,曾据此理以造一镜,故应用新式远镜者,希氏为第一人,而刻氏创始之功,亦不可没。

第谷测候火星,历有年所,因火星之顺逆无常,行道不齐,覃思密测,苦不得其理。迨刻氏前往,复令其继续测算。盖行星轨道,原与平圆相差甚微,若金星者几难分别,火星较为显著。故自依巴谷以来,应用轮法,亦得粗合。哥白尼致力于行星绕日之理,而未计及行星绕日之道,赖因化之《普鲁士表》,著名于时,沿用已久,不觉其差。今第谷测验火星,无微不至,又得刻氏之助,推算益密,自然发见行道之异,悟《普鲁士表》有四五度之差,知非计算之或误,而不知轮法之不合也。推求未终,赍志而殁,刻氏广续前功,悉心观测,自具坚忍不拔之心,冀竟故师未竟之志,校验旧测,比核轮法,反覆推求,不殚其烦。继悟不合之点,仅有八分之差,较诸《普鲁士表》差及五度者,奚啻倍蓰,亦可谓密近矣。然而刻氏深知第谷测验之密,决无八分之差,亦非推算之误,于是重加考验,研求其故,竭尽其能,以种种轮法圆形,重叠凑合,复以种种几何图形,反复试验,乃悟火星之轨道,必不能与圆周相合，始打破圆运动之窠臼。其初以蛋形试之，一端大而一端小，后悟其非，乃知此轨道实有合于椭圆。详加推算，无不吻合。于是二千年来本轮、均轮等假设之象，一扫而空，而刻氏苦思十年，迎刃而解，其愉快为何如哉。

刻氏既明火星之轨道为椭圆，复悟太阳即在此椭圆之一焦点，由是理以推地球及他行星，无不相合。于是创其第一定律，曰："行星之轨道为椭圆，太阳在其一焦点。"刻氏复测得火星近日则其行速，远日则其行迟，足证昔之所谓日行迟疾者，因地球之轨道运动也。遂悟行星在轨道上运行，与所经时间有比例，设联星距日之线（谓之动径），所经面积，与时间成比例，即行星所历之时间等，则此线所扫成之面积亦等。于是创其第二定律，曰："历时同，则行星动径所过面积亦同。"一六〇九年，印行其得意之作，曰《火星行度解》（*Commentariis de Motibus Stellae Martis*）。刻氏创此二定律，原由观测火星而得之，虽推及诸行星同出一理，而尚未经细测，故以此书上呈德王时，请拨款补助，以竟全功。大旨谓幸赖帝德，降服战神，[2]维其父木祖土，金姊水弟，同类相依，留此丑虏，恐遗后患，望速颁饷糈，俾早日歼灭云云。未邀德王之准，刻氏虽军饷无着，并不中止进攻，仍悉心探讨其行星和谐之律。

一六一一年，德王罗图夫被逼逊位，其弟继之，不重天文，刻氏之礼遇遂衰。当时北奥当局请其编制地图，兼任令墅中学算席，刻氏不愿遽离故主，仍随侍左右。一六一二年罗图夫卒，而刻氏之妻，亦于是年病故，遂赴令墅，以践前约。一六一三年续娶，虽公私多故，而研究天文，未尝稍懈。一六一八年，德国三十年战祸起，令墅未可安居，遂受白洛那学校之聘，（前哥白尼初至意大利，即在此校留学）在职三年，（自一六一八年至一六二一年）陆续印行其大著三种。第一种《和谐宇宙》（*The Harmony of the World*）。卷帙浩繁，其第三定律即载在是书，曰："二行星绕日周期之平方比，等于二行星距日均数之立方比。"此刻氏后十年苦思密测之功也。《谈天》云："此为古今来天学第一至妙无上之理，刻白尔精思苦索而得之，自明此理，而知地球与诸行星，不独形体相似，显然一类，无可疑矣。"第二种《彗星论》，详述一六〇七年之彗及一六一八年之三彗。后七十余年，哈雷所见彗星之轨道，与刻白尔一六〇七年所测及爱拜因一五三一年所测者相似，遂发明其周期，亦著于史者也。（参观前《欧西天文史》及后章《哈雷之发明》）第三种《哥氏天学提要》，即后与哥氏三书、迦氏《两系谈》同列教廷之禁例者也。是书不仅阐发哥氏之学理，且有不少刻氏之创作，论日月食甚详。述及一五六七年之日食，谓"四周有光环溢出，参差不齐"，足证其所见非环食，即后世之名日冕者是也。昔泊拔克亦有类似之发见，考冠珥背抱，日中黑子，中国测见最早，欧洲在远镜未明以前，能见日冕之象者，惟此二人而已。刻氏最后之巨著为《罗图夫天文表》，因纪念其故主而命名，亦其一生精力所萃，所测各种天文常数，甚为精密，于一六二七年行世。尚有《新天文集》一书，未及脱稿而殁。享年五十有九，其去世也（一六三〇年）早于迦利略者十二年。

自刻白尔定律、迦利略力学行世以后，至十七世纪末叶牛顿万有引力出世之前，其间五十年，虽无极大之发明，极巨之著作，而各国学者，相继而起。仪器之改良，测算之精密，天学日见进步。即纳氏对数原理、淡卡解析几何，算学上之发明，有助于天文者亦不少。希爱纳与迦氏结不解之仇，而与刻氏有知交之谊。故根据刻氏之原理，而改良迦氏之远镜，不仅密测日中黑子，并发明日面白斑，其测验之功，亦良足称也。

当十六世纪末叶，西法初入中国，利玛窦、汤若望等供事历局，徐光启、李天经等相继提倡，译著甚富。而魏文魁墨守旧法，年老自负，冷守中拘执元会，不明实测，议论多端，徒事纷扰。独吴江王锡阐学贯中西，闭户潜修，昼夜密测，天晴必卧鸱吻间，枕书观象。尝谓古法之未可尽非，西法之尚有未善，举中法之长以阐明之，择西法之短而求精之。深于测算之功，富于创造之力，自撰《晓庵新法》六卷，论交食分数，兼及所亏之边，求太白蚀日（今谓之金星过日），兼推出入二限，刻氏《罗图夫表》所未有也。崇祯四年十一月十四日（一六三一年十二月六日）为金星过日之期，王氏早经预推，及期密测，其推算法与日食相似，惟有出入二限，与今推初终外切相同，亦犹其推五星掩食，有初终二限。但王氏于金星，全体入日面时，所见小黑圆影，谓之日中黑子，不免与日斑误混。然其预推之密，目睹之亲，亦足彪炳史册。英人哈罗克斯在一六三九年十二月四日，测见金星过日，仅得三点：一在三时一五分，金星距日心（日面中心）一四分二四秒；二在三时三五分，金星距日心一三分三〇秒；三在三时四五分，金星距日心一三分。因哈氏观测之地，近利物浦之小村，北纬约五三度三五分，至三时五〇分，已经日落，不及详测矣。世人皆以哈氏为实测之第一人，而不知尚在王氏之后八年，《晓庵新法》早行于中国，谁谓中国无人哉！哈罗克斯一青年教士耳，具天学之奇才，此次测候，年仅二十，虽后于王氏，亦难能可贵。且于日之视差、月之行道及土、木二星之运行，皆有精密之测算。惜享年仅二十二岁，亦犹日落之过早，未竟其观测之全功，然在中西天文史上，已足媲美吴江，各树一帜者也。[3]

自迦氏创造远镜以后，欧洲市场，争相仿造，然质材粗劣，工艺不精，无有胜于迦氏原制者。希爱纳所用刻氏式，稍见进步。当时各国光学家、天文家莫不穷思苦索，力谋改良，以冀有新发见。哈罗克斯之友，名盖司空尼者，于一六三八年推算焦点距，创盖氏式之远镜，并造测微器，立近今之基础。观测五年，用以量日月五星之视径，颇为精密。一六三九年，佛逆造分微尺，其用益广，今即以其名名之。同时德天文家希维利（一六一一年至一六八八年）以远镜观测著名，初造一镜，口径约二吋，长约六呎，详测月面现象。一六四七年著《月面图说》（*Selenographia*），图绘刻工，皆极精细。引用山海诸名称，月面无水，因低洼之区，仿佛地面之海洋，故希维利以晴海（Mare

Serenitatis)、南海（Mare Australe）等名，比拟太平洋南大洋之类，月面之山，亦以地面之山比拟之，至今仍多沿用。后利谷力（一五九八年至一六七一年）又增寰形诸名称，大抵以人名名之。后世测验愈密，名目愈多，亦无从译意。今测定最高之山约三千呎，最大寰形之径约一百五十哩。希维利又搜罗历代彗星之记载，而著《彗星考》(一六五四年)，论述彗星之行度及现象，而著《彗星解》(一六六八年)，复撰《恒星表》，凡一千五百星，较第谷为详，但未由远镜观测也。最后又自造一百五十呎之无筒远镜。[4]

迦氏远镜力弱，测见土星两旁光体，而不解其理，或有谓如摇鼓之两耳。五十年来，无人能揭其秘，至德天文家海更士（一六二九年至一六九五年）始恍然而悟，测定其为土星之光环。海更士精于测算，长于学理，实十七世纪之科学大家。天文上之各种发明，犹属其一部分之工作耳。海氏深知远镜之强弱，全在灵视之优劣，有弟康斯坦丁素受熏陶，亦明天学，创磨琢灵视之具。遵乃兄指导之方，相得益彰。至一六五五年始成十二呎长之镜，即用以观测土星，乃于三月二十五日之夜，发见土星最大之卫星。(Titan，以距土星之次序计之，为第六卫)昔迦氏测得木卫之后，原冀有土卫之发见，不意只见两旁光体而莫决。今海氏原欲解决两旁光体，而不意先见一卫，故当时得意忘形，遂谓“地与五星，月与五卫，太阳系之十二体已全矣”。继细测光体，不能十分清晰，知远镜之力尚不足，于是再造一镜，长二十三呎，口径二吋又三分吋之一，约大百倍。密测四年，遂发前人未发之秘，始悟光环之理。一六五九年著《土星系说》(*Systema Saturnium*)，论土星绕日运行，光环向地现象。以土星绕日半周约十五年间，光环隐见之时，正侧之象，阔狭之度，绘图贴说，准确详明。又搜集前人所测之图，择其类似环形者凡十三，按其时间之先后，以明光环之形状，更为明了。海更士弟兄曾造远镜多种，其著名者，口径有六吋之大，赠与英国皇家学会，至今保藏焉。

昔盘尔纪创造摆钟，其法未传。迦利略所创摆钟，以人工拨动，不久即停。海更士始用重量悬摆，成计时之天文钟，测二星过子午线之时，以推东西距度，而定星之方位，观象授时，始合其法。（一六六七年法人毕考特从其法，为巴黎天文台主要工作）又著《摆钟说》（*Oscillatorium Horologium*），论摆动之周期，与摆长及引力之关系，创单摆之公式，又论圆运动之向心力，与速度及圆径有比例，已开牛顿引力之先。

迦氏以后实能改良远镜者当以海氏为第一人，然不久苏格兰算学家格里古来于一六六三年，又发明返光远镜，今即名之曰格氏式返光镜。其法用抛物面大镜，以收星光，复置小镜于焦点，使所聚之光返照而入目。著《光学原理》一书，说明构造之理。次年招伦敦光学家拉哀甫试造六呎大镜，而磨擦镜面未得其法，盖当时以布擦拭，自难光润，故未成功，直至一六七四年霍克始得造成。惟一六七五年格氏亦自成一镜，不幸即于是年去世。格氏以后牛顿从而改良之，今名牛顿式返光镜。牛顿以后侯失勒威廉又从而改良之，今名威廉式返光镜。（折光镜光线透过灵视，难得巨大之物料，故至今最大之折光镜，口径为四十吋，系美国克劳克公司所造，在野克司天文台，距今将四十年。而返光镜光线由镜面反射，只须得相当之镜面，今最大之返光镜，径长一百吋，系美国霍堪公司所造，在威尔逊山天文台，未及五年，又将造二百吋之返光镜矣）

海更士后，天学中心，遂移至巴黎，考大地测量，自希腊、阿拉伯以来，至一六一七年，荷兰物理家司内尔始创三角测量法，测得子午线一度之长，为六十七哩。后由其门人覆测为六十九哩，与今所测定之数，不过数百呎之差。一六三六年，英人拿胡特测伦敦与约克之距离，所得每度哩数，亦相差无几。至一六七一年，毕考特在巴黎近郊，又经实测，最为密近，一度之长亦定为六十九哩。毕考特为巴黎天文台创始之人，装置象限仪于远镜，以测星之方位，开后世赤道仪之法。

海更士首先发见火星之自转，测定轴转周期为二十四时（今所定为二四时三七分二二·五八秒）。后有葛西尼者，意大利天文家也，有名于时，测定火星自转之外，又测定木星之自转，并发见金星之自转，复测算木卫行度表。一六六八年毕考特慕其名，请于法王路易十四，延为巴黎天文台第一任台长。至一六七一年天文台设备，大旨楚楚。当年葛西尼即发见土星第二卫（Japetus，今列为第八卫），明年又发见第三卫（Rhea，今列为第五卫），一六八四年复发见第四、第五卫（Dione，今列为第四卫；Thetis，今列为三卫）。[5][6]葛氏测验土星又得重要之发明，见光环中间有一黑环，适分光环为二，近土星者为内环，远土星者为外环，此黑环今即名之曰葛西尼环。至一六九三年重修木卫表，较前益密，葛氏在巴黎工作殊多，而毕氏之荐贤亦不虚也。

一六七二年，巴黎天文台派利屈尔至法属南美开延纳岛观测，非葛氏所派，即毕氏所派，但今亦未能考其详。利屈尔所携摆钟，原在巴黎校正时刻，及至该岛，摆钟并未改动，而每日迟二分半，因开延纳岛近赤道，约在北纬五度，地心引力比北地为大，足以减少钟摆振动之力，故迟及二分半。摆动周期与摆长为正比例，与地心引力为反比例，海更士已定公式，今摆长未动，而时间有差，则必为地心引力之变迁，各处引力不同，因距地心有远近之故。由是可知地非正球而为扁球，已开牛顿之先。测算地形之法，今有三种：一、三角测量法；二、地心引力法；三、月球运动法。由摆动以测地心引力，借知地球之扁率，虽不如三角测量之精，然亦可补其不足。因地面之已经测量者，尚属小部分，其他海洋等处，不能用三角测量，故用摆测最为便捷，即在海底潜水艇上，亦可测验也。至近代白郎用月球运动法，因岁差章动及月行参差，而推地为扁球，所得扁率甚密，而推算极繁，非初学所宜。近时试用飞机测量，尚未臻尽善也。

利屈利在南美所测火星之位置，与葛西尼等同时在巴黎所测者不同，由是校验两处测簿，推得火星之视差。葛氏复据此以推日月之视差，得日之距地，比月远约三百六十倍，并推定日视差为九秒半，距地之数约八千七百万哩（今所定日视差为八·八秒，日地距为九千三百万哩）。比诸今测，虽尚嫌其疏，而比诸古测，已密不少矣。

巴黎天文台尚有一重大之发明，即由木卫交食之理，以推光行速度，为十七世纪之大事，亦天文史之要案也。当一六七二年之春，巴黎天文台有葛西尼主任其事，故毕考特可游历他国。爰往丹麦黑文岛，借瞻两宫之名胜，访求第谷之遗绪，得识青年学者勒墨尔，深通天文，大为赏色，遂邀之同返巴黎，为测天之助。勒墨尔研究木卫行度甚切，深知木星轨道在地道之外，当其冲日时，地在星与日之间，而木星距地近；当其合日时，日在星与地之间而木星距地远。最远与最近之差，即为地道全径，此固显见者也。一六七五年，校勘历年木卫测簿，发觉木星近冲日，测得之时必略早于推得之时，木星近合日，测得之时必略迟于推得之时，详考诸时差及诸远近差，与最大时差一六分二六·六秒及最大远近差地道全径，比例皆同。因悟光自远而近，行若干路，必历若干时，速度虽大而必有一定，反覆推求，无不吻合。遂定为每秒光行十八万五千哩，时人犹疑其过大，不甚深信。后白拉里发明光行差，所得光行速度，相差不及八十分之一，即后世所定之数，相差亦不远，足证勒墨尔测验之功深，而毕考特罗致之得力也。一六九〇年，勒墨尔创造经纬仪及赤道仪，于是星之地平经纬及赤道经纬，皆可精密测定。今测量所用者即经纬仪，又名地平经纬仪。而天文台大远镜之装置，皆系赤道仪式，勃氏创始之功，不亦伟哉？

当巴黎天文事业发达之时，正英伦天算大家勃兴之日，毕考特罗致意、丹两国天文士，游历黑文岛，访第谷之旧余，而不知英伦三岛之中，有垂名千秋，为后世师宗之大天文家牛顿在焉。利屈尔发见引力变迁之日，正牛顿证实地体扁圆之时；勒墨尔测定光行速度之日，正牛顿发明光有七色之时。英法仅一水之隔，而未尝稍通消息，不然毕考特诸家，可得牛顿之助当不少也。牛顿集各家之大成，为天纵之奇才。哥白尼创行星绕日之法，而未明其象；刻白尔得行星绕日之象，而不言其理；牛顿因苹果坠地之常事，而推及行星绕日之原理，创万有引力之定律，立天体力学之基础。发二千余年前宣夜行止之秘，开二百余年来天学发皇之源，牛顿一人之力也。

牛顿一生事业，可分为三大期：第一期，在二十三岁以前（一六四三年至一六六五年），为求学时代；第二期，自二十四岁至四十四岁（一六六六年至一六八六年），为创作时代；第三期，自四十五岁至八十五岁（一六八七年至一七二七年），为从政时代。故其精力所萃，科学上之伟大发明，尽在第二期中，服官以后，无暇及此，不过以早年著作略加修正而整理之耳。牛顿于一六四三年一月四日（当时英国尚用旧历，适为一六四二年之耶诞日）生于英国林肯州之胡儿乍泊村。遗腹之子，家固贫，幼托外祖家。十四岁习耕作，而求学之心甚坚，常刻苦自修。十八岁得入剑桥屈林内的大学，长于算学。二十三岁（一六六五年）毕业于普通科，得学士学位，留校任职。一六六八年得硕士学位，次年升任算学教授，越三年被选为皇家学会会员。自毕业以后，服务母校二十余年，即为其创作时代。此二十余年之历史，实牛顿之一部科学发明史。其科学之著作，可分为三部，一天文学（力学附之），二光学，三算学。其天算巨著为《哲算原理》（*Philosophiae Naturalis Principia Mathematica*），论天文学上各种新发明及力学原理，万有引力之应用于天文者也。其算学上之发明，所以助天文之测算；光学上之发明，亦所以供天文之应用。名为三部，其实皆天文也。

牛顿算学上之发明最早，乃在其初毕业时。当其在求学时代，素长于算，毕业后任职教席，研究益深，初由级数而发明二项定理，由此推而为微系数，创微分法，专备测算之用。同时德国算学家拉白切希亦发明微分法，当时二人颇相争执，函牍往返，至数十次之多。其实各自发明，不相为谋，因同时行世，遂起谁先谁后之争耳。

牛顿光学上最大之发明，为日光之分析，与微分法同年创作（一六六五年）。因见雨后日光返照，天空现虹环之诸色，推究其理，悟光线经雨点而曲折。用三棱玻璃试验之，当日光突入窗穴小孔，使其经过三棱玻璃，果现如虹之象，起于红色，顺次由黄而绿、而蓝、而青，而终于紫色。乃悟日之白光，由诸色综合而成。经三棱玻璃之后，各色之折光各异，遂显分别之象，此分光学之原理也。嗣后诸家愈推愈密，遂成近代物理天文学之大观。而诸星物理之性质，化学之成分，运动之向背，皆可得而测验之。牛顿创始之功，不亦伟哉？

当时格里古来创返光镜之法，而未能自造，所招伦敦光学家，亦未得其法，不获告成。牛顿深知光线经折光镜之灵视，必曲折而呈诸色，虽还聚于焦点，仍有杂色模糊之虑，若格氏之返光镜，光线由镜面而返射，可免此弊；乃在得硕士学位之年，即格氏创法后五年，变其式而改良之，自造返光镜，即今所谓牛顿式者是也。惟因镜面之磨琢，手续频繁，机械之制造，工作未精，故所造之镜，径不逾吋，徒具模型，未合实用；是以五十年来，尚未有返光镜足以胜当时之折光镜。直至侯失勒威廉造成大镜，始获天文上之新发明，然牛顿手创之功，自不可没。今其镜珍藏于英国皇家学会，与意大利博物院所藏迦氏手造之折光镜，并垂不朽。

读天文史至十七世纪末，凡精于测算，明于象数者，代有名人，而能如牛顿之观一象必立一数，创一法必推一理，钩深致远，探本穷原者，未之有也。其生平于科学之发明，至多且伟，而最著名者凡三：一即微分法；二即分光法，已如上述；三即万有引力。发天体运动之秘，开近代天文之钥，其大著《哲数原理》，即以此为骨干。书分三大卷而冠以绪论，一六八七年七月出版，言象言数，言法言理，莫不深切著明，言下见象，句中有图。牛顿之所以超越前人，克成为古今大天文家者，其在斯也。爰择要论之，以觇大概。

一六六五年与一六六六年之间，剑桥时疫流行，牛顿避居家乡，服务母校二十余年，离剑桥者惟此一次。而不意伟大之发明，万有引力之创作，即肇端于斯时。科学家之伟业，每起于一事一物之微。昔悬灯随风，迦氏创摆钟以诊脉，今苹果坠地，牛顿推引力以测天，前后辉映，千古传为美谈。当时牛顿憩息园林，忽见苹果下落，遂悟地与苹果之引力，而创万有引力之定理，言“宇宙间物体之质点，俱互相摄引，而引力无不达，凡两物体之引力，与质量之积成正比例，而与距离之平方成反比例”。牛顿推想苹果坠地，垂直而下；若斜抛一石，则成曲线，而坠之稍远；若放射枪弹，则所坠处更远；若速度愈大，其坠地之处愈远，终将绕地环行，而不坠于地。月行甚速，故绕地而转，其理自明，推及地与行星之绕日，同出一理。于是牛顿又悟二球体本各行直线道，因互相摄引，必成曲线道，或彼体绕此体，或二体共绕一公重心。其道必为圆锥曲线之一，视其速率、方向及相距远近而异，所绕之心，必为曲线之一焦点。行星动径及速率，刻刻不同，恒成反比例，而动径所经过之面积同，则历时亦同。于是刻氏之定律，遂得其解。地球率月绕日，而日不动，盖日之质量大，地月之引力甚微。地绕日心，或绕重心，无须分别，因日心与重心甚相近，俱在日体之内也。

牛顿又推得月与地亦共绕于公重心，重心与地心相近，在地体之内。故月绕地，地又带月而绕日。因月距地近，故月恒随地；若相距过远，则月必离地，各独行于绕日。然月距地虽甚近，而受地之引力，小于受日之引力。故朔望时起大潮，而在上下弦时起小潮。可知潮之起落，不仅与月有关系，且与日之引力有直接影响也。

牛顿复推定彗星之行道，亦必为圆锥曲线之一，非行于椭圆线，即行于抛物线或双曲线，而太阳即在其一焦点。如其行于抛物线或双曲线者，则此彗来如无穷，去向无垠也；如其行于椭圆线者，则循环往复，此彗必去而复来。后哈雷之发见周期彗星，即据此理也。

牛顿又因万有引力之理，证明地球自转，因离心力而形成扁球。当地球自转之时，各质点皆旋转于平圆周上，与赤道相平行，各圆心皆在地轴之上，可知离心力在赤道最大，愈近极愈小，至极而无。各质点之离心力，由分力之理，可分为二力，一力与地心引力之方向相反，足以减轻物质之重量；一力延地面以向赤道，足使物质移向赤道。惟因地体坚固，足以抵抗之而无大变化，故地因自转，致赤道膨胀，两极略扁，此亦牛顿之重要发明也。当时测地之法未精，惟毕考特所测，著名于时，而尚未测其扁率，故十八世纪初世人尚未能深信。自一七三五年至一七四四年间，孟柏修在拉拍来，部额在秘鲁，各测子午线之弧长，虽未十分精密，而地球扁形，已经证实。十九世纪以来，各国专家迭经实测，皆极精详，最长之弧，有测至二十八度者。其间最著名者，当推一八四一年德人白赛尔，一八八〇年英人克拉克，一九〇七年德人汉麦德，一九〇九年美人海福特。至一九一一年国际天文会在巴黎决议，采用汉麦德所测之赤道半径及海福特所测之椭率。一九二六年大地测量学及地球物理学会，国际联合会议，决定采用海福特所测之数值，兹录之于下：

赤道半径	六三七八·三三八公里	三九六三·三四哩
极半径	六三五六·八一二公里	三九四九·九九哩
椭率	二百九十七分之一	

牛顿《哲算原理》中，又论行星之自转及距离之远近，甚详，并推及恒星之距离，自成一家言，皆为前人所未及。其历年著作，皆成于剑桥二十年中，易稿数次，未尝公布。后哈雷慕名来谒，遂成知交，屡求请益，力劝付梓。牛顿乃整理旧稿，汇为巨帙，题其名曰“哲数原理”，而印刷之资，校对之烦，俱由哈雷一人任之。故牛顿之巨著，得行于世者，哈雷之功也。而哈雷之卒成为十八世纪天文家者，亦牛顿之赐也。

注释

［1］班野星图载在《天文大观》（Phillips's *Splendour of the Heavens*）。

［2］刻白尔《宇宙之秘》，其立体图载邓肯《天文学》第二〇三页（J. C. Duncan's *Astronomy*，p. 203），平面图载夏氏《天文图书考原》。

［3］战神，火星之名也，自巴比伦以神名配五星，希腊承之，惟神名各有不同，中古时代罗马神话，源出希腊，而神名皆系拉丁文，兹以五星之神名列后，足见刻氏之言，自有来历，亦根据罗马神话也。

火星（Mars），战神之名。木星（Jupiter），天神之名，土星之子。土星（Saturn），时神之名，木星之父。水星（Mercury），商神之名，火星之弟。金星（Venus），爱神之名，火星之姊。

［4］参观《历法通志・明代历法》。

［5］参观别尔所著《远镜论》（L. Bell's *Telescope*，1922）。

［6］行星各卫，陆续发明，发明之先后与距星之远近，次序不同，今以距星之次序，列表于后，而以发明之日期，附注于下，以便参考。

火星之卫	1	Phobos	距星　九三八〇公里	一八七七年八月一七日花尔
	2	Deimos	二三四六〇	一八七七年八月一一日花尔
木星之卫	1	无名	一八一二〇〇	一八九二年九月九日盘那特
	2	Io	四二一三〇〇	一六一〇年一月七日迦利略
	3	Europa	六七〇五〇〇	一六一〇年一月八日迦利略
	4	Ganymede	一〇六九三〇〇	一六一〇年一月七日迦利略
	5	Callisto	一八八一〇〇〇	一六一〇年一月七日迦利略
	6	无名	一一四五〇〇〇〇	一九〇四年一二月泊尔林
	7	无名	一一七三〇〇〇〇	一九〇五年一月泊尔林
	8	无名	二三五〇〇〇〇〇	一九〇八年一月米洛德
	9	无名	二四一〇〇〇〇〇	一九一四年七月尼谷尔逊
土星之卫	1	Mimas	一八五七〇〇	一七八九年七月一八日侯失勒威廉
	2	Enceladus	二三七九〇〇	一七八九年八月二九日侯失勒威廉
	3	T	二九四五〇〇	一六八四年三月二一日葛西尼
	4	Dione	三七七二〇〇	一六八四年三月二一日葛西尼

续表

土星之卫	5	Rhea	五二六七〇〇	一六七二年一二月二三日葛西尼
	6	Titan	一二二〇〇〇〇	一六五五年三月二五日海更士
	7	Hyperion	一四八〇〇〇〇	一八四八年九月一六日本特
	8	Japetus	三五五八〇〇〇	一六七一年一〇月二五日葛西尼
	9	Phoebe	一二九三〇〇〇〇	一八九八年毕堪林
天王之卫	1	Ariel	一九一七〇〇	一八五一年一〇月二四日拉斯尔
	2	Umbriel	二六七〇〇〇	一八五一年一〇月二四日拉斯尔
	3	Titauia	四三八〇〇〇	一七八七年一月一一日侯失勒威廉
	4	Oberon	五八六〇〇〇	一七八七年一月一一日侯失勒威廉
海王之卫	1	riton	三五三七〇〇	一八四六年一〇月一〇日拉斯尔

三　十八世纪天文学史

当十七世纪后半叶，巴黎天文台实测之功，超越前代；牛顿万有引力之理，彪炳千秋。英法两大宗派，同时并进，皆有助于天学者至深且巨。迨十八世纪中，牛顿之学理，英国反无人继起，而法国算学家研究甚力，巴黎之实测，法国反无人重视，而英国天文家相继提倡。于是牛顿之引力天文学，盛行于法，而巴黎之观测天文学，盛行于英，易地流传，岂不奇哉！观十八世纪以前，各家之致力于天文者，皆不出太阳系范围，恒星之研究，不过几种星表。虽十七世纪初，法必修首测变星，马流始测奎宿星云，海更士初见参宿星云，亦不过零星片段，未有系统。至十八世纪哈雷发见恒星之自行，白拉勒发明光行差，始开恒星天学之源，侯失勒威廉发见天王星，始破古来太阳系之范围，而双星、变星、星团、星云，莫不有详细之观测。宇宙之构造，银河之组织，星象之原始，皆视为重要之问题。故十八世纪遂成为恒星天文学及论理天文学之时代，是由观测天文学及引力天文学之进一步者也。

英国天文家与牛顿同时者，有二人焉，一曰佛兰斯德，一曰哈雷。佛兰斯德专心实测，不尚理论，不以牛顿为然；哈雷长于理论，兼重实测，素以牛顿为宗。故二人之意见不相合，而二人之成就，亦大相径庭也。佛兰斯德能于天文史中占一席地者，因其所测恒星表，异常精密，足为后世参考之蓝本。虽无所发明，而一生刻苦观测，亦良足多也。佛氏之生，后于牛顿四年（一六四六年），幼年即致力于天学，尝著专门论文，崭然露头角，颇得时人之誉。一六七五年受政府之聘，任海上经度测量委员会委员，其计划足以增进英国航业者不少。英王却尔斯第二大为嘉许，遂授以皇家天文家之职，年俸百磅。当年六月，准在格林威基建造天文台，翌年七月台成，佛氏为第一任台长，时在葛西尼入巴黎天文台之后五年。当时格林威基天文台规模狭隘，不如巴黎远甚，既无测验之器，又无助理之人，仅给佛氏以微薄之俸。佛氏以自有之器及富绅所捐之器，暂充应用，复以历年薄俸所节之款，添置必要之器。数年来政府所给者，惟刻苦之工作而已。佛氏又不得不自斥私资，以招助理之人，复以宝贵之光阴，兼课生徒，以维生活。佛氏最著名之作为《恒星表》，凡二千九百三十五星（内有十二星重出），皆经精密测算。昔第谷表最为著名，其平均差误不及一分，今佛氏表平均差误不及十秒，当时仪器，无今日之精，而能得此良果，实属难能可贵。佛氏于实用天文学，颇多创作，如测定春分点之法，为恒星经度起算之原，至为重要，用远镜以测星之方位，用时钟以定星之经度，皆开后世测星之宗法。凡一星之位置，必几经测算而后定，如推算器差、人差及蒙气差等，复比验迭次观测之差，工作极为繁重。如近今天文台，皆由助员计算，而佛氏则无不亲自为之，积年久测，煞费苦心，非自认精密，概不公布。

佛氏与牛顿、哈雷时起争执。有因月行学说，与牛顿见意不同，遂诋之曰："牛顿之工作，予所掘之矿土也。"牛顿闻而讥之曰："彼掘矿土，我已制成金戒矣。"其与哈雷之争，则因一七一二年哈雷印行佛氏之观测，未得佛氏之同意，至骂哈雷为"害人之贼"，乃于三年之内，尽收未售之书而毁之。嗣后遂以久经预备之《恒星表》付印也，其第三卷于一七二五年由其徒编辑付印，四年后，复发见其《恒星图》，亦甚精密，久经依用。佛氏卒后，皇家天文家之职，由哈雷继之。

哈雷之生，后于佛氏者十年（一六五六年）。幼习天文，二十岁时撰《行星轨道图解》行于世，是年哈雷以南天星象，英国不能见，乃远往南大西洋中圣海伦那岛（一八一五年拿破仑被放之岛），在南纬十六度，故南极诸星，皆得望见。无如是岛气候不良，测候一年余即返国，在岛所测南天恒星凡三百四十一星。（次年印行）摆动周期迭经测验，证明地心引力近赤道小，近极大，与数年前利屈尔在南美所测者，其理相符。复实测一六七七年十一月水星过日，返国之后，致力于天文著述，一六八四年获交于牛顿。数年切磋，得益良多，并为牛顿印行《哲数原理》。

哈雷天文著作甚多，发明亦不少，其著名者即发见周期彗星是也。一六八〇年及一六八二年两见彗星，哈雷细测其行道，复以旧时纪载之诸彗，依牛顿定理逐一推算。一七〇五年撰《彗星天文略》（*Synopsis of Cometary Astronomy*），凡二十四彗星之轨道，皆经详细推算。乃发见一六八二年彗星之轨道，与一六〇七年刻白尔所测之彗及一五三一年爱拜因所测之彗，现象相似，期间相近。复上推一四五六年之彗，有亦相似之点，于是断定其为同一彗星。环行于长椭圆道，约七十六年而一周。因预推一七五八年，此彗必将复见，并言或因行星之摄动，周期容有参差。但是年此彗复见，哈雷已不及目睹，而正合其预测之期。此周期彗星之第一次发明，后人尊崇其功，故以其名名之，曰哈雷彗。彗星之行道，必为圆锥曲线之一，牛顿已言之。然其行甚速，在地所见之行道甚短，其曲线一部分，颇难分别。而哈雷能测得其为椭圆道，已属甚难，且当时天王、海王二星尚未发见，行星摄动之理，无精密之计算，而哈雷能得其周期，更为难之又难。其发明之功，安得不为世界所推崇，岂仅足以破古来之迷信哉。

一六九三年哈雷发见月绕地之运动，其速度微有增加，因在皇家学会宣读其论文，大旨谓推算古代日食，当首先注意月行之变迁，即今所谓月行之长期加速度。嗣后诸家预推日月食，皆以此为主要之变数，而推求益密，亦哈雷创始之功也。哈雷复预推一七六一年及一七六九年两次金星过日，足以推算日之视差，而得日距地之确数，因其在圣海伦那岛观测水星过日之后，即悟其法。但以金星过日之时间较长，最为适用。其法即由两地同时观测金星过日之出入二限，以推其经过日面之时间，由此可得日之视差，必甚精密。哈雷创此法而自身不及见，十八世纪各国天文家有实测之机会，遂依其法而至各地测验也。如一七六一年六月六日及一七六九年六月三日，测得视差在八九秒之间，已颇密近。迨一八七四年十二月八日金星过日，中国望之最佳，英、法、俄、美各国，派天文家至北平、烟台、广东，以及日本、印度各处测候，推得日之视差为八·八秒或八·九秒。至一九一一年国际天文学会决议为八·八秒，而日距地之平均数，为一四九五〇四二〇一公里，合九二八九七四一六英里。

一七一八年，哈雷观测恒星，校验旧表，发见大角、天狼、毕五之黄道度自多禄某以来，已有移易，而天狼一星，尤为显著。即自第谷以来，已见变迁，屡经推勘，知非黄道之移动，因其他诸星相与之方位不变，亦非观测之有误，因前人星表，亦甚密近，决无此种参差。遂证明恒星之南行，确系自有运动，于是后世之所谓恒星自行者，始见端倪。恒星不移，自古传为定论，千年前唐一行测见毕、觜、参、鬼之南行，已开西法之先，后人不加注意。至哈雷而始复明，立十八世纪恒星天学之基础，而恒星之名称，亦遂根本摇动矣。

哈雷除上述各种发明外，其主要工作，为测著《月行表》及《行星表》，并发见土、木二星之互相摄动，此哈罗克斯首先测见而未明言其理。哈雷虽非算学家，不能以摄动之理，创立公式，而实测所得，其数甚密，故《行星表》莫不以此项摄动入算也。其于月之运行，研究益密，自一六八三年始，迭经观测，未尝稍懈，虽至一七一九年曾经付印，而不愿公布，尚拟精益求精，有所修改也。一七二〇年继任佛氏皇家天文家之职，为格林威基第二任台长。当其接收之时，台中几空无所有，因所有仪器，原系佛氏私产，早经其后人携去。而哈雷年事已高（时年已六十三岁），壮志渐消，不过略备数器，足敷应用而已，未尝有所创制，惟于月行之观测，仍继续努力不稍衰。幸获享大寿，复经二十年之功，毕身伟业，克观厥成。其《月行表》及《行星表》，至哈雷卒后十年（一七五二年），始由天文台付印行世，一时奉为圭臬。

继哈雷之职，任第三任台长者，亦英国著名天文家，名白拉勒，以发明光行差及章动差著于史者也。白拉勒生于一六九三年，二十一岁毕业于牛津大学，得学士学位。二十四岁得硕士学位，其天文知识，则在校外得之。因其母舅榜特为文司德修道院长，长于天文，白拉勒相随观测，顿起兴趣。乃于一七一五年，得学士之下一年，及一七一八年，得硕士之下一年，发表两次天文著作，名重一时，遂被选为皇家学会会员。不久又得文司德两种牧师之俸，颇多余暇，遂得致力于天文。故利迦德序其著作，有云："初不料白拉勒之天文工作，能成为终身伟业，而克享盛名者也。"一七二一年，受牛津之聘，任天文教授，位高事简，仍家居文司德。其母舅于一七二四年去世，白拉勒至一七三二年，始移居牛津，略携数器，其著名之器，为天顶分角仪，仍留文司德，即由此发明光行差及章动差者也。一七五二年，任格林威基台长，已在哈雷卒后十年。当时天文台仪器残阙，设备简陋，测候之功，不绝如缕。白拉勒任职之始，即力事整顿，未及数月，已将重要诸器，修配就绪，遂得照常观测，按期工作。但其重要之发明，则在文司德时所得也。

一七二五年十二月，白拉勒拟测验恒星之视差，因观测天顶星（天棓四，当其过格林威基子午线时，正在天顶，故英人名之曰天顶星），觉微有变动；于是屡经细测，见此星每间六月，变易方位。一年之后，回复原位，其差约四十秒。再观其他近天顶之星，亦有同样之现象。苦思冥索，不得其解。一日乘舟渡泰晤士河，风平浪静，独坐闲眺，见桅端小旗，每在转帆易向时，其对岸之方向必略变。因思舟之行动影响及于小旗，欲定小旗之位置，须知风之速度及方向，并舟之速度及方向。由是推想定星光之入目，须知此星之位置及速度，并地行之方向及速度，今小旗犹星也，地球犹舟也，于是顿悟光行差之理。盖光行有一定之速度，而地行亦有一定之速度，星光及地，因生微差，谓之光行差。凡物发光入人目，人始见物；然人所见之光，非见时所发之光，乃未见前所发之光也。故光自物至人目，其间所经之时，即物自发光至人得见物之时也。今光行速度每秒钟十八万六千哩，不可谓不速，其所经之距离，亦不可谓不远，然日光及地，尚需时八分十七秒。地球绕日而行，每年一周，每日约行一度弱，即每分钟约行二・八秒之弧度，则八分十七秒之时间，地球在轨道上约行二十秒之弧度，即日自发光及地，地已行过二十秒之弧度矣，此光行差之所由生也。譬如人立雨中不动，雨俱直下，张伞在顶，雨不湿身，若疾行向前，则雨将斜入伞下，扑面而来，故必以伞向前倾斜，以避雨点，其理相同。如以远镜窥星，必将镜筒倾斜若干度，则星光由镜达目，其倾斜之度，名曰光行差角。当时白拉勒测得光行差常数，在二〇秒与二〇・五秒之间，与今巴黎会议所定者（二〇・四七秒），相差甚微。[1]

白拉勒研究恒星位置之移易，在光行差之外，复发明章动差。章动差者，地轴摇动旋转，若浪纹之进行，约十九年而一周，设无岁差，则此十九年中，赤极必行成一小椭圆，长径约一八・五秒，短径约一三・七四秒，长径恒向黄极。地轴有此动，故天空诸星，在十九年中，与赤极必乍近乍远，而分点在黄道必乍进乍退，恒星之黄赤道经纬度必乍加乍减，其数虽微，而恒星每因此而变其方位。故凡言星之经纬度，必当指明某年月日。岁差章动，皆由地轴之动而起，浑天全移，若挈诸星以同行，而诸星相与之方位不变，亦犹舟在中流摇荡，视陆上诸物，俱生变动，而诸物自身位置如故。白拉勒发明章动差，约在一七二七年之后，但其必候至十九年，得实测一周之数而始确定。故其正式公布，乃在一七四八年。白拉勒原拟测验视差，虽未如愿，而得此二大发明，有助于天学者甚巨，亦足以偿其苦心矣。

光行差、章动差、岁差、蒙气差，以及器差、人差，皆为测望差之最重要者。测定恒星之经纬，必须入算。白拉勒又修改蒙气差表，较前益密（后沿用近百年）；故其观测恒星，工作浩繁，自一七五〇年至一七六二年，所测有六万次之多，其卒后印行两大册。一七七三年英国《航海通书》之星表依用焉。据后德天文家白赛尔言：“白拉勒表恒星赤纬度所差不过四秒，赤经时所差不及一秒。”故在白赛尔表（三千星）行世以前（一八一八年），当以白拉勒表为最密。白拉勒测验木卫，亦极精详，发明木卫内三星行动之变易，每四百三十七日而一周。当时瑞典天文家华勤丁（一七一七年至一七八三年）亦经测定，或在白拉勒之前，但不相为谋，各自发明也。白拉勒又依勒墨尔之法，测定光行速度，复据迦利略之法，测定立司朋与纽约之经度，皆极精密。足证其测验之功深，有胜于巴黎天文台诸家。即一七五二年英国改用新历，亦白拉勒之力也。

继任白拉勒之职者，为白力斯，在职仅二年，无所创改。后继者为麦司克林，在职近五十年，以首测地球质最著名。其测验之法，世称山岳法，即测山岳之引力，与地球之引力相比，复测山岳之质量，与地球之质量相比。一七七四年，麦氏在苏格兰险黑岭，南北各设一测站，择其在同一子午线上，两站各悬一摆，测得两站地理纬度差为四十一秒，两站天文纬度差为五十三秒，知天文纬度比地理纬度大十二秒，即两摆铅直线向山偏斜，每边各六秒。由是据牛顿定律，推算地球与山岳之引力及质量，惟所得之数，未能密合，因险黑岭东西极狭，南北极长，如山脊之形，密率不匀，又因非正球形物体，其引力不能聚集于中心点，故所测难得正确。惟其创始之功，自不可没。后十九世纪中叶，爱兰依其法，在爱丁盘附近亚柴山所测之数已渐密。

一七七八年，英国物理学家喀芬的希，创扭衡法以测地球质量，最为精密。其扭衡之主要部分，系一轻质之棒，约六呎长，用极细之线，悬之使平，棒之两端，各置二吋径之小铅球，另有十二吋径之大铅球二，可由滑车移动之，与小球在同一平面内，小球受大球之引力而摆动，横棒乃左右旋转，故名扭衡。其扭转之度极微，用小远镜窥之，复设小镜，使折光至远镜视线之内，全器装置于箱内，以空气波动之扰乱。喀氏所用之大球，与麦氏所用之山比测地球质量，其理相同。不过麦氏法须在野外行之，并须借大地测量及天文观测以辅助之，手续繁重，难得密合。而喀氏法可在实验室中行之，故自喀氏发明以后，各家多用之。至十九世纪末，薄哀司又改良扭衡，缩小尺寸，更为灵便。一八八一年德人望觉来复创一简易之法，特制天秤以试验之。一八九一年朴因丁复改良天秤，所测益密，或用扭衡法直接求得地球密率，更为便捷。既知密率，以乘地球体积，即可得质量。兹将著名各家所测密率，列表于后，以便参考。

一七七八年	喀芬的希	五·四四八	（杨）
一七九八年	卡林尼	五·四八	（民）
一八三八年	培兰	五·六六	（杨）
一八四一年	拉爱希	五·五五	（民）
一八七二年	卡纽	五·五六	（琼）
一八七三年	望觉来	五·五六	（民）
一八九一年	薄哀司	五·五二七	（极）
一八九五年	白拉恩	五·五三	（极）
一八九五年	泊利司登	五·五三	（民）
一九二五年	胡德瓦	五·五一五	（罗）
一九三〇年	海尔	五·五一	（麻）

（杨）采自杨氏《天文学》（Young's *General Astronomy*）
（民）采自《民国二十年天文年历》
（琼）采自琼司《天文学》（Jone's *General Astronomy*）
（极）采自极佛兰《地球学》（Jeffrey's *The Earth*）
（罗）采自罗赛尔三家《天文学》（Russell-Dugan-Slewart's *Astronomy*）
（麻）采自麻尔顿《天文学》（Moulton's *Astronomy*）

巴黎天文台与格林威基天文台，前后创立，相差不过数年。当时毕考特、葛西尼、勒墨尔精心测候，创制仪象，盛极一时，为十七世纪世界之先进。英国自佛兰斯德、哈雷、白拉勒诸家，相继而起，致力实测，日新月异，卒成十八世纪之盛业，已非巴黎所能望其项背。至十八世纪末叶，侯失勒起，复开天文史之新纪元。盖巴黎天文台在十七世纪以后，继任不得其人，葛西尼之后裔，皆泥拘成法，无所创改，以实测著名者法国惟拉该尔一人而已。同时德国有迈野者，亦以实测著名，与英之白拉勒同为十八世纪上半叶测天之专家。白氏年最长，拉氏之生后二十年，迈氏之生又后十年，而三人乃于同年去世，虽拉、迈二氏，并无重要之发明，而拉氏《南星表》、迈氏《月面图》，皆足为后世实测之标准，并垂不朽。拉该尔生于一七一三年，初习神学，继乃致力于天算，曾任巴黎天文台助员。一七三八年，参与法国大地测量，颇著成绩。一七三八年，麻闸林学校聘任教席，该校原有观象台一所，粗具模型，不足言规模。而拉该尔每遇晴天，常终夜不寐，悉心观测，又复勤于著述，昕夕不懈。一七五〇年，法国科学院遣派观测队至非洲好望角，以拉该尔为主任，实测南天恒星。凡五年，共得二万余星。事后推算，列表印行者凡二千星，极为精密。其余八千余星，尚未推算完毕。比诸哈雷之表，奚啻倍蓰。并增南天星座凡十四（参观《希腊天文史》所载星座表），又发见星团、星云凡四十二，后梅西尔于一七八一年初测星团、星云凡四十三，越三年增测至一百有三。当时采入法国年历，著名于世，实拉氏创始之功也。[2]

拉该尔在好望角除密测南天恒星外，又测日躔、月离皆极精密。测验地心引力，测量地面弧度，复迭测金星、火星之位置，以比验欧洲诸地所测，而推求日之视差。惟所得之数逾十秒，未及白拉勒在英所测之精，亦不如葛西尼在法所测之密。一七五四年返巴黎后，即将各项实测，编著成书，陆续付印。拉氏性素慷慨，所印各书，皆系非卖品，专以赠送同好，而以推算年历所得之俸，偿付其印刷之费。苦心测候，二十二年如一日，既乏精良之器，除好望角五年外，又无助理之人，而测算繁密，著作等身，终以劳瘁过度，年未及五十而卒。

德天文家迈野，生于一七二三年，精研天算。一七五一年任古汀根大学算学教授，越三年主任该校天文台，系二十年前所创立，原有墙环象限仪，迈野校正其差，借为测天之利器。其所编《恒星表》，凡九百九十八星，以实测所得，校验勒墨尔及拉该尔两表，详列诸星自行之度。其所测月面图，凡山海寰形之位置及形状，测绘详审，又以几何学理解释月之天平动，而测定其旋转轴，皆为前人所未有。迈野卒后，此二种图表始行于世。迈野于月离学理，研究甚深，依牛顿定律而推月之运行。又据亚哀勒法而推算益密，并制《月离表》以为推步之本。当一七一三年英政府尝悬奖二万金磅，征求海面测量经度密法。迈野即本所学，创太阴中天法。因月在恒星间行动甚速，其赤经之变迁亦甚速，如已知其地之经度，即可推某时月之赤经，反之如在海面测得月之赤经，即由《月离表》查得时刻，与当地时刻相较，而得经度之差。（此法不论何地，皆可实测，不限于海面也）如今之《航海通书》，载每日格林威基每小时月之位置，迈野之表，虽无如是之详密，但据其所推借以测量经度，所差亦不及半度，已合当时英政府征求之旨。迈野复以数年实测，修正其表，呈诸英政府。其时海军部所请审核主任即白拉勒，阅之叹为详密精审，正合实用，但事未解决而迈野遽卒，享年仅三十有九。英政府念其创法之苦心，以三千金磅恤其寡妻。其《月离学说》及《日躔月离表》，由英国经度测量局于一七七〇年印行。（案经度测量法著名者凡五种：一木卫掩食法，二太阴中天法，三迁运时计法，四有线电法，五无线电法。前两种测算繁难，今用之者绝少。无线电法为近二十年所创，最为通行）

牛顿创万有引力之定律，以天体运动之繁复，纳诸算式之中，依理立法，以简驭繁，为推步之本，启天算之扃，创造者固甚难，而继起者亦不易。十八世纪测天之业，格林威基常居世界领袖地位，而牛顿学派不起于三岛，而出于欧陆，何也？盖欧陆算学家蜂起，有以发扬而光大之。如亚哀勒、克来洛、大朗培、拉格朗越、拉柏拉斯五人，皆为牛顿学派之巨子。创算学解析之新法，辟天体力学之大路，亦十八世纪天文史重要之一页也。

亚哀勒者，著名大算学家也，生于瑞士之白斯来城，长于拉该尔六岁，少于白拉勒十四岁，父为耶稣教牧师，曾游盘诺利强姆司之门。盘诺利一家善算，二代著名。亚哀勒谊属世交，又从强姆司之弟翰约学算，与翰约二子成挚友。其一名台尼尔者，不仅为算学名家，且系牛顿学派之第一重要人物。亚哀勒颖悟异人，久处芝兰之室，早著出蓝之誉。初借台尼尔之力，受圣彼得堡科学院之聘，著作之发表于该院刊物者不绝。继以异国异教之人，不便久居，遂受德王之聘，离俄赴德（一七四一年）。五年以前，一目已失明，而勤于著述如故，居柏林逾二十五年，而俄院刊物，仍兼撰著。一七六六年复受俄后之聘，重赴彼邦，而不久他目亦失明，年七十六而卒（一七八三年）。其生平著作不下八百余篇，近世解析算学多种，无不出其创作，而应用于天文学、物理学者，皆属高深之研究。

亚哀勒在算学史中，占主要地位；而在天文史中，不过特立一帜。因其以高等算学之法，应用于月离学说，一变前人之几何学理，开引力天学之新纪元。观月最近地，无人不知其运行之速，不待天文家之慎重其事，谁知嫦娥善舞，变化多端，自依巴谷以来，中西古今天文家莫不视为难题。读天文史至此，其间已逐有发明，仍不能穷其变，于是研究月之运动，遂成专学，而名之曰月离学说。迨牛顿创万有引力之定律，由苹果坠地，而推月球绕地，立两体间引力之公式，始明运动之理。然月绕地行，两体之引力易推，月又随地以绕日，则三体间之引力，顿见复杂。至若众行星各带其月，相率绕日，又有流彗飞奔错杂其间，则众体之引力，益见头绪纷繁，又将奈何。所以行星运动，亦成专学，而名之曰行星学说。牛顿定律所以能应用不摇者，因日之质量甚巨，引力甚大。月绕地之公重心，在地球之内，地绕日之公重心，又在日球之内，故月地公重心绕日地公重心，犹地内一点绕日内一点，故地月两体绕日，与地球一体绕日，可无区别。行星运动，其理相似，但月行至不齐，仍不能以牛顿公式尽推其微差，于是三体问题遂成为牛顿学派之大问题，亦即十八世纪引力天学之大问题。亚哀勒之月离学说，即推解此问题，而引用解析算学者也。其潮汐论文，与同志台尼尔及麦克拉胡令，共得英政府之奖金（一七四〇年），为牛顿学派抬头之日，正近代天算入手之时也。同时克来洛及大朗白亦研究甚力，自当相提并论也。

克来洛生于巴黎（一七一三年），裔出望族。幼即聪颖，十岁通解析几何及微积分。十三岁之前，撰论文呈巴黎科学院。十八岁著书行世，于几何学颇多心得之作，遂被选入科学院。后随孟拍修大地测量队至拉拍来（一七三六年），归撰地形图说，论地球之自转而成扁形。关于各质点之引力及密率之变迁，并推得各纬度地心引力之公式，与钟摆实测相符，皆足补牛顿之阙。继乃致力于三体问题，于月离学说推算甚合，于行星学说亦有修正。一七五八年为哈雷预测彗星复见之期，实当时天文界渴望之日，亦天文史重要之事也。克来洛关心尤切，详加推算，反覆不惮其烦，推得此彗因土星之摄动而落后百日，因木星之摄动而落后五百十八日。将届年终，报告科学院，谓“哈雷彗过近日点，当在明年四月十三日，但因推算或有微差，将有一月之出入”。当时各处天文家，莫不悉心测候，乃于耶诞之晚，由德国私家天文士，名派立止希者，在萨克森首先测见矣，其愉快为何如哉。哈雷有知，当亦含笑于地下。至实测此彗过近日点，正合克来洛预算之期前一月有一日，其推算之密，亦自有把握。从此太阳系中又增一族，而世人之迷信亦可因而稍杀。克来洛倜傥风流，善交际，著名于巴黎。然既埋头于科学之中，复厕身于社交之场，精力有限，不幸早世。说者谓天算家皆享大寿，牛顿八十五岁，亚哀勒、拉格朗越、拉拍拉斯皆在七十五岁以上，即大朗培亦及六十六岁，而克来洛仅得五十二岁。岂劳瘁过度，聪明误人耶？抑少年拔萃斫伤元神耶？殊亦难言之矣！

大朗培在初生襁褓之中，遗弃于巴黎教堂之前（一七一七年），由人收养，得受相当教育。二十一岁撰算学论文，为算学界所称道，越二年遂得选入科学院。其早年所著《力学》一书，颇多创作（一七四三年出版），又著《光行差》及《岁差解》（一七四九年出版）。其主要之天文工作，则在三体问题，曾著月离学说及行星学说，与亚哀勒、克来洛鼎足而三。大朗培性情和善，又长于文学，得俄后、德王之资助，勉可自立，而孝事义母，自奉甚俭，又能周济困穷，尤为不易。惟与克来洛同处一地，同事一业，不免有竞争之心，嫉妒之意，往往互相抨击。克来洛预推哈雷彗，名震一时，尤为大朗培所不平。其实亚哀勒提倡在先，克来洛、大朗培并起于后，致力于月行之变迁及行星之摄动，据算数之解析，无微不至，各有所长，而独于月之长期加速度，皆未能详推其理，至拉格朗越及拉拍拉斯而始加以推算也。

拉格朗越生于意大利之都灵（一七三六年），其祖先原系法人，而侨居于意者也。自幼即具算学之长才，当其初任都灵学校教授时，生徒之年皆长于乃师。一七六四年，著《月球天平动说》，得巴黎科学院之奖金。其论天平动之起原，因月球与地球皆非正球体，据力学之理，而创推算之法，为前人所未有，后世所依用。一七六六年德王允大朗培之请，聘拉格朗越继亚哀勒之职（其时亚哀勒重返俄国），任柏林科学院算学系主任。德王自以为欧洲之大帝，应得欧洲之大算学家。居柏林二十一年，天文、力学、算学之著述，与时俱积，其间有送至巴黎者，恒得科学院之奖金，尚有六十余篇，皆发表于柏林院刊。天算大家之名，震于全欧，其足以相匹敌者，惟拉拍拉斯一人而已。当时虽一在柏林，一在巴黎，而问字之书，常相往返，他山之石，借资攻错，二人之文章学业，皆冠绝一时。而拉伯拉斯不免有矜奇眩能之习，拉格朗越则不胜谦和退让之概，故其晚年经法国之革命，不受政潮之影响，学者之态度，常为政府所崇视。其大著《解析力学》，图式精美，在柏林未得相当之印工，至返巴黎之次年始出版。一七八七年因德王去世，不愿再留，适受路易十六之聘，遂返巴黎。其时得一种劳顿病，逢节必发，或谓早年用心过度所致。一七九〇年任度量衡改制会主席，创公尺制，为今科学界所公用。在巴黎逾二十五年，天算之著述，仍不稍懈，又撰近代算学三种，最后者在一八〇五年出版。其《解析力学》第二集，在其卒后出版。拉格朗越详推月行加速及行星摄动之理，而创立公式，为拉柏拉斯所取法也。

拉柏拉斯生于法国诺曼地州之坡河蒙村（一七四九年），农家之子，幸赖富邻之助，得入本乡陆军学校，初为学生，继任教员。十八岁思有所发展，得人荐书，赴巴黎谒大朗培，未获一见，乃以平日研究力学之心得，撰文函呈，顿邀青睐，遂引荐巴黎陆军学校，任算学教授。嗣后历任官职，而天算之著述，终其身未尝稍懈。其著名杰作为《天体力学》（*Mécanique Céleste*），自一七九九年至一八二五年，陆续印行五大卷，一八二七年其卒后又印行补编一卷。阐牛顿之学理，集各家之大成，为十八世纪天算之总汇。又有《宇宙论》（*Exposition du Systeme du Monde*）出版在先（一七九六年），以通俗文，述天文学，尽去代数式，不用几何图，而说理简明，言下见象，风行一时。后法国学院选拉氏为四十不朽之一者，亦因此书之文章学术足以并茂千秋也。当拿破仑初执政时（一七九九年），拉氏作秀才入阁之想，效毛遂自荐之事，拿翁爱其才学，授以内务部长。六星期后，因其不称职而罢免，旋委为参议员，屡受恩赏。其《天体力学》第三卷，于一八〇二年出版，卷首有“献于欧洲和平大英雄”题字，说者谓其善谀拿翁也。迨路易十六复辟，拉氏又臣事新朝，荣封子爵，说者谓其已忘故主之恩情矣。晚年乡居颐养，复增补《天体力学》一卷，即其卒后所印之补编，享寿七十有八。临终有言曰：“知之者有限，而不知者无穷。”甚矣，学问之道，岂有涯哉？

牛顿学理，自亚哀勒引用高等算学以后，克来洛、大朗培继之，至拉格朗越复作进一步之研究。太阳系诸体之运动，统以解析力学驭之，拉柏拉斯又从而发挥光大之，遂成专门之学，立天文学之一部。推行星摄动之理，考月行加速之故，算数繁复，不厌求详。行星因他星之摄动，而绕日之道小变，卫星因他卫之摄动，而绕星之道小变。又因日与他行星之摄动，时时不同，又生小变，摄动之差虽甚微，然积久自显。亚哀勒据算理推之，分为二种。一曰周期变动。在短期间内，或星行数周之后，变动已起循环，较为易见。一曰长期变动。必经长时期后，始生微差，往往以百年计之。拉格朗越始悟此种变动之重要，欲定诸星准确之位置，不可不详加考核。拉拍拉斯推得月行加速每百年约增十秒，即一月之长，将三千年而缩短一秒，黄赤大距每百年约少四十八秒，土星近日点之退行，每百年约十五秒。复推得土、木二星之摄动约九百年而循环一周，则谓之远期变动，因不以百年计，故与长期变动不同。其天体力学中所推各数，与今测虽不尽密合，然亦不甚悬殊也。[3]

天体力学，数理深奥，非精通算学者所能读，故《宇宙论》一书，世人极为重视。又当法国革命之时，士人好谈新学，拉氏书中星云假说，创天地开辟星辰原始之论，为未有之奇谈，益为士津津而乐道也。实则四十年前德国哲学家康德早倡此说（一七五五年），但世人不加注意耳。拉氏当时已知之行星凡七，绕日而行，自西而东，方向相同。已知之卫星凡十四，各绕本行星而行，亦自西而东，方向相同。而各星自转之方向，又皆相同。凡此三四十种旋绕之象，如出一辙，自非无故。譬如掷钱可字可背，乃掷至三四十次，每次全同，必非巧合。又各星之轨道面与太阳系定面，交角甚小，几同在一平面内，且各星之轨道俱属椭圆，而偏心率皆甚小，亦几皆类平圆，似有一定之律。拉氏推想其故，以为诸星必同出一原，当时侯失勒威廉已发见星云数百，有弥漫而疏散者，有团结而密聚者，有如星而模糊者。由此疏密之顺序，拉氏遂创星云之说，谓太阳系诸星，皆由星云演化而成，始为弥漫星云，因冷而缩，旋转成球，转之弥速，赤道膨胀，至离心力大于摄引力，星云遂分出一环，卒因各质点摄引而成行星，即推诸恒星，同出一理。

拉氏之说自旋涡发见后，所谓同向旋绕之理，似乎益确。又如今绕日之行星有九，土、木二星之卫亦各有九，颇相类似。然海王星只一卫而方向相反，土星最外一卫及木星最外二卫方向亦反，则拉氏同向之说不合。天王星四卫轨道与定面之交角皆甚大，至小行星轨道之交角，有三十四度四十三分（Pallas）及四十三度者（Hidalgo），则拉氏同面之说又不合。水星之偏心率为〇・二〇六，小行星之偏心率有〇・五四（Albert）及〇・六五者（Hidalgo），则拉氏轨道相似之说亦不合。故拉氏当时自谓此说未可深信，盖全凭臆度而未经测算者也。然十九世纪诸家犹有奉为圭臬者，至近二十年来，始有麻尔顿之微星说及极佛来之潮汐摩擦说，虽较拉氏之说为有据，亦未可视为定论也。

侯失勒威廉十八世纪之大天文家也，长于拉柏拉斯九岁，小于拉格朗越二岁。一七三八年十一月十五日，生于德国汉诺威。父为该州军乐领袖，威廉幼受家学，亦善音乐，十五岁即随父入队。一七五七年，德法七年之战起，威廉年方十八，体弱不胜随军事，遂弃职避英，侨居拔斯市。旋得教堂琴师业，所入甚微。故兼课生徒，而来学者众，有时每星期授课至三十五小时。然自习甚勤，心好算学，初得司密司光学书，研习颇有心得，其构造远镜之志，即发轫于斯时。继读天文书，顿起兴趣，思天象昭垂，必一一得诸目验。初借得小镜，不足尽其窥天之用，欲自购大镜，决非其财力所能，于是舍自造别无他法。乃经数载磨砺之工，遂成千秋不朽之名。予尝见威廉摄影三帧：一在少年时代，形容憔悴，正读书制器，劳心劳力之时；一在发见天王星时，手执星图，面露笑容，可见其得意之概；一在晚年时代，面容丰颐，老当益壮，想其名震全欧，克家有子，桑榆暮景，其乐何如。

威廉第一步伟大工作，即自造返光镜。镜以点铜锡制成，磨琢凹面，工作繁重。威廉专心致注，每有赓续至十六小时者，目不转瞬，手不停挥，忘寝废食，昕夕不懈。其妹迦罗林往往从旁饲食，免其饥渴，有时诵读《天方夜谈》等小说，解其烦闷。初成牛顿式七呎镜，继成十呎镜，后成二十呎镜，径长增至十八吋，最后又成四十呎镜，径长增至四呎。每成一镜，必详细试验，为扫天之观测。初成之镜在一七七四年，时威廉三十六岁，可谓其天文事业之起点，当时仍充琴师，天学不过为其业余之自修。至一七八一年三月十三日，用七呎小镜，作扫天之覆测。忽发见新行星，突破古来五星之范围，扩展太阳系之界限，为天文史上大书特书之新纪录。于是素无人知之琴师，名震遐迩，莫不欲一识大天文家之面。拔斯道上，专诚往谒者，络绎不绝。格林威基台长麦斯克林，位居天文界之首席，深愿折节纳交也。是年之冬，遂被选为皇家学会会员，特赠名誉奖章。明春奉召入宫，令以自制远镜，进呈御览，英皇大为嘉奖，授以皇家天文家之职，年俸二百金磅，亦天文史上业余天文家之第一荣誉。威廉遂辞去琴师之职，而迁居斯罗，重行设备，专致力于天学。

此星命名之初，威廉因英皇优渥礼遇，而以皇名称之曰乔治大星，但不能通行于欧陆，或有以侯失勒之名名之，亦未见通用。后仍依五星之例，亦以神名名之曰天王星。当此星之发见也，如八等星，威廉初以为彗星，后详加覆测，始断定其为行星。盖自有史以来五星之名早定，自哥白尼后，始知地球亦属行星之一，而无所增益。牛顿学派诸家研究摄动之理无微不至，谁知土星之外尚有行星，威廉于无意得之。太阳系之界限骤增一倍，而六十五年后能由预推而得海王星，复八十五年而得冥王星。今又预推冥王之外尚有二三行星，惟恐距日益远，星光益微，远镜摄影之力，不足以及之。二百吋径之返光镜，不久可以造成，届时能按所推之位置而搜索之，未尝无望也。昔迦利略发见木星四卫之后约四十五年，而海更士始见土星之一卫，未及三十年葛西尼又增土星之四卫，嗣后百有余年，竟未有所见。至威廉始以四呎径之大镜，发见土星最内之二卫，又天王之外二卫。迄七十年后拉斯尔始得天王之内二卫及海王之一卫，此后六十年中，陆续测见，始成今日之二十五卫。（参观前章卫星表）然则前人之测候，岂易易哉？又安知止有此数而不复再增乎？十九世纪之元旦，为小行星诞生之日，迄今一百三十余年，陆续测见者，已有二千余星。将来复增几何，未可预言。然则威廉创始之功，不亦伟哉？

威廉以前，诸家之致力于天文者，不出太阳系之范围。虽有恒星表之测制，不过用为标准之点，以定日、月、五星之位置。迨威廉蓄志扫天，逐次所成之远镜增强，而所测之天象益密，直欲使天空诸星，无一不经其细察。尝自言：“宇宙之构造原理，为予观测之惟一目的。”所以无间寒暑，昕夕不懈，精心测候，艰苦卓绝。又得其妹氏之助，从旁纪录，详为推算，卒于恒星之组合，银河之构造，星团、星云之分配，双星、变星之形象，以及太阳自行之方向，莫不有所发明。开恒星天学之源，发宇宙构造之秘，为天文史上一大改革。昔牛顿创引力天文学，算数繁重，难免沉闷，非专家不能窥其底蕴。今威廉创叙述天文学，说理显明，言下见象，为天学广开途径，不必精于高深之算理，亦可明其普通之天文。十九世纪私家天文台相继而起，通俗天文学流行于时，使天学之进步，一日千里，皆威廉创始之功也。

恒星散布天空，大小明灭，如恒河沙数，直不知几千万万。威廉初欲求其分布之规则，一经细测，疏密悬殊，见银河两极，星甚稀微，愈近银河愈多，至银河之中，益形密集。一七八四年，威廉乃下统计之决心，细数之苦工，谓之星数估量法（Star - gauging）。其十八时径返光镜，比目力约大一百八十倍，视野周径十五分，约等于月视径四分之一，遍测诸星，凡三千四百次。每次候星之在视野者，即十五分之界内，逐一细数之，每一界内少或一星，多或六百。当其测银河最密处，在十五分钟内，星之过视野者约计十一万六千，可见其用心之勤，不惮烦劳。前拉爱得创宇宙开辟论，研究银河组织（一七五〇年），康德创行星原始论及星云假说（一七五五年），皆有磨石宇宙之说，但凭诸臆度，而未有实验。威廉估计星数，实测银河诸星密率，成环天之大圈，中心厚而四周薄，长径约五倍于高度，如二碟相合，二底向外之状，而太阳系即在其中，银河分道无星处（星稀若无），犹磨石上之孔洞，可谓善喻其状。后人因名之曰侯失勒学说，或曰磨石学说，又曰扁饼学说，予乃名之曰合碟学说，实开近代宇宙学之源。

拉该尔与梅西尔实测星云以远镜力弱仅得百余，并无星团、星云之分，亦不详其形状。威廉扫天无远弗届，远镜之力所及莫不殚心测候，共得星团星云凡一千五百，皆为前人所未见。详其形状，分为六大类：一曰星团，谓其星皆明朗可见，可分二种，一成球状，一作不规则形；二曰星云，谓远镜之力更强，或能分出诸星；三亦曰星云，谓绝无可分为星之证；四曰行星星云，谓其状如行星；五曰恒星星云，谓其状如恒星；六曰云星，谓星之四周有云气包含。并言近银河北极处最多，如轩辕、太微郎位一带，约占三分之一；若娄、昴、毕、觜四宿及五车、天船、八穀、天棓、候、宗正，天市垣徐、吴越、织女中间一带，则甚稀少。并谓星云虽形态万殊，而有一定演化之次序，足以觇其年龄之老幼。此拉柏拉斯依据而创星云假说者也。[4]

恒星中有双星，两星相距甚近，寻常目力不能分别。或有两星角距虽小而直距极远，望之若一星者，谓之视双星。或有两星角距甚小而直距亦极近者，谓之实双星，又曰联星。在十七世纪中已有发见，但不甚注意，至一七八二年威廉扫天，始详加测验，悟联星之自行，恒在同一方向，各有常轨，而二星旋绕于公重心。始知牛顿定律不仅应用于太阳系诸星之运动，且可推及恒星间之运行，著双星录凡七百星。嗣后斯德路佛及侯失勒约翰相继密测，增至一千余星，分类列表，载在《谈天》。至后世远镜日精，分光之法益密，所测更多，而创始之功，不得不归诸威廉。

变星之观测，为今日天学中要重之工作，当十六世纪中法必修首先测见天囷十三之变（O Coti，或译为刍藁增二），二百余年来，无人注意。威廉扫天，则变星之显著者，自亦不能逃其法眼。当时实测十余星，亦足开变星观测之源。同时毕各得亦详加观测，嗣后各家相继测验，日积月累，分类益密，进步甚速，列表于后，以觇大概。

一七八六年	毕各得	一二星
一八四四年	亚几伦德	一八星
一八五〇年	又	二四星
一八五四年	普格逊	五三星
一八六五年	詹白氏	一一三星
一八七五年	希洪番尔	一四三星
一八八四年	各雅	一九一星
一八八八年	又	二四三星
一八九三年	强特安	二六〇星
一八九六年	又	三九三星
一九〇三年	毕堪林	七〇一星
一九〇七年	肯能	一三八〇星
一九一五年	慕安	一六八七星
一九二八年	泊拉格	三二一八星
以上各家变星录星数应时而增，惟球状星团、旋涡星云及墨瓦腊尼云中之变星均未列入，今已知变星约有六千余，其中长期变星如天囷十三之类有一千七百六十星。		

威廉又有一种伟大工作，亦足开天文史之新纪元，即测定太阳自行是也。盖自哈雷发见恒星自行以来，经诸家之实测，信而有据，恒星之名义，早失根据，而至今沿用者，因其名自古相传，而其动亦甚微也。威廉素知太阳为恒星之一，以公理推之，恒星既自行，则太阳亦当自行。设太阳与诸星之行同向而迟速各不等，则凡迟于太阳者，在太阳前，必见背此方向诸平行线之合点而行，在太阳后，必见其向此诸平行线之他一合点而行。速于太阳者反是。仿佛人行路中，见面前两旁电灯渐渐分开，而反观身后者渐渐聚合。威廉详测诸星之自行，准此理以求太阳之自行。一七九〇年，测得太阳自行之绝点近天市垣赵星，与织女相距不远，其赤经为二六〇度三四分，赤纬为北二六度一七分，与今测不甚悬殊，是属难能可贵。嗣后诸家用各种方法，逐有测算而改进。今所定日行绝点，赤经二七〇度，赤纬北三四度，日行速度为一九·五公

里，系每秒钟太阳率其全系向绝点而进行。当予草此篇时，地球随太阳奔驰于空中已不知数万公里矣。可见地球每年绕日一周，必不能重返原位，其如螺旋线之进行。试问太阳何时始至绝点，则算数繁复，星行纷歧，一时亦未易言也。

威廉一生著述，不假师授，克享盛名，卒封爵士，不愧为近代天学之鼻祖。一家五人，深通天文，其妹迦罗林相助观测，功亦不细，星云之测验，颇多发明，得受皇家之俸结，为女天文家第一人。其子约翰，克承家学，亦享盛名，犹冲之子有暅。约翰有二子，长子亦名约翰，任印度军官，有博学名；次子名亚力，勤习天学，为大学教授。侯失勒氏之言天者三代五人，与盘诺利氏之言算者三代五人，同为科学史中之盛事。十八世纪末与威廉齐名者有拉拍拉斯，威廉往访于巴黎，适在十九世纪之第一年。而二人晚年之著述，已入十九世纪初叶二十余年。威廉于一八二二年去世，享寿八十有四；拉氏于一八二七年去世，享寿七十有八。二人之有功于十九世纪天文发达史者，不相上下。而威廉之影响尤大，范围尤广。[5]

注释

［1］白拉勒天文原著，系一八三一年利迦德所编辑，发明光行差及章动差二篇。今均载夏氏《天文图书考原》。

［2］参观文鑫《星团星云实测录》。

［3］《谈天》卷十二论摄动，卷十三论椭圆诸根之变，卷十四论逐时经纬之差，于诸家论述摄动之理甚详，宜参观也。

［4］《谈天》卷十六论恒星新理，卷十七论星林，于威廉发明星团、星云、双星、变星及太阳自行等，皆言之甚详，亦宜参观也。

［5］十八世纪中测天之器亦逐有改进，如杜隆之发明消色远镜，用混合灵视，为后世折光镜所法。高佛来发明六分仪，为航海观测必要之器，皆为天文史中要事，故附注于此。

四　十九世纪天文学史

观十八世纪末，拉拍拉斯提倡天体力学之法，侯失勒威廉广辟论理天文之途，各树一帜，分道扬镳。至十九世纪初，法国自拉氏以后，遗风犹存，常执世界算学之牛耳。英国自威廉以后，继起有子，犹为各国天学之领袖。而德国原属科学先进，得与英法成鼎足之势。至十九世纪后半叶，美国异军突起，学者辈出，仪器精良，足以睥睨世界，已非欧洲所能及。盖十九世纪中，以分光法测星，摄影术测天，而天学之发达，亦遂未可限量，而各国天文家之著名者，不下四五十人。如欲一一详述，又岂小史所能容？只可择其大者要者约略言之，阙漏自不能免，犹幸近代天文书中可以窥见全豹，当不嫌其过略也。[1]

十九世纪天文史之第一页，为小行星之发见。一八〇一年一月一日，意人必亚齐发见第一小行星，名穀女，其轨道早经德算学家高士之预推，故当时测见之方位，与预推相合，并不出于意外。明年三月二十八日，阿尔白士复发见第二小行星，名武女，则未经预推，殊出意料之外。一八〇四年，哈尔定又发见第三小行星天后，一八〇七年，阿尔白士复发见第四小行星火女。初有德天文家波特者推行星距离法，言各行星道距水星道，约俱递倍。如地水二道距约倍金水二道距，火水二道距约倍地水二道距，推之土与天王，莫不皆然。（后海王发见即出例外）惟火木二道间太远，与例不合，必有他行星在。自测得此四星后，其道大小略等，距火木二道，与波特例合，天文家皆以为奇。复断定火木二道间，必不止此四星。后有亨该者，专心寻觅小行星，经十五年之苦心，始于一八四五年得第五小行星严女，一八四七年得第六小行星稚女，嗣后陆续发见，至今有二千余余星。其初多用希腊女神之名，故《谈天》皆译为某女，后女神之名不敷应用，间亦有用男神之名，故某女之译名，亦不适用矣。

十九世纪第二年，为分光学发达之起原，近代天文学至要之事也。自牛顿发明日光经三棱玻璃，曲屈而见虹之各色，始开分光之原理。至一八〇二年英人华拉司敦改良其法，使日光先经狭缝（二十分吋之一），而后经三棱玻璃，则分光景愈见清晰，且有许多黑线在其间。一八一五年弗劳恩霍拂创造分光镜，分析日光，发见黑线凡七百。一八二四年又用以验恒星分光之黑线，择其主要者以字母志之，今即名之曰弗劳恩霍拂线。一八五九年克考父创分光定理，为弗劳恩霍拂之功臣，立物理天学之基础，大旨谓：光源为白热透明气体，其分光景生单纯明线，如光源为白热固体，其分光景生连续虹色。例如白热物体，外罩较冷之气体，则在此连续分光景中，显出黑线，其位置恰合此种气体所生之明线。由此可测验星体中有何种物质，譬如铁燃至白热，其分光景显有黑线，而太阳分光景中，此种黑线之位置，与某一种明线之位置，恰相吻合，可知太阳体外含有铁之蒸气，较太阳光轮为冷，即可知太阳体中有铁之存在。譬如轻气在真空管中，以电燃至白热，其分光景显有明线，而气体星云中有同样之明线，在同一之位置，可知此星云中有轻气之存在。恒星体中之物质，亦可如法探验。一八六四年，黑京与赛起二人研究益精，于是恒星分光之术，因之大明，遂开物理天文学之新纪元。当时黑京所测虽仅少数大星，而研究颇精，能证验钠、镁、钙、铁轻气诸线。赛起所测约四千星，研究稍略，而分类极详，由是得三种原理。一曰，恒星之分光景，与太阳之分光景，性质相近，其中亦显有黑线，足证恒星白热光轮之外，亦犹太阳之包有大气，将星光之一部分被其吸收；其余少数恒星之分光景，虽亦显有明线，但不及百分之一。二曰，由分光景中各线，可以证明各原子之存在，星体中所有物质，大半为地球上已知之原子，今虽有极少分光线，未能证实，但皆无关重要之星。三曰，恒星虽多以分光法类别之，极为简单。赛起当时分为四大类：甲有显著之轻气黑线，乙有极多之金属线，惟不甚显明，丙红色一端显有阔带（今已证明其为氧化钛），丁紫色一端显有阔带（今证明其为碳或碳化物）。后福格尔复推广其理，毕堪林又修正其法，今谓之哈佛法。

分光景每连续衔接，有一定之次第。原以罗马字母代分光景各型，几经修正，近哈佛天文台所规定，为各国所通用者，以 B—A—F—G—K—M 六型，占全数百分之九十九，用之最繁。B 型之前，尚有 O、P 两型，M 型之后，亦有 R、N、S 三型，但仅占全数百分之一，实不常见。今两型之间复用小数分之，益见精密，如 A_5 为 A 型与 F 型之中间，A_3 则偏于 A 型，A_8 则偏于 F 型，如 A_0 则为 A 之正型，余可类推。

一八六四年，黑京又由分光法测定恒星之辐射运动。盖分光镜俗谓为天空界之福尔摩斯。光线在真空中，为无数细浪纹，每一英寸内有一万至十万之多。如恒星向地而来，则浪纹短，背地而去，则浪纹长，分光镜足以测光浪之长短。凡恒星之光经过三棱玻璃，必现各色，一端红，一端紫，而各色之中，每间以黑线。如星向地行，则黑线向紫色一端移动，如背地行，则黑线向红色一端移动，而辐射速度，可以计测也。而分光镜双星亦由此测验，盖有时由黑线之移动，见星之乍来乍往，如摆动之象；若运动于小圆周上，可知必另有暗体绕之，如行星之绕日。如角一之小副星即由此测得也。此种双星又名之曰蚀双星，如日月之交食。至十九世纪末叶，毕堪林测验变星、双星，凯来测验辐射速度，皆美天文家之著名工作也。

恒星距离过远，视差难测，昔亚力士多德据此以为地静之证。自哥白尼以来历代天文家莫不以视差为主要问题，白拉勒欲测视差，而发明分光差与章动差。侯失勒威廉欲测视差，而发见联星之运动。至一八三八年德天文家白赛尔始得天津增二十九之视差，为三分秒之一，其距离约为十一光年。一八三九年恒特孙在好望角测得南门二之视差，为最近之恒星，其距离约四光年，比日之距地约大二十七万倍。不久斯得路佛又测得织女之视差。至十九世纪末，各家测得视差者约五十余星，近年仪器益精，所测更多。一九二四年《希利新厥恒星表》，载有视差之星，凡一千八百七十。

白赛尔任哥宁堡天文台台长三十余年，重测《白拉勒恒星表》，经十二年之工作，测制恒星表凡六万二千星。其生徒阿几兰特，亦著名天文家，所著恒星表尤为著名，凡三十二万四千一百九十八星（一八五九年至一八六二年陆续发表），由其门人之相助，经百万余次之实测，自北极以至赤纬南二度，其间十等以上之星，皆测而入表。后希洪番尔继续测至赤纬南二十三度，复增十三万三千六百五十九星。松米更测至赤纬南六十一度，共得五十八万星。近世联合十八天文台，用照相摄之，至一九二五年，已有四万四千幅，约五百余万星。普天星象，本不可胜数，远镜益大，所见益多。如一时径远镜可望至九等星，三十六吋径远镜可望至十七等星，百吋径返光镜则二十一等星可由摄影得之，为数约在五百万万以上。

白赛尔又创日食推算法，极为精妙。先布公式，后推用数表，惟说理高深，算数浩繁。复绘地面月影图，推算一小时内，每相隔五分时之经纬度，以求各地日食时刻及食分多少，费工甚多，极为劳苦。后亨森复制《月离表》（一八五七年），推算某地之日食，其法与白赛尔稍异。今英美法之历书，皆用白赛尔法，德国年历则用亨森法。奥国奥泊尔子著名《食典》，推算八千日食，五千二百月食，亦根据亨森法。至十九世纪末，牛考慕另立推算法，略简而不求精密；薛佛内《实用天文学》，推算全食之时刻最密；尚有蒲希南之《交食理论》，亦为著名之作。推算日食，实无简法，算数繁重，学者视为畏途，白赛尔法为近代推算日食之祖。今此项工作，皆由国立天文台任之，在二三年前预推之，而后发表于年历。其他又有绘图算法，昔罗密士创之，近美国立奇及我国王锡恩，皆别立新法，甚为简捷。王氏自称所得时分，与用白赛尔法相同。[2]

威廉扫天，发见天王，辟太阳系之新世界。十九世纪以来，又有小行星之叠见。于是天文家莫不欲测算新行星，而冀有所获。因测见天王星不规则之微动，料天王之外，尚有行星，然而推算不易，疑难莫决。会有法国算学家力佛理亚，以推算行星摄动，著名于时，巴黎天文台台长亚拉谷，请其研究斯事。力氏潭思苦索，反覆推求，始测新行星之所在，乃驰书柏林天文台台官嘉勒，告以行星之经纬度，当在宝瓶宫中求之，约与九等星相似，言下见象，如已目睹。当晚嘉勒即用远镜，依力氏预推之处，细测诸小星，核以星图，果得一新行星，距力氏所定之经纬度，其差不及一度，名之曰海王星，时一八四六年九月二十三日也。于是哄传全欧，而格林威基天文台得此新闻，不禁失色。盖英国天文家亚但史，亦早经预推，核诸嘉勒所见之位置，相差亦不过二度有余，在一年以前，已报告台长爱兰，当时未得晤面，亚但史留书而归。迨爱兰有所函询，亚但史愤而不覆，事遂搁置。虽剑桥大学教授却利司在七月杪曾代为检阅，而蹉跎时日，未有所获。致亚但史之推算，徒成明日黄花，而发明海王星之名，遂归诸力佛理亚。格林威基之有负于亚但史者，为何如哉。观力、亚二氏异地同时，预推海王之所在，徒以私人苦无大远镜，必仰赖官家天文台，为之代测。所以威廉磨镜，无意而得天王，亦足以偿其苦工，否则亚但史亦何必奔走于格林威基？力佛理亚受巴黎台长之托，而以预推告诸柏林，嘉勒即于当晚获见，亦可谓知人，宜其捷足先得矣。[3]

力、亚二氏，同为当时之天算大家。力佛理亚长于行星学说，多所创作，亚但史长于月离学说，别立新法。力氏继亚拉谷而长巴黎天文台，亚氏继却利司而长剑桥天文台，二人之学问事迹，如出一辙。爱兰主任格林威基天文台四十六年（一八三五年至一八八一年），处英国天文家之首席，亦名重一时。发明人目之散光，创消色目镜，改进折光镜之构造，于天文理论，颇多心得。而于地球形质研究益切，曾著《地球论》一书，传诵于时。对于亚氏之发明海王，未能早为布置，不免引为憾事。然亚氏年少气盛，因进谒未见，后爱兰函问，愤而不答，坐失观测之机会，亦不免自误也。

当时英国著名天文家，有斯罗之侯失勒氏，威廉之子，名约翰，自幼受父若姑之教育，于天学具特长，克承家学，继其父业，立扫天之志。一八二四年印行所测《双星表》凡数百对。一八三三年复发表《星团星云表》凡二千五百，其间五百为约翰之新测，余为其父之旧测。约翰既扫北天，复思再扫南天。即于是年秋携器放洋，南行三十余日，抵非洲岌朴敦。置精舍，事测望，历四年，功甚深。一八三八年返国，以所测推算成书，又历九年始出版。凡南天星团、星云一千七百有七各有说明，择其要者细图其像，于墨瓦腊尼大小云及十字架二、海山二两星云，论之尤详，皆发前人所未发。复推双星轨道创法以定其周期，同时俄天文家斯德路佛复经密测，益见精详。约翰以二星相距秒数，分为八类，为后世所宗。次撰《哈雷彗论》，详述彗星体质之本性及力学原理。既而克考父、黑京、沙帕勒利诸家，精益求精，后来居上，约翰自谓不及。又始考日斑之理，后失瓦白、贾令敦、胡而弗诸家因之测候益密，皆其创始之功也。

星等之法，约翰始详加推究，其言恒星之体不能见，（今则星之大小，亦能测定矣）全凭其入目之光，以定等次。光分大小之故有三：一星之距离有远近，二星之光面有大小，三星之光力有强弱。故分等无一定法：有用连比例者，如下一等之光分，恒半于上一等，或恒为三分之一，或任用他比例；有用逐数平方之反比例者，如一等为一，二等为四分之一，三等为九分之一，以下类推。一八五〇年普格逊因之测定一等星之光，约百倍于六等星，每上下两等之比，恒为一百之五方根，即二·五一二之比。凡计测一星之等次，必有所标准，寻常以北极星标准，谓之普通法。因北极星密近二等，比测较易，哈佛天文台以近极五等星凡一百，取其平均星等为标准，谓之哈佛法。此计测视等之法也。

约翰复撰天文书两种，一为《天文学》（*A Treatise on Astronomy*），一为《天文略》（*An Outline of Astronomy*），出版以后，风行于世，莫不奉为圭臬。李善兰与伟烈亚力所译《谈天》即《天文略》，当时在英国已印至第十二版，可想见此书之价值矣。卷首有《约翰传》，叙述甚详，宜参观也，读此书可以知十九世纪中叶以前之学说。

古人言："工欲善其事，必先利其器。"侯失勒父子，借返光镜之力，多所发见。而十九世纪天学之所以突飞猛进者，全恃制器之精。凡目力所不能见者，借远镜以明之；远镜所不及者，借摄影以显之；摄影所不得者，借分光镜以验之。宇宙虽大，众象毕现。自弗劳恩霍拂用分光镜以测星，开近今物理天学之源。一八二四年，弗氏又创远镜之钟机转动，使所测之星，常随远镜而不移，测天称便。一八四〇年，特拉泊用摄影器装置于远镜，以摄天象，而便事后研究。一八四五年，罗斯爵士造六呎径之返光镜，发明旋涡星云，并以梅氏第五一及第九九两星云，细绘其旋涡之象。一八六三年，黑京创摄影分光镜。摄影之感光，易于人目，且目测稍久，即觉乏力，而摄影则利用长时，其象益显，故今各国天文台往往分类摄影逐日无间。美国于一八五三年，哈佛台长本特提倡在先，数十年来各项摄影，藏积无算，极为宝贵。一八五六年，返光镜始用镀银镜面，观象益形清晰。一八八三年，奇尔博士提议国际联合摄取恒星图，由十八国天文台共同进行。十年前已有四万四千幅，近未见报告，想续测亦必不少也。美国在十九世纪中，学者奋起，天学发达，而公私财力雄厚，仪器设备精良，足以雄视一世。如一八八八年，富绅利克慨捐遗产七十万金，建天文台于亨密尔敦山，造三十六吋径之折光镜，利克即葬在镜台之下，以志纪念。而一八八九年，野克司天文台，又造四十吋径之折光镜。迄今将四十年，仍为世界最大之折光镜。其他如恒星测光仪、太阳分光镜等，各种新色仪器，莫不精益求精。所谓测天之器，后胜于前者，是也。[4]

水星之行道不齐，与月离之不规则运动，同为天文家之难题。力佛理亚以古今水星过日之期，细推其近日点之运动，深知实测与推算，不能适合，疑水星与太阳之间，尚有行星。会有巴黎近郊乡医，名来司卡巴者，于一八五九年三月二十六日，发表其谈话，谓在九月以前，确见一新行星，经过日面，如圆形小黑点。力佛理亚闻而奇之，遂往访此医，再三面询，据此医所述，确有其事，乃定名曰火神星（Vulcan），或曰水内行星。力氏并推算此星之径，约为二千五百哩，但当时未得坚确之实据，亦遂寂然。约二十年后，德国教士惠曰，以善测著名，在中国北直隶，言亲见此星，更加细测。惟同时格林威基天文台，逐日摄黑子之影，而未有此项行星之形迹。一八七八年，美天文家华生在日全食时，注意此星，但谓近日之处，似有二小星而不能决。据后人之考查，始知华生所言，乃系鬼、宿二星，迭经各家观测，终不得确据。至一九〇五年日食时，始证明并无此星，而水内行星之说，遂成历史上之一段佳话。

测算水星之运动，莫详于美天文家牛考慕。以水星过日在十一月者，自一六七七年至一八八一年凡二十次，及在五月者，自一七四〇年至一八七八年凡十二次。详密推究其位置，知水星之近日点，每百年约退行四十三秒，实测与推算不符，悟牛顿定律不合于水星之行道，而平方反比例之公式，亦不能适用，已开哀斯坦相对论之先。复推金、火、木三星之根数，实测与算式亦微有不同，俱足以变更万有引力之定律，开近代学说之关键。牛考慕任美国年历局长逾三十年，于近代实用天文学，创作殊多。今日所用天文常数，大半由其推定，至若月离之研究，日食之推算，皆足为后世宗法。或谓其为近代应用天学之鼻祖，非过誉也。

我国自汉以来，日中黑子与抱珥冠璚之象史不绝书。而欧西自远镜发明之后始测见黑子，希爱纳、迦利略创于前，失瓦白、贾令敦继于后。至十九世纪中，胡而弗测定十一年之周期；至十九世纪末，海尔又发明磁力相关之理，而后推求益密。至日珥、日冕之现象，必在日全食时始得测见。盖当月体掩日之时，见日体四周，发出红色之光，如火焰之飞腾，如晚峰之穿云，如飞鸟舞空，如杂树遍野，形象不一，蔚为奇观，《明史》所谓镜黛喷花，《谈天》所谓玫瑰色峰，今谓之日珥是也。在十九世纪以前，天文家推算日食，不厌求详，而观测全食，机会难得，亦不重视，故全食之现象不知也。一七一七年，哈雷曾在全食时，得见日冕、日珥之象，而不知其发自日体。至一八四二年始开全食观测之新纪元，是年七月八日，全食经维也纳各地，英、法、德、俄天文家聚集于全食带内，果得见日冕环绕日之四周，白火荧荧，而又发出三峰，其状如火焰，其色如玫瑰，高达数万哩，叹为观止。明年失瓦白著《黑子周期论》，绘有日冕、日珥之图。一八五一年七月二十八日，全食经瑞典、挪威，天文家如爱兰、欣特、贾令敦、拉斯尔，俱得目证，爱兰名此红光曰山峰（Sierra）。当时大半天文家以为出自日体，然尚有人以为地球空气折光所致，或月面掩蔽分光所生。一八六〇年，赛起在地中海沿岸，观测全食，由摄影术分光法，而断定其由日面所生。由是天文家咸欲一观究竟，以决是非。但在八年之后，始有全食，且所经之地，离欧甚远，是为一八六八年八月十六日全食，经印度、暹罗、马来群岛。当时普法战争，巴黎被围，法天文家然孙夜乘气球，偷越敌营而出，急往印度，幸得及期观测，用分光镜以测日珥，极为明显。既思此种物质发生于日面，自不必候至全食而始见。但当日下午复圆时，阴云不见，故于次日清晨，日初出时，天气清朗，以分光镜向日之一边，即昨日所见日珥之处，果见分光景完全相同，亦甚明晰可数，不胜快慰！且不如全食时仅争数分钟之观测，无庸急促，尽可详细测验，终得伟大之发明。盖分光景中之明线，原为日珥中含有大量轻气，乃发见另有一种黄线，明知其非钠，而必为他种原子，后人名之曰氦，约三十年后

(一八九五年)始在地球上发见此项原子。其体质甚轻,不若轻气之易于惹火,为近代飞机之主要原素。当时然孙冒险飞渡,仅借气球之力,而长途跋涉,得此重要之发明,反为后人乘坐飞机,创其基础,不亦奇哉?然孙观测日食,得此结果,私心愉快,自不待言,因将发明之事,函告祖国,但其观测之地,在东印度,交通不便,函到法国,稽延至二星期,而同时英国天文家陆甲,亦有同样之发明,不谋而合。陆甲以实测所得,报告英国皇家学会,并函达法国科学院,而该院适接得然孙之报告,于是二人之发明,同时宣读。一八七二年,法国政府各给金章,以奖二人之学绩,一时传为佳话。[5]

日冕系纯白之光芒,包围太阳四周,面积极大,而光力极弱,在全食时见之甚显,全食一过,立即隐灭,不若日珥之随时可测。今虽有人发明在全食以外窥测日冕之法,但未臻完善,故观测日冕,仍为今日全食时重要问题。屡经各家之测验,知日冕与黑子周期,有密切之关系。黑子全盛时,日冕之光,向四面扩张,成多角之形;黑子衰落时,日冕之光,由太阳赤道伸展,而两极短缩,如刷子之形。十九世纪末叶,继然孙、陆甲而起者,为美国天文家杨氏。一八六九年,日冕分光景中,杨氏测见极明之线,证明其为最轻之气体,地球上所无,认为化学中之新原子,而名之曰冕气。当时与陆甲所测参宿大星云,分光景中之明线,名星云原子者,同为一种新发见。后屡经物理家、化学家、天文家之探讨,始知此种原子,在原子周期表中,无适当之位置,可容此二物。至一九二六年蒲文始测得所谓星云原子者,实由于氢氮之游离作用,案星云分光景中有二明线,日冕分光中有一明线,在实验室中无物可以复制,故认为新原子。蒲文始证明其为氢氮所致后,最近美国加省大学教授荷泊飞尔,在实验室得制成此种明线,益足证二种新原子并不存在。又经各家之试验日冕线与氢线之浪长相同,足证日冕内有氢之存在。然欲得确切不移之答案,仍须在以后全食时,作此明线浪长之精密测量。但在全食三五分钟内,时间极短促,而测算须细密,又极感困难也。将来如能在日食外测之，则可得较详之发明矣。

今美国天文家海尔为太阳分光学之专家，利克天文台及威尔逊山天文台之建设，悉由其计划监督，克成世界天文台之领袖。海尔于一八九〇年，造太阳分光摄影仪，能分摄太阳之单纯光线，即可由某一浪长，以证验某一原子，其法甚妙，如得日面全体之摄影，可知各种原子之分布及所发之光浪，纤细无遁。由是发见日面有极明之钙质如白云之缭绕，因名之曰白斑（flocculi，或译谱斑，或译羊毛斑），其所测日冕，亦甚详晰。大旨近日之处，光为灰黄，与日珥之红色适相反映，离日稍远，始成梨白之色。并测定日冕所发之光，仅及日光百万分之一，其全部之光照及地面，不过及月光之半，且在全食之时，天空甚黑，亦可见其光力之弱矣。今经各家之试验，日冕之光大约可分为三种：一日光之反照，二白光，三明线。其间约有三十线，不能于实验室中复制之。初以为未知之新原子，今已证明其为已知原子之稀有线。日面之现象，种种不一，现在虽陆续发明，皆为前人所未梦见，然尚在试验之中，未知何时始能全揭其秘也。

流星飞行天际，多若尘埃，一昼夜间，数逾千万，夏夜纳凉庭心，时或见之。下半夜恒多于上半夜，下半年恒多于上半年，因其时地球与流星道相近故也。考诸我史，星陨如雨，陨石于宋，早见于《春秋》，自汉以后，史不绝书。马氏《通考》谓：《宋史》一月而四五见，同日而数流；（《宋史·天文志》纪载流陨，多至四卷）《明史·天文志》谓，灵台候簿飞流之记，无夜无有者，足证其纪载之多也。一八四一年，法人毕渥德撰《中国流星史》，不过据《通考》移译，已成巨观，正值西洋流星天文学萌芽之时，莫不视为重要之参考。所惜者古代陨石，俱失所在，而西史所纪寥寥可数，历代天文家未尝重视，远不如中国观测之勤。至十八世纪末，始有德国两青年，一名勃兰特，一名便孙伯，俱为古丁更大学学生，作有统系之实测。勃兰特复测算流星之高度及距离之远近。一七九九年十一月十一日，汉巴德在南美测见流星数千。一八三三年十一月所见亦多，至一八六六年十一月十四日发见流星异常较多。于是天文家更为注意，群起研究，故侯失勒约翰曰："后必以是年为流星天学之元年也。"当时美之牛敦，意之沙帕勒利，推算其出发之点，在狮子座中，近轩辕第十二星，因名之曰狮子座流星雨，又推定其周期为三十三年又四分年之一。沙帕勒利又发见英仙座流星雨之轨道，与杜特彗（Tuttle Comet）之轨道相合，为流彗天文史中重要发明。次年力佛理亚证明狮子座流星雨之轨道，与但白勒彗（Temple Comet）之轨道相合，仙女座流星雨之轨道，与比乙拉彗（Biela Comet）之轨道相合。近年英之邓宁、美之渥力佛，皆为流星天学之专家，又证明宝瓶座流星雨与哈雷彗有密切之关系。我国地方志向无天文，所纪彗孛流陨，或根据目见，或得诸传闻。而《丹阳县续志》有云："宣统二年四月，彗星见，夜流如织。"查是年四月，相当于西历一九一〇年五月初旬，正值哈雷彗与宝瓶座流星雨发见之时，不意县志寥寥数字，足为流彗同道之铁证。

十九世纪天学各部，各有专家，已如上述，其他如沙怕勒利、劳惠尔之火星面文学，普格逊、毕堪林之恒星测光学，皆极著名。达尔文依潮汐原理，而推究月球原始；强特来测地轴转移，而发见纬度变迁；密结尔逊创干涉光计，而测定光行速度。天文之测算，日趋完善，至十九世纪末已达全盛时代，各国天文著述之行于世者，实未可一一计也。

注释

[1] 下列诸书足供参考。(1) 克拉克《十九世纪天文史》(Clerke's *History of Astronomy in the 19th Century*)，(2) 格来德《物理天文史》(Grant's *History of Physical Astronomy*)，(3) 李善兰译《谈天》，(4) 邓肯《天文学》(Duncan's *Astronomy*)。

[2] 关于日食推算法，著名之作如下。(1) 白赛尔《交食解》(Bessel's *Analyse der Finsternesse*)，(2) 亨森《交食法》(Hansen's

Method of Eclipses)，（3）蒲希南《交食原理》（Buchanan's *Theory of Eclipses*），（4）牛考慕《实用天文学》（Newcomb's *Practical Astronomy*），（5）薛佛内《实用天文学》（Chauvenet's *Spherical & Practical Astronomy*），（6）立奇《交食图解》（Rigge's *Graphic Construction of Eclipses*），（7）罗密士《图解日食法》，载在《天文揭要》上卷，（8）王锡恩《绘图日食算法》，载《科学》第十三卷第三期。又《简捷绘图日食算法》，载《科学》第十五卷第十期。

[3]《海王星发见史》，载在夏氏《天文图书考原》第二四五至二五四页。

[4] 十九世纪各国折光镜在十五吋以上者如下。

美国野克司天文台	Yerkes	四〇吋径
美国利克天文台	Lick	三六
法国迷同天文台	Meudon	三二
德国巴兹敦天文台	Pottsdam	三一
俄国皇家天文台	Imperial	三〇
法国奈司天文台	Nice	三〇
美国耶礼天文台	Yale	二八
英国格林威基天文台	Greenwich	二八
奥国皇家天文台	Imperial	二七
美国海军天文台	Naval	二六
美国麦考米克天文台	Mc Cormich	二六
美国司巴罗天文台	Sproul	二五
英国格此海特天文台	Gatehead	二五
法国巴黎天文台	Paris	二三·五
美国泊林司敦天文台	Princeton	二三
美国邓佛天文台	Denver	二〇
美国司密孙宁天文台	Smithsonian	二〇

续表

德国司拉司堡天文台	Strasbury	一九
英国芝高阁天文台	Chicago	一八·五
美国私家天文台	Private	一八
美国华南天文台	Warner	一六
美国卡尔登天文台	Carleton	一六
美国槐希旁天文台	Washburne	一五·五
美国哈佛天文台	Harvard	一五
瑞士皇家天文台	Royal	一五
英国皇家学会天文台	Royal Society	一五
英国林特赛天文台	Lord Lindsay	一五

十九世纪各国返光镜在二十四时径以上者如下。

英国罗斯天文台	Earl of Rosse	七二时径
澳洲梅尔旁天文台	Melbourne	四八
法国巴黎天文台	Paris	四七
英国康孟天文台	Common	三六
法国买赛尔天文台	Marseillas	三一·五
法国土路斯天文台	Toulouse	三一·五
美国特拉泊天文台	H. Draper	二八
美国哈佛天文台	Harvard	二八
英国格林威基天文台	Greenwich	二八
英国拉斯拉天文台	Mr. Lassell	二四
英国剑桥天文台	Cambridge	二四

[5] 参观杨氏《太阳论》（Young's *The Sun*），亚巴德《太阳论》（Abbot's *The Sun*，1929），密结尔《日食论》。氦之原质，始于一八九五年，英人来姆赛在氧化铀矿石中发见之，后在陨石及空气中，亦发见此种原子。

五　二十世纪天文学史

天文之学，重在测算。二十世纪过去三十余年，算学之进步，一日千里，测天之仪器，日新月异，实开近代天学之新纪元。回溯十六世纪以前，中国观测之精勤，西域仪象之精良，第谷规模之宏大，皆足视为测天之盛业。然仰观全凭目力，测算不外几何，观七政之运行，以恒星为背景，定恒星之方位，犹计里之驿站而已。目力所及，仅至第六等星。自迦利略创造远镜，始得望见第十等星，威廉大返光镜望至第十五等星，远镜之力渐增，所见之星益多。二十世纪天学之飞黄腾达，足以超越前代者，固在远镜之扩大，但无他器以助之，远镜亦不能尽其长。故测天之器，尚有二种最重要者：一为摄影镜之改良，干片之感光，愈见敏锐，足以增强远镜之力；一为分光镜之精微，凡远镜之所不及者，得借分光镜以征验之，立物理天文学之基础。于是二十世纪当前二大问题，为各天文家所致力者，正方兴而未艾，一为宇宙之组织，一为星象之进化。而宇宙间各种星体之运动，物理之性质，化学之成分，物质之起灭，凡有关于星之原始、星之年龄者，此二大问题实有密切之关系也。

二十世纪天文史开宗明义第一章，当为大返光镜之建设，增出不少重要之发明，开近代天文之新世界。当一九〇五年，绿杉矶钢铁富翁霍堪，愿捐巨资，为威尔逊山天文台，造百时径之返光镜。该台原附属于康奈基大学，而创办人康奈基，又为霍堪之同业老友，二人皆年逾古稀，热心天文，提倡颇力。此亦美国富商之能善用其财，与利克之名，并垂不朽。当时以如此巨大镜面，物料难得，卒由法国玻璃厂获得大玻璃，径长一百有一吋，厚十三吋，重四吨半，随即运至美国，设厂磨琢，经数年之久，抛物镜面始成，镀银试验，聚光清晰，鉴人毫发。而一切附属建筑，工程浩大，所费甚巨。远镜之装置系英国式，全部重量在百吨以上。钟机转运，台顶旋移，以及移动镜身，悉由电力。发电机之装置，至四十部之多。中经欧战，各工厂忙于制造军用品，故远镜工程停顿二年，至一九一九年始装置完成。而分光镜、摄影镜及各种相当仪器，无不支配就绪，专候天文家之观测，以发明宇宙之秘奥。今天文教本中，皆有此镜之摄影，可参观也。[1]

此镜第一件大工作，即测恒星之径，惟恒星距离甚远，望之如一点之光，远镜愈大，星光愈晰，仍如针头细点，不能扩大其面积，欲测其大小，实属至难之事。一八六八年，法国物理学家费佐首创其法。一八七四年，法国天文家司蒂芬测星光之涉干流苏（interference fringes），决定星之角径，必小于弧度〇·一五八秒。一八九〇年，密结尔逊用干涉仪，测得双星之密距，为远镜所不能分者，并谓如有大干涉仪，则测得星之直径，必较司蒂芬为密。明年复在利克天文台，如法测得木卫之径甚密，然当时无大远镜，足以装配相当之大干涉仪，故三十年来仅有其说而不能见诸行事。迨百吋径返光镜建造之后，海来即提及此事，继因美国参加欧战，科学家皆穷思竭想，研究战具。密结尔逊发明炮弹射程之新法，为美国海军所利用，测天之事，无暇及此。欧战告终，大镜完成，于是密结尔逊与披斯，计划二十呎长之大干涉仪，由天文台工厂制造，装置于大返光镜之上端，观望涉干流苏，可扩大至三千倍，足敷应用。遂选择参宿中之大红星，名参四者，为观测之目标。因此星比较易测，前美天文家罗赛尔测得其角径为〇·〇三一秒，英天文家爱亭敦测得其角径为〇·〇五一秒，又在英国皇家学会演讲，谓测恒星之大小，为今日天学最重要事。威尔逊山天文台有精良仪器，正在详密测验，所得结果，当益准确。一九二〇年，披斯经数次之密测，得其中数为〇·〇四七秒，适在罗、爱二氏之间，犹一时径之小球，在七十哩之距离。既知参四之角径，当求其距离，然后可得直径。海来爰据各家所测视差，核其中数为〇·〇二秒，由是求得直径为二一五〇〇〇〇〇〇哩，比太阳约大二百九十倍（太阳之径为八六五〇〇〇哩），若以此星置诸太阳之上，足以覆盖水星、金星、地球之轨道而将及火星。参四之径，如此之大，然由最大远镜中窥之，仍不过一点之光，其距离之远，亦可想见。据海来所定视差推之，则其光及地，须一百六十年，犹非恒星中之最远而最大者也。披斯复测得大角之直径为二一〇〇〇〇〇〇哩，比太阳约大三十倍，最后复测得心二之直径为四〇〇〇〇〇〇〇〇哩，比太阳约大四百八十倍，其光及地须三百五十年，是为已测见恒星之最大者，而犹非最远者也。

自参四之径测定后，恒星天学之范围益广，罗赛尔与汉止司泊伦推究恒星进化之理，以为恒星按分光型而分类者，有修改之必要，因创巨星、矮星二大类。巨星者体积庞大，矮星者体积较小。当星在幼年时代，为疏薄气体而其色红，所占空间甚大，是属巨星之类。因引力作用，逐渐缩小，而温度渐高，于是由红而黄而白，而终至青白，此时体积缩小，早入矮星之境。温度之高，已达限度，于是复逐渐变冷散热，由青白而黄而红，而终至深红，则此星已至晚年时代。故同一红星，有老少之分，巨矮之别，如此循环相生，中亘数千万年。至后亚当斯根据此理，用分光镜以测恒星之距离及实在之明度，凡二千余星，与罗、汉二氏学理相符，但二十呎干涉仪，所测之星尚不多，至白矮星则无法可测其径也。如有再大干涉仪，再大远镜，则各星庶几可逐一测验矣。

近世远镜日精，可见之星骤增无数，发见星云不下二百万，独球状星团自侯失勒父子以来，近百年中，并无显著之增益。屈来野新表所增亦极有限，故培兰谓球状星团在天空中，有一定限制，非无据也。近年夏伯兰测而入表者凡九十三团，墨瓦腊尼云中有球状星团凡十，未经列入，此皆见于屈氏新表，夏氏亦无所增加，惟屈氏有三十四星团，未曾认作球状耳。据夏氏所测最远之球状星团，为十八万五千光年，而星与星之距离，亦有五百光年之远，比太阳与最近之恒星，约大一百二十五倍。而寻常小远镜望之，细星团聚，尚不能分别也。天空之大，不可思议！然奎宿大星云犹在八十七万光年，其他旋涡星云，有远在百万光年以外者。又向外运动，日增其距离，究伊于何底，殊难预言，此爱亭敦所以创膨胀宇宙之说也。

研究球状星团中之变星，为近世天学之新发明，其历史不过三十年。自一八九一年，英天文家康孟，细测球状星团历年摄影，始觉梅氏第五星团中有数星变光之象。一八八九年毕堪林及一八九〇年派堪各不相谋，亦经测验此种变星，而未著于世，故此项变星天文学之发达，实全赖培兰之功。培兰于一九一三年在秘鲁天文台测见梅氏第三星团中有一百余变星，于是由各种远镜所摄之影，发明球状星团中之大多数变星，并测定其光度曲线及变光周期，创立近今最新天学之基础。近二十年来以夏伯兰为著名，经十二年之密测，在四十五球状星团中，共发见八百八十六变星，其一半已测定为造父类短周变星，周期皆小于一日。其他诸星之变光周期，未经详测，大半亦属短周变星。虽其间长周变星及无定变星，亦偶有发见，而交食变星则绝无所见，至十七等以下小星，恐尚有不少变星，因微小不能测，将来仪器再精，必有新发明。[2]

观测变星原为天学中重要事，其历史亦有二百年，至今日各国天文台莫不专设一科，摄影测验，不厌求详，犹恐力有未周，复由私人组织团体，联合观测，以补公家之不足。如美国变星观测会（A. V. S. O. A.），范围最大，各国皆有人加入，而中国独无。故一九二九年该会两秘书渥尔卡德与肯拜尔，邀予入会，并被推为永久会员，但予入会以来，毫无供献，殊形惭愧。当年寄来蓝印变星图六百五十幅，皆经历年各会员之实测及哈佛天文台之修正，故十分精密。肯拜尔又搜集近十年法、美两国实测之成果，至为详尽。曾载哈佛报告书第三六七号（一九三〇年），予细为校核，共得长周变星凡三百八十六，在赤道北者二百二十一星，约占全数百分之六十弱，在赤道南者一百六十五星，约占全数百分之四十强。又查披尼女士所著《高温明星》一书（*Sar of High Luminosity*, by C. H. Payne，一九三〇年），内载短周变星表凡一百七十二星，在赤道北者六十八星，约占全数百分之四十，在赤道南者一百有四星，约占全数百分之六十。可见短周变星南天多于北天，而长周变星北天多于南天，其百分比大略相同，恐非偶然巧合，但莫明其理，自有待于各专家之研究也。

研究太阳之专家，前有然孙、陆甲，继有福格尔、杨氏，今有亚巴德、海来，皆为近世之最著名者。而海来在威尔逊山天文台，建立高塔远镜，专备太阳分光之用。其构造之法，可谓独具匠心，亦二十世纪天文史中，重要之建设也。台高一百五十呎，以钢架支柱之，筑在威尔逊山之顶，远望之如救火会之警钟楼。台中设六十吋径大返光镜，台下有一巨管，直达地面，并无扶梯，亦无电梯，其升降借一如篮之器，较电梯为速，如乘飞机，感觉相同。地面之下，又有七十五呎深之地穴，装有螺旋扶梯，可以上下。穴内设有分光镜格子，系金属凹面，阔六吋，每吋之内，刻有细纹一万四千四百六十八，全面凡八万六千八百零八线，其功用犹普通分光镜之三棱玻璃。在地穴内仰望远镜中反映之太阳，如在天空，毫无区别。不过太阳之径，有十六吋阔，远镜与格子相距二百二十五呎，因深穴之内，气温无大变化，则此种精微之器，不致发生差异，是其优点。且观测之时，不必升至高塔之顶，亦不必深入地穴之底，即在平地之上装有分光镜，由极细空格中窥之可也。凡普通三棱镜中不能分之线，在此镜中有一吋余阔，极为显明，实今日太阳分光镜之最巨大而精良者矣。

二十世纪天算学理之最大发明，当为哀斯坦之相对论，创四元时空，变更牛顿万有引力之理，兹举有关于天文者择要论之。哀氏谓光线经过巨大物质，如太阳之类，不行直线而行双曲线，其曲折之度，应为一・七五秒，如用牛顿定律光行直线推算，将小一倍。但欲实验其说，必在全食之时，故一九一九年五月二十九日全食过非洲，毕、宿诸星之光，皆近太阳，为测验绝好机会。爱亭敦与窦维生于日食前后所摄诸星之影，比核推算，其数与哀氏预推相合，于是哀氏学说哄传世界。一九二二年，肯拜尔在澳洲观测全食，所得结果，亦与哀氏相合。嗣后每遇全食，无不试验，今已证明哀氏预推，极为准确。据牛顿定律行星绕日之轨道为椭圆，其长径之方向在天空恒不变。哀氏相对论谓行星之轨道为螺旋线而非椭圆，其长径之方向在空中旋转，由是推算水星之近日点，每百年移转四十三秒，与牛考慕所测相合。当时牛考慕但知平方反比例之公式有不合，而未明其理。太阳率领行星向其绝顶而行，诸行星绕日之道，自成螺旋之进展，哀氏推算与实测密合，又足证相对论之有据。哀氏又谓光阳分光景中诸线，向红色一端略有移动，其关系极为复杂，今尚无简明之试验。哀氏算理精深，为近代物理大家，生长德国，近年国社党执政，驱逐犹太人，今寄居美国，任大学教授。其相对论之学说，哀氏及各天文家均在试验之中，尚不能以一二端之密合，即足以推翻牛顿之定律也。

二十世纪天文史中，又有一重要事，即冥王星之发见是也。自力佛理亚与亚但史推得海王后，七十年来尚未得环行一周，而各天文家相继测算，即知海王以外，尚有行星。一九〇五年，劳惠尔推算其位置，并与天文台诸人在摄影上详细检查，但未能如愿。一九一五年，正在其去世之上一年，发表其数年推算之结果，预定两处为新行星之所在，由是天文台诸家根据其预推之处，继续观测，未尝稍懈。至一九三〇年一月二十一日，果由汤姆拔在劳惠尔所预定之一处，发见此新行星，因名之曰冥王星，距日约五三二六三五〇〇〇〇公里，亦足以偿劳惠尔十年之苦心，惜乎其未及目证也。然则太阳系之范围，岂仅限于此乎？今毕堪林又推冥王之外，尚有行星，且不止一星，恐距日愈远，所得日光之返照愈微，远镜不能见，摄影不能及。今二百吋径之返光镜，已在磨琢之中，不久当可建立，则此后新行星之发见，亦意中事耳。

今天文学之范围，约言之，仅有三种星象：一恒星，太阳为其代表；二行星，地球为其代表；三卫星，太阴为其代表。广言之，可分三系：如太阳、太阴、行星、卫星、彗星、流星，集合而成太阳系。太阳系之外，有无数恒星，愈近银河愈密，在银河之中，细星密聚，中心厚而四周薄，如二碟相合而成银河系。银河系之外，复有百余球状星团及无数旋涡星云，集合而成星云系。故地球为太阳系之一分子，太阳系为银河系之一分子，银河系为星云系之一分子，由是而构成物质宇宙。天文学者，研究此宇宙间各种物质之科学也。观已往之历史，天文之学，不外测算，初借算数力学，以推究诸星之运动；继借物理、化学，以测验诸星之性质。研究之范围愈广，难解之问题益多，无论将来仪器如何精良，宇宙间无穷之秘，终未能尽揭也。故天文之学，随书契纪载以俱来，而未发之秘，亦随人类生存以长留，小史篇幅有限，而续之者正无穷也。

注释

［1］大返光镜建设详情，海来《新天》（Hale's *New Heavens*）论述最详，可参观也。当此镜在磨琢之时，霍堪与康奈基，无日不盼其速成。一九一一年康氏已七十六岁，霍氏亦七十五岁，四月中二老相会于绿杉矶，康氏忽语霍氏曰："我辈将不及观成矣！"讵意五月中霍氏即病卒，及此镜完成，而康氏亦已去世。不幸而言中，后人莫不为之惋惜。

［2］参观文鑫《星团星云实测录》。

附录　外国人名中西对照表

括弧内为各家生卒之年，其在纪元前者注以 B. C. 二字，其有不详生卒之年者，但注以著作之年；挂漏必多，还望读者参考西书为幸。

二　画①

力佛理亚　Leverier, Urbain Jean Joseph(1811—1877)

三　画

大朗培　D'Alembert, Jean－le－Rond (1717—1783)

四　画

尤笃克司　Eudoxus(409—349 B. C.)

牛顿　Newton, Sir Issac (1642—1727)

牛考慕　Newcomb, Simon (1835—1909)

牛敦　Newton, H. A. (1866)

太毕平高拉　Tabit ben Korra (836—901)

五　画

尼布甲尼撒　Nebuchadrezza

尼谷尔逊　Nicholson S. B. (1891—)

司内尔　Snell, Willebrord (1591—1626)

司密司　Smyth, C. P.

司蒂芬　Stéphan(1930)

必亚齐　Piazzi, Guiseppe (1746—1826)

失瓦白　Schwabe, Heinrich (1789—1875)

左斯甘　Tuscan, Grand Duke of

卡纽　Cornu

卡洛斯　Carlos

卡林尼　Carlini, F.

① 编者注：底本笔画根据音译人名繁体第一字笔画排序。今同底本。

本特　Bond, George Phillips (1825—1865)

白拉勒　Bradley, James (1693—1762)

白赛尔　Bessel, Friedrich Wilhelm (1784—1846)

白力斯　Bliss, Nathaniel (1700—1764)

白拉恩　Braun, P.

白朗　Brown, E. W. (1920)

立奇　Rigge, W. F. (1925)

六　画

多禄某　Ptolemy, Claudius (140 A. D.)

西拿立基①　Sennacherib (705—680 B. C.)

西翁　Theon (365)

弗拉开斯脱　Fracaster, Jerome (1483—1543)

弗劳恩霍拂　Fraunhofer, Joseph (1787—1826)

那梭伊亭　Nassir Eddin (1201—1273)

伊哈平呼宁　Ishak ben Honien (900)

伊品行拿　Ibn Yunos (1000)

成吉思汗　Genghis Khan

米伦区松　Melanchthon (1600)

米洛德　Melotte

比乙拉　Biela, W. (1782—1856)

七　画

希罗多德　Herodotus (400 B. C.)

希司他　Hicetas (500 B. C.)

希拉克力托　Heraclitus (395 B. C.)

希爱纳　Scheiner, Christopher (1575—1650)

希维利　Hevelius, Johannes (1611—1687)

希翁纳　Schoner (1514)

希洪番尔　Schönfeld, Eduard (1828—1891)

刻白尔　Kepler, John (1571—1630)

阿色办尼泊　Assurbanipal (668—626 B. C.)

阿几密迪　Archimedes (300 B. C.)

阿泊洛尼　Apollonius (300 B. C.)

阿尔白士　Olbers, Heinrich (1758—1840)

阿几兰特　Argelander, Friedrich W. A. (1799—1875)

克来洛　Clairaut, Alexis Claude (1713—)

克考父　Kirchhoff, Gustav Robert (1824—1887)

利玛窦　Ricci, P. Mathieu (？—1610)

利满　Reymers, Bar or Ursus (1600)

利谷力　Riccioli, John Baptist (1588—1671)

利泊希　Lippershey, Jan (1560—1619)

利奇蒙太那　Regiomontanus, John

① 编者注：前文作西拿基立。

Muller(1436—1476)

利的堪　Rheticus, George Joachim (1614—)

利克　Lick, James(1888)

却利司　Challis(1846)

沙怕勒利　Schiaparelli, Giovanni Virginio(1835—1910)

但白勒　Temple(1850)

杜特　Tuttle

亨森　Hausen, Peter Andreas(1795—1874)

亨该　Hencke, Karl Ludwig(1793—1866)

八　画

泥阿卡斯　Nearchus(300 B. C.)

佛兰斯德　Flamsteed, John(1646—1719)

佛内尔　Fernell, John(1497—1558)

呼宁平伊哈　Honein ben Ishak

呼拉格汗　Hulagu Khan

松米　Thome(1880)

法必修　Fabricus, John(1587—1615)

欣特　Hind(1860)

泊拔克　Purbach, George(1423—1461)

泊利司登　Preston, E. D.

泊拉克托　Proctor, R. A.(1837—1888)

屈来野　Dreyer, J. L. E.(1852—1926)

波德　Bode, J. E.(1747—1826)

迦力马谷　Callimachus(250 B. C.)

迦力波　Callippus(400 B. C.)

迦利略　Galileo Galilei(1564—1642)

花尔　Hall, Asaph(1829—1907)

依巴谷　Hipparchus(170—100 B. C.)

奇斯　Giese(1600)

奇尔　Gill(1883)

拉该尔　Lacaille, Nicholas Louis de (1713—1762)

拉格朗越　Lagrange, Joseph Louis (1736—)

拉斯尔　Lassell, William(1799—1880)

拉白切希　Leibniz(1680)

拉拍拉斯　Laplace, Pierre Simon (1749—1827)

拉爱得　Wright, Thomas(1711—1786)

披斯　Pease, F. G.(1881—)

披尼　Payne, C. H.(1930)

肯拜尔　Campbell, Leon(1881—)

肯拜尔　Campbell, W. W.(1862—)

九　画

柏拉图　Plato(428—347 B. C.)

柏林尼　Pliny(27—79)

柏锡图尼　Posidonius(135—51 B. C.)

恒特孙　Henderson, Thomas(1798—1844)

哀斯坦　Einstein, A.(1879—)

哈雷　Halley, Edmund(1656—)

哈漠拉比　Khammurabi

哈罗克斯　Horrox, Jeremiah(1619—

1641）

哈辽德 Harriot, Thomas（1560—1621）

段文西 de Vinci, Lionardo（1452—1519）

威廉第四 William Ⅳ, Landgrave

胡德瓦 Woodward

胡而弗 Wolf, Rudolf（1816—1893）

便孙伯 Benzenberg（1777—1846）

勃兰特 Brandes（1789）

十 画

亚尔孟梭 Al Mansur（754—775）

亚尔拉西 Al Rasid Harun（765—809）

亚尔迈蒙 Al Mamon（815）

亚尔拜帖尼 Albateginus（850—929）

亚尔沙非 Alsufi（903—986）

亚尔哈成 Alhazen（1038）

亚而封所 Alfonso Ⅹ of Leon（1223—1284）

亚柴却 Arzachal of Toledo（1080）

亚历山大帝 Alexander the Great

亚理斯底亚 Aristiea（600 B. C.）

亚力士多德 Aristotle（384—322 B. C.）

亚里大各 Aristarchus（280 B. C.）

亚力斯的罗 Aristyllus（300 B. C.）

亚白华发 Abul Wafa（940—998）

亚拉谷 Arago（1800）

亚哀勒 Euler, Leonhard（1707—）

亚但史 Admas, John Cauch（1819—1892）

亚尔培 Albert of Prussia（1551）

亚当斯 Admas, W. S.（1876—）

亚巴德 Abbot, C. G.（1872—）

哥白尼 Copernicus, N.（1473—1543）

哥仑布 Columbus, C.（1450—1506）

侯失勒威廉 Herschel, Sir William（1738—1822）

侯失勒迦罗林 Herschel, Caroline（1750—1848）

侯失勒约翰 Herschel, Sir John（1792—1871）

侯失勒 Herschel, A. S.

侯失勒 Herschel, J.

格勒哥里 Gregory ⅩⅢ（1502—1582）

格里古来 Gregory, James（1638—1675）

海毕梯 Hypatia（415）

海更士 Huyghens, Christiaan（1629—1695）

海因湛 Hainzel（1565）

海尔 Heyl, P. R.

海来 Hale, George Ellery（1868—）

特拉泊 Draper, Henry（1832—1882）

部额 Bouguer, P.（1698—1758）

班野 Bayer, John（1572—1625）

纳氏 Napier（1614）

泰理士 Thales（640—546 B. C.）

毗罗苏 Berossus（650 B. C.）

都恩爱孟帝 King Tut-ankh-Amen

拿胡特　Norwood, Richard (1590—1675)

拿尼斯　Nonius, Peter (1492—1577)

乌尔彭　Urban Ⅷ (1612)

乌罗培　Ulugh Begh (1394—1449)

夏伯兰　Shapley, Harlow

陆甲　Lockyer, J. N. (1836—1920)

十 一 画

培根　Bacon, Roger (1214—1294)

培兰　Baily, S. I. (1854—1930)

荷泊飞尔　Hopfield, J. J. (1930)

毕考特　Picard　Jean (1620—1682)

毕堪林　Pickering　W. H. (1858—)

毕堪林　Pickering, E. C. (1846—1919)

麦司克林　Maskelyne, Nevil (1722—1811)

望觉来　Von Jolly (1930)

密结尔逊　Michelson, A. A. (1852—1930)

密结尔　Mitchell, S. A. (1874—)

康奈基　Carnegie (1911)

康德　Kant, I. (1724—1804)

汤姆拔　Tombaugh (1930)

十 二 画

提细亚斯　Ctesias (400 B. C.)

第谷　Tycho Brahe (1546—1601)

斐洛拉　Philolaus (500 B. C.)

斐尔台福　Philadephos Ptolemy

华尔善　Walther, Bernard (1430—1504)

华勤丁　Wargentin, P. V. (1717—1783)

华拉司敦　Wallaston, W. H. (1766—1828)

劳林生　Rawlinson, H. C.

劳惠尔　Lowell, Percival (1855—1916)

渥欣德　Osiander (1600)

渥力佛　Olivier, Chas. P. (1924)

渥尔卡德　Olcott, William Tyler (1930)

贾令敦　Carrington, R. C. (1826—1875)

奥古斯督　Augustus (10 B. C.)

奥泊尔子　Oppolzer, Th. von (1811—1886)

黑京　Huggins, William (1824—1910)

达尔文　Darwin, George Howard (1845—1912)

费佐　Fizeau, Hippolyte (1819—1896)

然孙　Janssen, Pierre J. C. (1824—1907)

琴齐　Ginzel

勒墨尔　Roemer, Olaus (1644—1710)

番段力克　Fredrich Ⅱ

蒂马克力　Timocharis (300 B. C.)

葛西尼　Cassini, G. D. (1625—1712)

凯来　Keeler, James Edward (1857—

1900）

喀芬的希　Cavendish, Henry（1731—1810）

斯德路佛　Struve, F. G. W.（1793—1864）

十 三 画

爱拜因　Apain, Peter（1495—1552）

爱拉托逊　Eratoshenes（275—194 B. C.）

爱芬托　Ecphantus（500 B. C.）

爱兰　Airy, G. B.（1801—1892）

爱亭敦　Eddington, A. S.（1882—）

杨氏　Young, C. A.（1834—1908）

路德　Luther（600）

福格尔　Vogel, H. C.（1842—1907）

强特来　Chandler, Seth Carlo（1846—1913）

该撒儒略　Julius Caesar（45 B. C.）

十 四 画

蒲文　Bowen, I. S.（1898—）

榜特　Pound, James（？—1724）

嘉勒　Galle, J. G.（1812—1910）

邓宁　Denning, W. F.（1910）

邓肯　Duncan, J. C.（1930）

普格逊　Pogson, Norman R.（1829—1891）

赖因化　Reinhold, Enasmus（1511—1553）

十 五 画

撒克罗巴斯谷　Sacrobosco, John Halifax（1250）

汉巴德　Humboldt, Alexander von（1769—1859）

汉止司泊伦　Hertzsprung, E.

十 六 画

迈野　Mayer, Tobias（1723—1762）

扑因丁　Boynting

盘那特　Barnard, E. E.（1857—1923）

盘纪尔　Burgi, Joost（1552—1632）

盘诺利强姆司　Bernouilli, James（1654—1705）

盘诺利约翰　Bernouilli, John

盘诺利台尼尔　Bernouilli, Daniel（1700—1782）

霍克　Hooke, Robert（1635—1703）

霍堪　Hooker, John D.（？—1911）

赛起　Secchi, Angelo（1818—1878）

薛勿内　Chauvenet, William（1880）

十 七 画

萨尔恭一世　Sargon Ⅰ

萨尔恭二世　Sargon Ⅱ

薄哀司　Boys, C. V.

锁西日尼　Socigenes（45 B. C.）

十 九 画

罗斯孟　Rothmann, Christain

罗斯　Earl of Rosse（1800—1867）

罗赛士　Russell, H. N.（877—）

窦维生　Davidson, J.（1919）

外国地名中西对照表

四　画①

巴比伦　Babylon

巴拉哈　Prague

丹麦　Danmark

牛津　Oxford

文司德　Wansted

巴黎　Paris

五　画

幼发拉的　Euphrates

尼开　Nicaea

白洛那　Bologna

卡赛　Cassel

弗拉恩堡　Fraunberg

弗伦福德　Frankfort

弗洛伦司　Florence

令墅　Linz

古丁更　Göttingen

司底培里　Steen Bille

六　画

托来图　Toledo

米拉迦　Meraga

那波利　Naples

西西利　Sicily

夸本海更　Copenhagen

七　画

阿拉伯　Arab

阿卡　Akkad

努伦堡　Nurnberg

君士坦丁　Constantinpole

克尼图　Cnidus

拍图亚　Pudua

佛拉拉　Ferrara

利琴司堡　Regensburg

亨密尔敦　Hanmillton

八　画

底格里斯　Tigris

① 编者注：底本笔画根据音译地名繁体第一字笔画排序。今同底本。

拜帖尼 Bateginia

拔赛里 Basle

来布悉 Leipzig

波斯 Persia

波兰 Poland

波希米 Bohemia

九 画

科尔图巴 Cordova

威尼司 Venice

威尔逊山 Mt. Wilson

十 画

埃及 Egypt

亚述 Assyria

亚摩利 Amorite

亚柴山 Arthor's Seat

亚力山大里亚 Alexandria

索伦 Thorn

纽司曲洛 Knudstrug

纽约 New York

格林威基 Greenwich

都灵 Turin

哥宁堡 Gonigsberg

斯罗 Slough

十 一 画

开义罗 Cairo

雪尼 Cyene

雪伦尼 Cyrene

毕散那 Bithynia

十 二 画

黑文岛 Hveen

黑森 Hessen

奥古斯堡 Augusberg

十 三 画

塞维勒 Seville

报达 Bagdad

爱亭盘 Edinburgh

圣海伦那 St. Halena

十 四 画

维也纳 Vienna

碧沙 Pasi

十 五 画

绿杉矶 Los Angeles

汉诺威 Hanover

摩洛哥 Morocco

撒马尔罕 Samarcand

十 六 画

赛麻司 Samos

十 七 画

龙潭岛 Rhodes

二 十 画

苏格兰 Scotland

天文考古录

叶序

近时论者每谓国人乏科学思想，夫天文为最古之科学。唐虞之际，定四时、齐七政，盖已洞知纲要。周秦以降，迄于元明，制历者七八十家，观测积累而日精，立法推求而益密，以与西方《九执》《万年》各历相较，未见其绌也。所惜者占验之说，乱以禨祥，空疏之士，侈谈理气，晚近以来，天文一科，浸成绝业。而欧洲自第谷、刻白尔、牛顿以后，其诣日昌，理化生物之学，相随兴起。反观我国，乃似无科学可言者。夫岂炎黄世胄，诚有短于此哉？清季道咸以还，学术棣通，移译所及，则有《谈天》等书，而专治天文者甚罕。朱丈贡三，笃嗜斯学，负笈美洲，曾入彼国观象台有年。归国后，以疏通经史天文历法为己任。二十年来，天算各著之行于世者多种，皆为专家所推崇。比又出所著《天文考古录》一卷，于中西新旧载籍，融会贯通，一一得其要领，诚足以发扬国光、昭示后进。明邢云路尝撰《古今律历考》七十二卷，梅文鼎谓其未明古历源流得失，梅氏拟自撰《历法通考》，有目无书。吾吴李尚之《司天通志》，仅成《四分》《三统》《乾象》《奉元》《占天》五术注。余如许伯政之《全史日至源流》，汪曰桢之《古今推步诸术考》，则又止及一端。今贡丈能于历代史志，提纲挈领，择其要而证明之，使承学之士，得晓然于我国天文历法进化之次第。其有助于近世天学者，良非浅鲜，实为不朽盛业！而国人缺乏科学思想之讥，亦可因而稍息矣。因敬书于端。

民国二十年春分前一日叶楚伧敬序于省府暂可亭畔

胡　序

宇宙洪荒高远、至大无垠，数万万巨大星球，望之如微光点点。经天文家之测验，远近始分。日距地一万五千万公里仅谓一天文单位，若海王星三十倍之，新发见之第九行星名冥王者，四十倍之，仍不出太阳系之范围，至最近之恒星，将二十七万倍之，光行及地，约须四年，不亦远乎？然天河最远处，犹在五万光年，而墨瓦腊尼云倍之，球形星团四倍之，螺旋星云且二十倍之，已及百万光年。但相对论则谓宇宙之大，在一千万万光年，其远更不可思议。与阳城测景，千里而差一寸者，其远近又何如耶？可知宇宙之界限，随天学之进步而发展。空间与时间，有密切之关系，于是天文史尚矣。夫科学之古，莫古于天文，而文化之古，莫古于中国。观中国文化之起源，莫不与天文相表里，于是中国天文史尚矣。吾友朱子贡三，研精天算，撰著测候，昕夕不倦，二十年如一日。今出其平日心得之作，汇为一编，名曰《天文考古录》。以中国天文史详于十六世纪以前，西洋天文史详于十六世纪以后，谓中国发达早而故步自封，西洋进化迟而后来居上，予不能不重有感焉。考中国星象历数之学，散见于经史子集者，浩如烟海，而群经疏传，诸史考异，复汗牛充栋，治丝益棼。自郑渔仲《天文略》，马端临《象纬考》，搜集史志，始具条理。清秦蕙田、盛百二、邹伯奇诸家，考古有作，皆采入《学海堂经解》，足资参稽。顾叙述多而论断少，犹未能悉得经史之义例，天学之精微。观古人日斑之测验，日食之推算，彗孛流陨之纪载，远非西史所能望其项背。贡三探本穷源，钩深致远，前人未发之秘，使灿然大著于世。至西洋天学之所以突飞猛进者，全恃制器之精。凡目力所不能见者，借远镜以明之；远镜所不及者，借照相以摄之；照相所不得者，借分光镜以验之。宇宙虽大，众象毕现。贡三以西洋三百年来天文发达史，提纲挈领，附表于中国之后，体制谨严，而系统分明，益见我国古人观测之精，足为欧西近代天学之助，岂仅考古而已哉？

中华民国二十年三月弟胡朴安谨序

中西天文史年表

天文为最古之科学。上古穴居野处，宫室制度未兴，夜观星象，昼测日景，日出而作，日入而息，鸡鸣戒旦，星见而昏，天文之学，固随有史以俱来。中国星象历数，散见于经史者，浩如烟海，未能尽读。而群经疏传，诸史考异，复汗牛充栋，治丝益棼。欲寻绎系统，如满屋散钱，贯串为难。西洋天学，早有专史，而种类繁夥，言文各异，钩稽亦非易易。考中国天学发达早而故步自封，西国天学进化迟而飞皇腾达。观我古人日食之推算，日斑之测验，彗孛流陨之纪载，远非西史所能望其项背。至西国天学之所以突飞猛进者，全恃制器之精。凡目力所不能见者，借远镜以明之；远镜所不及者，借照相以摄之；照相所不得者，借分光镜以验之。宇宙虽大，众象毕现。故中国天文史详于十六世纪以前，而西洋天文史详于十六世纪以后。

今取断代之义，仿年表之体，以中国天文史起于春秋，而以十六世纪为西洋天文史之开始，首列时期与历家、天文家，次载天文历法之学说及发明，后述所用仪器，末附概论。删繁就简，各节自成系统。或可见中西天文史之大概。

（一）中国之部

《晋书·天文志》曰："古之言天者三家：一曰浑天，二曰宣夜，三曰周髀。宣夜绝无师傅，周髀多所违失，惟浑天近得其情。”考宣夜之书曰：“天了无质，仰而瞻之，高远无极，眼瞀精绝，故苍苍然也。”周髀家之言曰：“天圆如张盖，地方如棋局。天旁转如推磨而左行，日月右行，随天左转。故日月实东行，而天牵之以西没。”浑天家之言曰：“天如鸡子，地如卵中黄，孤居于天内。天大而地小，半覆地上，半绕地下，故二十八宿半见半隐。”晋虞喜本宣夜而作《安天论》，谓天象常安。姚信本周髀而作《昕天论》，谓人形如天。虞耸本浑天而作《穹天论》，谓天如穹窿。三家之说，各有师承。自洛下闳、张衡创制仪象，以象浑天，蔡邕、王蕃、陆绩诸家，皆宗其说。于是后世言天者，莫不因之。

考中国天学，原分二派。一为天文家，如《周礼》之保章氏，观测恒星流彗之隐见，其言涉及占验。一为历家，如《周礼》之冯相氏，推步日月五星之行度，其法重在测算。故司马迁作《史记》，《历》与《天官》分为二书，历代因之，判若鸿沟。但以近世科学分类而论，古之历法，即天文学之应用。故观中国历法之变迁，即足以觇天学进化之次第。

古之测天，莫重于历。历法果何自昉乎。说者谓炎帝分八节，轩辕建五部，少皞以凤鸟司时，颛顼以南正司天，历法之源，其来远矣。然其事见史传，而其法莫可考，究未可尽信。孔子删《书》，断自唐虞。唐虞之际，尧命羲和，测天设官，舜察璇玑，观象有器，定四时，齐七政，似已洞知纲要。然代远年湮，亦未可据以为凭。洵乎《日知录》之言曰：“今天官家所传星名，皆起于甘、石。如：郎将、羽林，三代以下之官；左更、右更，三代以下之爵；王良、造父，三代以下之人；巴蜀、河间，三代以下之国。春秋时无此名也。”盖春秋战国之际，天文历法始见萌芽，而实测所得，亦皆信而有据。故日本新城新藏博士谓中国天文发达史重要之时期有三。

甲，春秋中期　文宣时代用土圭观测日影。

乙，战国中期　甘石二氏精测五星，复著《星经》，不久即创制历法。

丙，汉武帝时　元封七年即太初元年，始制定历法。

中国天文史约可分为五大时期。

(1) 自上古至春秋中叶（西元前二〇〇〇年至前六〇〇年），据辰以观象授时之时代。

(2) 春秋中叶至战国中叶（西元前六〇〇年至前三六〇年），历法准备时代。

(3) 战国中叶至汉太初元年（西元前三六〇年至前一〇四年），历法制定时代。

(4) 太初元年至明末（西元前一〇四年至西元一六二〇年），历法变更时代。

(5) 明末至清末（西元一六二〇年至西元一九一一年），引用西法时代。

今仿删史之例，以年表起于周秦，而断自春秋。但求其信而有据，雅不愿好高而骛远也。

年表

时代	历家	天文历法	仪器	概论
周秦 自春秋至秦 公元前七二二年至前二〇五年	梓慎 裨灶 史赵 卜偃 子韦 甘德 石申 吕不韦	鲁隐公三年二月己巳至哀公十四年五月庚申，凡日食之见于《春秋》者三十有七； 鲁文公十四年秋七月，有星孛入于北斗，威廉氏《中国彗星考》(William's *Chinese Comets*) 谓为哈雷彗最古之纪录； 鲁庄公七年四月辛卯夜中星陨如雨，毕渥德氏《中国流星考》(Boit's *Chinese Meteors*) 谓为天琴座流星雨最古之纪录； 鲁僖公十六年春，王正月戊申朔，陨石于宋五，陨石之能书其地、纪其数者自此始； 春秋分、至、启、闭，必书云物；	春秋之时，测天无器，所恃者惟一垂直之杆而已，《周礼》谓之土圭，当时即用以测正午日影之长短而定日南至	中国天文历法至春秋而始具条理，所书日食星孛，以及流陨诸端，皆足开后世实测之源。至春秋之末，始测定冬至在牛，立春在室，为六历创作之本。战国纷争，古历散佚，秦得《颛顼》，其法始传，但亦徒具模型而已

续表

时代	历家	天文历法	仪器	概论
		春秋战国间，测定冬至在牵牛初度，立春在营室五度； 《黄帝》《颛顼》《夏》《殷》《周》《鲁》六历即在其时创制； 以岁星所在之次为纪年之标准； 战国时，楚人甘德著《天文星占》八卷，魏人石申著《天文》八卷，后世谓之《甘石星经》，为世界最古之恒星录； 秦吕不韦用《颛顼历》断取近距，以乙卯为元，又著《吕氏春秋》测定十二月昏旦中星，为《小戴礼记·月令》所本		
两汉 公元前二〇四年至公元二一九年	张　苍 刘　安 邓　平 洛下闳 唐　都 司马迁 鲜于妄人 耿寿昌 刘　向 刘　歆 扬　雄 贾　逵 李　梵 编　欣 张　衡 刘　洪 蔡　邕	汉初，以张苍言用《颛顼历》，袭秦正朔，以十月为岁首； 刘安撰《淮南·天文训》，始具天文、历法、气候诸大端； 武帝元光元年六月，客星见于房，为世界第一客星； 太初元年，诏公孙卿、壶遂、司马迁议定汉历。招致唐都分天部，洛下闳运算转历，用邓平八十一律法作《太初历》，是年五月始定正朔，以正月建寅为岁首； 司马迁撰《历书》《天官书》，为后世史志之模范； 元凤三年，鲜于妄人及麻光等二十余人杂候日月晦朔弦望、二十四气，钩校诸历； 河平元年，始测见日中黑子； 孝成世刘向总六历作《五纪论》； 绥和二年刘歆沿袭《太初》作《三统历》，测定黄赤距纬及五星见复之期，与今测密近； 扬雄怀疑《三统》而作《太玄经》； 元和二年，李梵、编欣定《四分历》，有合朔弦望月食加时之法，并测定二十四气晷影； 顺帝时，始以甲子纪年，六十甲子谓青龙一周； 张衡作《灵宪》，中外之官常明者百有二十，可名者三百二十，为星二千五百，微星之数万有一千五百二十；	汉文帝后三年，立仪表以测日景长短； 元封七年即太初元年，立晷仪，下漏刻，以追二十八宿之位； 洛下闳为武帝于地下转运浑天，宣帝时，耿寿昌始铸铜为象。故扬雄说浑天谓洛下闳营之，鲜于妄人度之，耿中丞象之； 建平二年，改漏刻为百二十； 建武初，以九日增一刻，名常符漏品； 永元十四年，霍融改漏刻； 永元十五年，贾逵始造太史黄道铜仪，定黄道宿度； 阳嘉元年，张衡造地动仪，适陇西地震，即有验； 张衡作浑象，以漏水转之。璇玑所加，某星始出、某星方中、	两汉四百余年天学始具基础。《三统》创积年日法，为推步之本，历代因之。《乾象》始减岁余，后世改历皆参酌损益，不能出其范围。他若日斑、日食之观测，彗孛流陨之纪载，皆足为后世师表。仪象之制亦自汉始备，洛下闳创始之功，张平子运思之巧也

续表

时代	历家	天文历法	仪器	概论
		蔡邕撰《历数议》； 建安十一年，吴刘洪始减岁余，悟月行有迟疾，造《乾象历》为后世改历之法，皆参酌《乾象》，斗分、朔余，以求折中	某星今没，皆如合符	
魏晋 公元二二〇年至四一九年	王蕃 陆绩 韩翊 高堂隆 杨伟 刘智 杜预 虞喜 姜岌 孔挺 卜显 李修 王朔之 赵𢾺	三国时，蜀承东汉，用《四分历》，吴用《乾象历》，魏初亦用《四分》。故三国晦朔互有先后； 魏黄初元年，韩翊造《黄初历》，高堂隆造《太和历》，岁余皆比《乾象历》大，未果行； 景初元年，杨伟造《景初历》，始推日食亏起角； 晋武帝泰始元年，刘智造《泰始历》； 杜预著《春秋长历》，以古今十历验《春秋》日食，知《三统》最为疏阔； 虞喜发明岁差； 咸宁三年，李修、卜显造《乾度历》； 永和八年，王朔之造《通历》； 太元九年，后秦姜岌造《三纪历》，始有推求日食分数之法； 义熙八年，北凉赵𢾺造《元始历》	吴阚泽受《乾象法》于东莱，徐岳著《乾象历注》，庐江王蕃以洪术精妙，依其法而制仪象； 陆绩造浑象，形如鸟卵。咸和七年，魏丕造漏刻； 太元十年，参照永安宫铜漏刻置储宫漏刻； 义熙十四年，刘裕入咸阳，得南阳孔挺所造浑仪	三国时，天下扰攘，历法未见进步，晋一天下，沿袭《景初》，不数十年而五胡乱华①，遂成十六国割据之势。江左偏安，未闻创改，惟虞喜发明岁差，实开中国天文史之新纪元
南北朝 公元四二〇年至六一八年	钱乐之 何承天 祖冲之 祖暅 李业兴 宋景业 甄鸾 马显 虞劆 崔光 信都芳 刘孝孙 董峻 郑元伟 张宾 刘焯	宋武帝元嘉二十年，何承天造《元嘉历》，以雨水为日躔之初，用室分而不用斗分，晤月食所冲以检日之所在； 大明七年，祖冲之造《大明历》，实测岁差以治历。其子暅测得极星距极一度有余； 北魏行《正光》《兴和》二历，皆李业兴所造； 北齐行宋景业《天保历》； 后周行甄鸾《天和历》、马显《大象历》； 余如梁虞劆《大同历》，魏公孙崇《景明历》、崔光《神龟历》、李业兴《九宫历》，北齐信都芳《灵宪历》、刘孝孙《武平历》、	宋元嘉十三年，钱乐之铸铜浑天仪，十七年，又作小浑天，以巫咸、甘、石三家星，用朱黑白三色以别之； 二十年，何承天造漏，法春秋分昏旦昼夜漏各五十五刻； 梁天监六年，始以百刻分配十二辰，大同十年，改为百有八刻； 祖暅造铜表于嵩	南北朝制历者多家，行用者凡九。南朝以何承天为宗，北朝以祖冲之为法，两家承虞喜之后，实测岁差，以治历，天学渐见进步。惟虞喜以五十年差一度，承天以百年差一度，刘焯谓其过犹不及，乃折中而定七十五年，

① 编者注：旧时指北方少数民族内迁，今不使用。

续表

时代	历家	天文历法	仪器	概论
	晁　崇 斛　兰 袁　充 耿　询 宇文恺 张胄元	董峻、郑元伟《甲寅元历》俱未行用； 陈氏无历，惟用宋之《大明》； 隋开皇四年，张宾依元嘉法微加增损，造《开皇历》； 仁寿四年，刘焯造《皇极历》，有日食起讫、分多少诸法； 大业四年，张胄元依大明法造《大业历》，始用定朔； 大业间，令诸郡测影，虽未及果行，已开后世实测之法	山，表高八尺，表下有圭，圭上为沟置水，以取 平正，测验日晷； 梁末，秘书府造木浑天仪，陈天嘉间，朱史复古漏百刻制； 北魏天兴元年，晁崇制浑仪考天象； 永兴四年，斛兰造铁仪； 隋作《盖天图》，绘星坐、黄赤道及二十八宿度分； 开皇十四年，袁充上晷影漏刻； 大业初，耿询、宇文恺作古欹器，以漏水注之； 隋创钟车、鼓车、漏车，以报时刻。又设漏刻生以时唱漏	与实测渐近而犹未密合
唐 公元六一九年至九〇六年	傅仁均 崔善为 祖孝孙 曹士芳 李淳风 瞿昙悉达 一　行 梁令瓒 南宫说 郭献之 徐承嗣 徐　昂 边　冈	唐武德二年，傅仁均去平朔而用定朔，造《戊寅元历》，阅一年而月食不验，乃由崔善为、祖孝孙等考定之； 显庆五年，曹士芳造《符天历》，不用历元，已开《授时》之先，惟只行民间，谓之小历； 麟德二年，李淳风造《麟德历》，以考日为本，又撰《晋书》《隋书》二书《天文志》《律历志》； 开元间，瞿昙悉达撰《开元占经》，译天竺《九执历》，行一二年疏阔即罢； 开元十二年，测各地晷影以校其差，而定各地纬度，南至交州，北及铁勒，中为浚仪之岳台； 僧一行始测见恒星之移动，已开西法之先；	唐有漏刻职掌之制，麟德二年，李淳风制木浑天□以测黄道； 仪凤四年，姚元依古法立八尺表于阳城测景台； 开元十一年，僧一行、梁令瓒造黄道铜浑仪等器； 南宫说择河南平地设水准绳墨植表； 十三年，为《覆矩图》，南自丹穴，北极幽都，每极移一度辄累其差，可以	唐二百九十余年，制历者十五家，行用者凡七。《大衍》最为精密，开元以后诸历不能出其范围，而一行立法必假托易蓍，适见其历数来源徒托空虚，盖凭诸实测而不知其故，数有密合而法无根据。《大衍》世称名历，犹未脱此习。惟唐时各地测影已立里差之

续表

时代	历家	天文历法	仪器	概论
		开元十六年，用一行所造《大衍历》定各地交食之不同，有初亏、食甚、复圆推算法，为诸历之冠； 宝应元年，郭献之造《五纪历》； 贞元元年，徐承嗣造《正元历》； 长庆二年，徐昂造《宣明历》； 景福二年，边冈造《崇元历》； 以上四历皆因《大衍法》，于晷漏交会稍有增损，惟《宣明》始晤日食有气刻时三差； 其他如瞿昙罗《光宅历》、南宫说《神龙历》、王勃《大唐千岁历》、吴伯善《七曜历》、韩颖《至德历》、徐昂《观象历》等，皆未行	稽日食之多少，定昼夜之长短； 梁令瓒造水运浑天，上具列宿，注水激输，每昼夜自转一周半，入木匮以准地平，另立二木人每刻击鼓、每辰击钟，机械即藏匮内，其制甚巧	法，恒星移动已得岁差之实，足证天学之进步矣
五代 公元九〇七年至九六〇年	马重绩 王处讷 王　朴	五代初，用唐《崇元历》，晋高祖天福元年，马重绩造《调元历》，用曹士蒍法，去上古虚立之元，而以唐天宝乙未为元，行之五年辄差，复用《崇元》； 周广顺二年王处讷撰《明元历》，藏之于家； 周显德二年，王朴造《钦天历》，分步日、步月、步五星、步发敛四术，刘羲叟谓其自成一家言，但行之仅及四年； 当时民间有《万分历》，蜀有《永昌》《正象》二历，南唐有《齐政历》，未详何人所造，其法亦莫可考； 五代享国日浅，表见无多	五代纷乱，旧器散佚； 晋天福三年，造悬壶，爨之以火，地虽寒冱，亦可施用； 周显德三年，树圭置箭，测岳台晷漏	五代历法或藏于私家，或行于民间，或止用于他国，其法不可考。惟《调元》不用上元，《钦天》自成一家，为五代之善历，而行之仅四五年
宋（附辽金） 公元九六一年至一二六三年	张思训 吴昭素 徐　莹 董昭吉 王　睿 昭　宴 史　序 韩显符 张　奎 宋行古 周　琮 於　渊	辽起于梁而终于宋，至西辽为元所灭，前后三百余年，初用何承天之《元嘉历》，后用祖冲之之《大明历》； 宋建隆二年，诏王处讷别造新历，赐名应天； 太平兴国六年，吴昭素、徐莹、董昭吉各献新历，昭素最善，遂用之，号为乾元； 至道元年，昭晏上言王睿所造历，以十八事按验所得者六，所失者十二，太宗谓晏历术功深，	宋建隆二年，王处讷以漏刻无准，重定水称及候中星、分五鼓时刻； 太平兴国四年，巴人张思训依开元遗法创浑仪，以水银代水，冬无凝冻、迟涩之弊； 大中祥符三年，	至宋而历分两途，有儒家之历，有历家之历。儒者侈谈玄理，术士泥拘成数，愈争而愈密，愈密而愈差。自开国至靖康丙午一百六十余年，历凡九改，自南渡至

续表

时代	历家	天文历法	仪器	概论
	舒易简 刘羲叟 孙思恭 沈　括 卫　朴 耶律俨 苏　颂 韩公廉 皇居卿 姚舜辅 王　黼 杨　级 陈得一 刘孝荣 赵知微 耶律履 石　万 杨忠辅 鲍浣之 李德卿 谭　玉 陈　鼎	令兼知历算； 咸平四年，史序造《仪天历》； 祥符初，韩显符定二十四气、日出没及昼夜时刻； 天圣元年，张奎、宋行古等造《崇天历》； 治平二年，周琮、舒易简等造《明天历》，说明立法之源流，详论古历之得失，晤日月会合为朔，以刘洪、姜岌以来八家名历比较其日行盈缩之差、月行迟疾之数，孙思恭等考定是非，认为密合； 刘羲叟作《长历》，自汉高元年以讫五代，为后世所本，又撰《唐书·历志》及《五代·司天考》，欧阳修以羲叟历法为宋代第一。熙宁七年，卫朴、沈括造《奉元历》，朴自称缺乏候簿，未能满意； 元丰元年十二月，诏司天监考辽及高丽、日本诸历与《奉元》异同； 耶律俨撰《辽宋朔闰异同考》以续羲叟《长历》，载《辽史·历象志》； 元祐七年，皇居卿造《观天历》； 崇宁二年，姚舜辅造《占天历》，行三年改《纪元历》； 靖康二年，金天会五年，杨级得《纪元历》而增损之，名曰《大明历》，行于金者五十三年； 靖康之变，历官离散，《纪元历》亡。高宗南渡，绍兴二年，重购得之； 绍兴五年，日官言正月朔旦日食九分半，亏在辰正，布衣陈得一言，当食八分半，亏在巳初，及期，果验，遂令造新历，赐名统元，行之多年，有司不善用之，乃暗用纪元法推步，而以统元为名； 乾道二年，刘孝荣窃五代民间《万分小历》而造《乾道历》。淳熙三年，改造《淳熙历》，绍熙二年，又改《会元历》，皆未	韩显符依淳风、一行法造铜候仪； 天圣八年，燕肃上莲花漏。皇祐初，舒易简、於渊、周琮等参用淳风、令瓒之制，改铸黄道浑仪，复改造圭表，测候甚密； 熙宁七年，沈括上浑仪、浮漏、景表三仪； 元祐四年，苏颂、韩公廉为台三层，上设浑仪，中设浑象，下设司辰，贯以一机，激水转输，不假人力。时至刻临，则司辰出告，星辰躔度，不差晷刻，昼夜晦明，皆可推见。颂所著《新仪象法要》三卷图绘极精； 宣和六年七月，设玑衡所，王黼造玑衡小样，时人称为精审； 靖康变起，未及迁运，测候之器，尽被金人辇致于燕，因汴燕相去一千余里，望筒中取极星，须下四度方得窥见； 南渡后，太史局文籍散逸，仪象不备。绍兴三年始造浑仪木样。丁师仁言东都旧仪四座，一至道仪在刻漏所，一	德祐丙子一百五十年，历又九改，大率行一二十年而遽变，嗣世缵绪必更历纪，较诸唐代尤为频数。当时太史有局、司天有监，日食无不在朔，制器渐见精密。熙宁沈括之议，元祐苏颂之台，其详密精审，实足以超越前人，为有宋一代之精华； 辽得中原之历三百余年，仅两易其法，金取宋历稍事增损，一百二十余年，亦两易其法，犹未失中国之正朔

续表

时代	历家	天文历法	仪器	概论
		见所长； 金大定二十年，赵知微重修《大明历》，终金之世，行百有一年。同时，耶律履造《乙未历》，因不如知微，密而未行； 淳熙十四年，石万窃唐末崇元法而为《五星再聚历》； 庆元五年，杨忠辅造《统天历》； 嘉泰二年五月朔，日食，太史以为午正，草泽赵大猷言，午初三刻半日食三分，验之，午初一刻起，未初刻复，如大猷言。《统元历》先天一辰有半； 开禧三年，鲍澣之造《开禧历》； 嘉泰淳祐间，以日食不验，历官屡降职，常召布衣草泽修治历法； 淳祐十年，李德卿造《淳祐历》； 宝祐元年，谭玉造《会天历》； 咸淳七年，行陈鼎《成天历》	皇祐仪在翰林天文局，一熙宁仪在太史天文局，一元祐仪在合台。每座约铜二万余斤，今若半之，当万余斤； 绍兴十三年，因严抑之请重创浑仪，苏颂之书尚在，而廷臣莫通其制度，朱熹家之浑仪访求不得，故水运之法已不复设，测候之功不绝如缕矣	
元 公元一二六四年至一三六八年	耶律楚材 扎马鲁丁 许衡 王恂 杨恭懿 郭守敬 李谦 邓元麟 毛鹏翼 刘巨渊 王素 岳弦 高敬	元初，沿用金《大明历》； 太祖十五年，耶律楚材上《西征庚午元历》而未果行； 世祖至元四年，西域扎马鲁丁进《万年历》，稍颁行之； 至元十三年，王恂、许衡、郭守敬、杨恭懿改治新历，与陈鼎、邓元麟、毛鹏翼、刘巨渊、王素、岳弦、高敬等参考累代历法，测候日、月、星辰消息运行之变，分别同异，酌取中数，以为历本； 至元十六年，测各地日月交食分数、时刻之不同，日月星辰去天高下之各异，节气之早晚，昼夜之长短。派监候官十四人分道而出，东至高丽，西极滇池，南逾朱崖，北尽铁勒，设测验之所凡二十七，自北纬十五度至六十五度； 郭守敬等昼夜测验，创立新法，参以古制，不用上元，但凭实测。推算极为精密，十七年历成，赐名授时，十八年颁行天下，终元之世，未曾改易； 至元二十年，李谦为《历议》，	元世祖至元三年五月，以黄金饰浑天仪，至元四年，扎马鲁丁造西域仪象； 至元十三年，郭守敬造仪器十三等：(一)简仪；(二)高表；(三)候极仪；(四)浑天仪；(五)玲珑仪；(六)仰仪；(七)立运仪；(八)证理仪；(九)景符；(十)窥几；(十一)日月食仪；(十二)星晷；(十三)定时仪。又作正方案、几表、悬正仪、座正仪凡四等，为四方行测者所用； 复作仰规覆矩图、异方浑盖图、日出入永短	元以前制历者殆八十余家，其间创作者仅十三家，而最著名者惟三家。《太初》以钟律，《大衍》以易象，《授时》以晷影。钟律出于假托，易象不免附会，惟《授时》去虚立之元，凭实测之数，破古来治历之习，开后世新法之源。测验之器，有二十二等，测验之所，有二十七处，天学之盛，于斯为极，至焚阴阳伪书，破世俗迷信，尤为卓

续表

时代	历家	天文历法	仪器	概论
		发明新历《顺天》，求合之征，考证前代，人为附会之失，郭历李议载《元史·历志》； 至元二十三年，禁阴阳伪书，灭世俗不经之说，以正天文	图凡五等，以上诸仪互相参考； 至元十六年，王恂上言建司天台于大都，仪象圭表皆以铜为之，又请于洛阳等五处分置仪表； 至元十九年，司徒阿你哥、工部尚书纳怀制饰铜轮仪表刻漏、大明殿灯漏，钟、鼓、钲、饶，运机自击，其制详《元史·天文志》； 至正十四年，顺帝自制宫漏，精巧绝伦	见远识
明 公元一三六九年至一六四四年	刘　基 张　佑 郑阿里 元　统 李德芳 周　濂 郑善夫 华　湘 童　轩 乐　頀 丘　浚 唐顺之 朱载堉 邢云路 张应侯 李应策 路士登 李之藻 徐光启 王锡阐 李天经 魏文魁	明太祖元年，刘基进《戊申大统历》，遂颁行之； 洪武元年，征元回回司天台官郑阿里等十一人至京议历法、占天象； 洪武三年，改司天监为钦天监，设天文、漏刻、大统、回回四科。洪武十五年，译《回回历》及天文诸书； 洪武十七年，元统修历，仍以大统为名，全袭《授时》法数，改至元辛巳之元而为洪武甲子，独去其百年消长之法。李德芳知其非，力争无效； 洪武三十一年，周濂、郑善夫以日食不验，请改历，不果； 嘉靖间，华湘、童轩、乐頀、丘浚等以历法渐差，宜修； 万历二十三年，朱载堉著《律历融通》，进《圣寿万年历》，留中不行，继又进《黄钟历》，亦不果行； 唐顺之论《大统》之疏阔； 邢云路议正历元，历官张应侯反斥其妄议； 李应策请定岁差，不果； 万历三十六年，路士登考立春正	明洪武元年，司天监进元所制水晶宫刻漏，中设二木人，能按时自击钟鼓； 洪武十七年，设观象台，于南京鸡鸣山造观星盘； 洪武二十四年，制浑天仪； 正统二年，令监官往南京，以木仿造浑仪，挈赴北京，按北极出地度，用铜铸之，置齐化门城上； 京师观象台高五丈许，其上有浑天仪、天体仪、简仪各一具，又玉衡一具，如尺而首尾皆曲，有二孔以窥中星。台下小室，有量天尺一具，室穴	明太祖延聘刘基造《戊申大统历》。洪武间，设钦天监，造观象台，招致天文之士赴京议历，元统主撰，仍以“大统”为名，全袭《授时》之法，而独去其百年消长之说，时人即知其非，于是建议改正者有俞正己、周濂、郑善夫诸人，专官修治者有童轩、乐頀、华湘诸人，著书考订者有朱载堉、邢云路诸人。志切持筹，事同筑室，议论虽多，成效莫见。至万

续表

时代	历家	天文历法	仪器	概论
		月节历； 万历初，意人利玛窦来中国著书立说，提倡西法，奔走南北，苦心孤诣。徐光启师事之，至称之为今之羲和。迨万历三十八年，始任台官，而不久即病卒于京； 万历四十一年，李之藻荐西人庞迪我、龙华民、熊拔三、阳玛诺等议修历法、译西洋天文诸书； 崇祯二年，徐光启督修历法，举李之藻、龙华民同襄其事。三年，征西人汤若望、罗雅谷供事历局，南极星座始测而入表； 崇祯六年，徐光启卒，李天经继之督修历法； 吴江王锡阐著《晓庵历法》，论金星过日，推算出入二限，为王氏所特创； 布衣魏文魁年老自负，力斥西法，但所撰《历测》《历元》二书，考验不合，又上书力辩，终遭驳斥。迨李天经主历局，曾令其入京测验，亦无所表见； 明季，中西诸家经四十余年之实测，成《新法历书》一百四十余卷，都禄亩、哥白尼、第谷等学说始入中国	其顶，以候正午日影，紫微殿旁有铜壶滴漏一器； 正统十一年，造晷影堂； 弘治十四年，改造观象台修仪器； 崇祯初，徐光启等造进各种仪器； 崇祯七年，汤若望、罗雅谷等造测仪六式：一曰象限悬仪，二曰平面悬仪，三曰象限立运仪，四曰象限座正仪，五曰象限大仪，六曰三直游仪。复有努仪、弧矢仪、纪限仪等器	历间，招致西儒，引用西法，累年积测，撰释新书，但国势已危，不及颁行，故终明之世，惟用《大统》一历而已

上表专述中国天文史。明以后引用西法，已非中国之旧，故不列入，但略述梗概，为此表之结论，聊明系统云尔。

案明末始用西法以治历，迨《新法历书》告成，已不及颁行。满清①入关，识新法之善，袭其成数，改名“时宪”。中历其貌，西法其实。虽唐有《九执》，元有《万年》，明有《回回》，亦会引用天竺、西域等历，但皆昙花一现，疏阔即罢。故西法之行于中国者，实自清初始定。康熙初，歙县布衣杨光先引为奇耻，上书力争，痛斥西法。迨任职台官，而测候不验，光先被戮，西法复兴，于是南怀仁等编《历象考成》及《灵台仪象志》，为治历之本、测天之基。以旧历之模型，纳西

① 编者注：今作清。

洋之法数。乾隆间修改《时宪》，以雍正癸卯为元，名曰癸卯元术。因牛顿改定第谷岁实，应用椭圆算法，而时宪所用，原系《新法历书》之译自第谷者，遂修改时宪，即用牛顿岁实。案刻白尔发明椭圆定律，牛顿创万有引力之定理，天学固始有基础。惟牛顿之岁实，实不如第谷之密。而有清一代，延用二百余年，竟未闻稍加改订者也。

康熙以来，专治天学者颇不乏人。其最著者，当推薛凤祚、梅文鼎、江永、邹伯奇诸家，相继述作，类能融贯古今、沟通中西，但皆宗第谷之学说，仍不出都禄亩之范围，故进步甚迟。咸丰九年（一八五九年），李善兰译《谈天》一书，中国始得见近代天文学之全豹。《谈天》系侯失勒约翰原著（John Herschel's *Outline of Astronomy*），当时西洋奉为圭臬。虽距今七十余年，仍不失为天学范本。然李氏《谈天》，几成绝响。其后译著，如《天文揭要》等书，皆未见详备。十九世纪正西洋天学猛进之时，而我国学子，方埋头于八股诗赋，为弋取功名之具，遂一落千丈，望尘莫及矣。

（二）西洋之部

西洋天文史，由观测方面而论，约可分为三大时期。

（1）肉眼天文学之时期　在远镜未明以前，观测天象，全恃目力。自希腊依巴谷至丹麦第谷约一千五百年（自汉武帝元光元年至明万历二十六年），所用仪器皆极简单。发明学说虽不多，而创始之功，自不可没。

（2）远镜天文学之时期　一六〇八年，荷兰眼镜铺幼子利潘骇，发明放大幻镜。意人茄兰利闻而改造之，用以测天。于是各国天文家应时而起。三百年来正天学猛进之时，远镜之构造，精益求精，天河双星、星团、星云之类，发见日多。至十九世纪末，已达全盛时代。

（3）分光天文学之时期　自弗劳恩霍拂引用分光镜以测验恒星，凡远镜之所不能窥测者，皆借分光镜以求之。恒星物理之性质，化学之成分，以及运动之向背，遂一一发明，为近世最新之物理天文学。二十世纪以来，进步尤见神速，而各家之致力于此者，犹方兴未艾。

若以天文学自身之历史而论，亦可分为三大时期。

（1）观测天文学或应用天文学之时期　古人观测天象，专推诸星之位置及相与之视动，全恃几何学为观测之基础，其功在希腊学者，相延一千四百年，莫能出其范围。

（2）引力天文学或论理天文学之时期　自刻白尔椭圆定律及牛顿万有引力应用于天学之后，诸星之运动，皆能精密测定。而天文学之进步，亦遂显著。

（3）物理天文学或自然天文学之时期　自茄兰利应用远镜以测天，凡古之所未明者，皆得目验。嗣后分光镜、测光镜等，各种测验之利器，逐一发明。于是诸星物理之性质，化学之成分，皆可实验得之，遂成近代天文学之大观。

综观西洋天文史，自十六世纪起，哥白尼发明行星绕日，刻白尔引用椭圆原理之后，天学始具基础。故取断代之义，以十六世纪为西洋天文史之开始。至十六世纪以前，巴比伦、埃及、希腊、阿拉伯学者对于天文，颇有供献。而天文家之最著名者，当推依巴谷与都禄亩二人。爰以此二人之略史，为年表之引言，聊具本末，而明系统云尔。

依巴谷（Hipparchus，180 B. C. —110 B. C. ）

依巴谷者，希腊著名哲学家也，为西洋天学界之鼻祖。住居地中海之龙潭岛（Island of Rhodes）。古时测岁之法，原有二种：一用日晷以测定分至；一测太阳偕恒星出没之期。依巴谷发见第一法所得一岁之长（太阳年）较第二法所得一岁之长（恒星年）约少二十分二十三秒。一若春分循黄道向西渐移，欲前进以迎太阳者然，是谓岁差。依巴谷又发见太阳之距地，在一年中，逐日不同；复因发见客星之后，作《恒星录》，凡一千有八十星，皆测定其位置；并创三角法，用经纬度以测地，实开后世天算之门径。

都禄亩（Claudius Ptolemy，A. D. 100—180）

都禄亩生于亚力山大，为十六世纪以前著名天文家。尝搜罗依巴谷及前人之著述，复以历年之实测及重要之发明，汇为总集十三卷。其原本 Μεγαλη Σύνταξις 已失传，今所传者为阿拉伯译本（*Almaget*），系八一三年亚尔迈蒙（Almamon）所译。都禄亩主要学说，谓地系球形，居宇宙之中心，日月星皆绕之而行，每一昼夜而一周，后人因名之曰都禄亩地心法。观测日月星之视行，此法易明，但解释行星之视行，即见复杂，故有岁轮、次轮、均轮之说。在哥白尼日心学说未证实以前，欧洲各国推步之家，莫不以都禄亩为宗。延用约一千四百年，莫能出其范围。都禄亩首创四十八星座，以恒星光度分为六等，重测依巴谷《恒星录》，凡一千有二十五星，其他天学上之发明亦不少。观都禄亩之《天文总集》（《新法历书》载有十三卷大纲），足以觇西洋古代天学之梗概。

年表

时期	天文家	学说及发明	仪器	概论
一五〇〇年	哥白尼(波兰) Copernicus (1473—1543) 第谷(丹麦) Tycho Brahe (1546—1601)	都禄亩学说延用一千四百年,未能出其范围。至哥白尼始创日心学说,以太阳为宇宙之中心,地球与五星皆绕之而行,实开天文史之新纪元。惟哥白尼行星轨道皆作正圆形,尚未能一洗旧习	测天之器甚简,所用者不过天体仪、三角仪、象限仪、纪限仪之类。一五〇四年,华尔善(Walther)创造计时钟以测天	十六世纪之天文学仍不出希腊学说之范围,全恃几何学以推算天体之运动
一五五〇年	茄兰利(意) Galeleo (1564—1642) 刻白尔(德) Kepler (1571—1630) 希爱纳(德) Scheiner (1575—1650)	第谷发见客星之后,勤于观测历年,测簿为刻白尔发明行星椭圆定律之根据,系哥白尼学说及牛顿定律之关键,承前启后,刻白尔之有功于天学良非浅鲜,而应用椭圆以测天亦自此始; 班野(Bayer)增设星座,又以希腊及罗马字母纪星,至今沿用	第谷创造天文台于尤伦堡(Urainburg),改良象限仪及纪限仪,于仪上悬一垂线能读得弧度之分数	
一六〇〇年	希维利(德) Heveliug (1611—1688)	一六一〇年,茄兰利以远镜发见木星之月及金星圆缺之象,证实哥白尼之日	一六〇八年,荷兰眼镜铺幼子利潘骇(J. Lippershey)发	自茄兰利、牛顿之后,天体之现象

续表

时期	天文家	学说及发明	仪器	概论
	哈罗克司(英) Horrox (1619—1641) 海更士(荷兰) Huyghens (1629—1695) 牛顿(英) Newton (1642—1727) 佛兰斯得(英) Flamsteed (1646—1719) 葛西尼(意) Cassini (1625—1721)	心学说,立测天之基础;希爱纳始测见日斑,其后色瓦白(Schwabe)、贾令敦(Carrington)、胡甫(Wolf)诸家测候益密,法必修(Fabricius)发明天囷十三(O Ceti)之变光,又与茄兰利测定日轮之自转;一六一四年,纳氏(Napier)创造对数以利测算;一六二九年,哈罗克司应用力学之理预推金星过日之时,至期测候,果验,故哈罗克司为观测金星过日之第一人	明放大镜,茄兰利闻而改造之,为测天之远镜;一六三九年,佛逆(Vernier)造分微尺;一六四〇年,盖司空尼(Gascoigne)造测微器;毕考特(Picard)以象限仪装置于远镜而推广其用途;希维利造一百五十英尺长之无筒远镜	及万有引力之理大明,十七世纪乃物理力学应用于天文之时代
一六五〇年	哈雷(英) Halley (1656—1741) 白尔兰(英) Bradley (1693—1762)	一六五六年,希维利测制《月面图》;一六五九年,海更士发明土星环之特性;葛西尼发见土星内外环间黑圈,因名葛西尼环;一六八九年,牛顿创万有引力定理,以广刻白尔之定律;佛兰斯得观测月之运动以助牛顿之推算,并创制近世《恒星录》。实测之星日增,字母不敷分配,乃引用数目以纪之;一六九〇年,罗满(Roemer)测候木星之月,因环行及交食之理,而推测光行速度	一六五六年,海更士创造天文钟摆及目镜混合玻璃;一六六三年,格里古来(Gregory)创返光镜,牛顿改造之;一六七二年,牛顿以三棱玻璃分析日光七色;一六九〇年,罗满发明经纬仪及赤道仪;一六七一年,法国创设天文台于巴黎,葛西尼为第一任台长;一六七六年,英国创设天文台于格林维基,佛兰斯得为第一任台官	
一七〇〇年	拉爱得(英) Wright (1711—1786) 更得(德) Kant (1724—1804) 侯失勒威廉(英) W.Herschel (1738—1822)	一七一二年,哈雷推算金星过日足以测日之视差,而定日距地之确数,惟自身不得见,因传其法于徒;又应用牛顿定律预推一六八二年彗星复见之期,此周期彗星之第一发明者,后人因名之曰哈雷彗;又发见恒星之自行,上考	一七二三年,海特兰(Hadley)、一七六八年夏得(Short)先后改良返光镜;一七三〇年,高佛兰(Godfrey)发明六分仪,以测太阳高度为航海要器	十八世纪为恒星学及论理天文学之时代

续表

时期	天文家	学说及发明	仪器	概论
	拉伯拉司(德) Laplace (1749—1827) 必亚齐(意) Piazzi (1746—1826) 波德(德) Bode (1747—1826) 梅西尔(法) Messier (1730—1817)	都禄亩《恒星录》,其中大角、五车二、天狼等星俱差而北;哈雷又首创《南天恒星录》;一七二八年,白尔兰发明光行差,一七四七年又发明地轴章动差,立恒星天学之基础		
一七五〇年	阿尔白士(德) Olbers (1758—1840) 古特力克(英) Goodricke (1764—1789) 白赛尔(德) Bessel (1784—1846) 弗劳恩霍拂(德) Fraunhofer (1787—1826) 侯失勒约翰(英) J.Herschel (1792—1871) 斯德路佛(俄) Struve (1793—1864) 亚几伦端(德) Argelander (1799—1875)	一七五〇年,拉爱得创宇宙开辟论,并研究天河之组织;一七六〇年,更得创行星原始论及星云假说;侯失勒威廉发明双星环行于公重心,证明牛顿定律足以应用于各星体,复发见太阳之自行,并测定太阳进行绝点之经纬度,又推广拉爱得天河理想而实测以定环行大体;一七八一年,侯失勒威廉又发见天王星,打破古来五星之限,天学遂大进步;拉伯拉司创星云学说以推究恒星之原始;一七八一年,梅西尔作《星团星云表》凡一百有三;波德创行星距离推算法,极为巧合,波德又创恒星光等推算法,与实测数密近	一七五八年,杜隆(Dollond)发明无晕远镜;一七八九年,侯失勒威廉自造返光镜,长四十英尺,镜面全径四十二英寸;一七九九年,奇南特(Guinand)改良玻片制造法;弗劳恩霍拂创造九·六英寸径之折光镜	
一八〇〇年	爱兰(英) Airy (1801—1892) 拉维安(英) Le Verrier (1811—1877) 赛起(意) Secchi (1818—1878) 亚但史(英)	一八〇一年一月一日,必亚齐发明第一小行星;一八〇二年三月二十八日,阿尔白士发见,第二小行星;嗣后小行星陆续发见,皆在土木两星轨道之间,与波德行星距离算法相合;阿尔白士又测定彗星之轨道,因名阿尔白士彗;	弗劳恩霍拂用分光镜以测验恒星,开近世物理天文学之源;一八二四年,弗氏又创远镜之钟表转动,使所测之星象常随远镜而不移;又造日光镜;一八四〇年,特拉	十九世纪为天学猛进之时代,自分光镜应用以后,恒星物理之性质,化学之成分,行动之向背,皆得测验之,而

续表

时期	天文家	学说及发明	仪器	概论
	Admas (1819—1892) 堪希霍夫(德) Kirchhoff (1828—1887) 然孙(法) Janssen (1824—1907) 黑京(英) Huggins (1824—1910) 花尔(美) Hall (1829—1907) 牛考慕(美) Newcomb (1836—1909) 沙怕勒利(意) Schiaparelli (1836—1910) 陆甲(英) Lockyer (1836—1920) 强特来(美) Chamdler (1846—1913) 毕堪林(美) E.O.Pickering (1846—1918)	一八一五年,弗劳恩霍拂测验太阳与恒星分光景之黑线,白赛尔始测算恒星之距离,定天津增二十九之视差,恒星天学由此大见进步; 白赛尔又创日食推算法,造用数表,以便计算各地日食之用,即今日世界通行之法也; 侯失勒约翰继其父业,完成南天恒星之测候及星团星云双星之测验,汇成总表,其传载《谈天》,为近世天学之鼻祖; 斯得路佛创大地测量法,又测验双星分类列表; 亚几伦端用二英寸径小远镜测制《恒星录》,凡三十二万四千一百九十八星,自北极至赤纬南二度,十等以上之星皆测而入表。又创变星测算法; 亚但史与拉维安异地同时推算海王星之发见。一八四六年,盖尔(Galle)果以远镜证实之,但发明海王星之功则归诸拉维安,盖亚但史之推算当时未先公布也	潘氏(Draper)始用照相装置远镜以摄取天象,便事后研究; 一八六三年,黑京应用照相于分光镜	各种新理亦遂一一发明;通俗天文学亦促进甚力,欧美天文学会相继而起,演讲及杂志风行一时
一八五〇年	开百敦(荷兰) Kapteyn (1852—1922) 劳惠尔(美) Lowell (1855—1916) 凯来(美) Keeler (1857—1900) 盘那特(美) Barnard (1857—1923) 培兰(美) Bailey (1854—1930)	一八五九年,堪希霍夫创分光定理,为弗劳恩霍拂之功臣,立物理天文学之基础; 一八六三年,赛起始创分光景分类法,后福格尔(Vogel)推广之,毕堪林修正之,其法益密,今谓之哈佛法 一八六四年,黑京发见气体星云,并由分光法测定恒星之辐射运动; 花尔发明火星之月及土星之自转; 一八六六年,陆甲与然孙异地同时用分光镜测验日	一八五八年,应用照相之法日精,盘那特成绩最著,仅天河星图亦有数百幅; 一八八七年,奇尔(Gill)提倡国际照相恒星图,联合世界十八国天文台共同进行; 一八五六年,返光镜始用镀银法; 一八八八年,利克(Lick)捐七十万美金造天文台,于旧金山设三十英寸径	

续表

时期	天文家	学说及发明	仪器	概论
		珥； 陆甲创太阳物理学，后杨氏（C. A. Young）研究益密； 一八六六年，沙怕勒利发明流星雨轨道与彗星轨道之关系，开流星天学之源； 凯来用分光镜测算恒星辐射速度，毕堪林测验变星双星以推究其理，牛考慕发见金水二星根数实测与算式微有不同，此与万有引力及相对论极有关系； 强特来研究地轴运动，发明纬度之迁变	折光镜； 一八九七年，野克司天文台（Yerks）造四十英寸径之折光镜，为世界最大之折光镜； 一八七四年，始创天文物理实验室； 一八八二年，郎兰（Langley）首创物理天文台； 一八八九年，海尔（Hale）创造太阳分光镜； 一八九五年，探南（Tunner）以经纬仪装置远镜	
一九〇〇年	天文家之生存者不载	一九〇四年，开百登研究恒星自行在同一方向之理； 一九〇五年，爱斯坦（Einstein）创相对论； 一九一九年，欧美天文家组织日食观测团，试验相对论恒星光线被太阳吸力而曲折之理； 亚当史（W.S.Admas）用分光镜以测恒星距离； 一九一二年，培兰测验球形星团中之变星； 一九二〇年，海尔测定参四之径； 一九二一年，海尔创日斑与磁力相关之理； 爱亭敦（Eddington）研究恒星之构造及测算天河旋转之速度； 罗素（Russell）、汉之司伯伦（Hertzsprung）修正陆甲之分光景分类法，并引用巨星、矮星以说明恒星之变迁及年龄，而恒星质量与温度密度之关系亦由此证明； 夏伯兰（Shapley）测验星团位置与天河有密切之关	一九〇五年，威尔逊山天文台创造百英寸径返光镜，为世界最大之返光镜； 又造高塔远镜及平面远镜； 其他如测光镜、分光镜等各种新式仪器不备录； 海尔最近又改良太阳分光镜； 近时发明太阳电池，现正研究太阳光发电之理	二十世纪天学进步一日千里，近来学者致力于物理天文学及研究宇宙之构造

续表

时期	天文家	学说及发明	仪器	概论
		系; 一九三一年,劳惠尔天文台发见第九行星,名冥王星(Pluto)		

本表天文家一项，取严格主义，非有特殊之成绩，或重要之发明者，概不列入。天文家之现在生存者，如海尔、夏伯兰等，虽极著名，亦不列入。各天文家之原名、国籍及生卒之年，皆载在译名之下，以便参考。惟本表过于简略，阙漏必多，下列三书，足供参考焉。

A. M. Clerke's *Popular History of Astronomy during the Nineteenth Century*

A. Berry's *Short History of Astronomy*

H. Shapley's *A Source Book in Astronomy*

中国历法源流

古之测天，莫重于历。《尧典》期三百六旬有六日，以闰月定四时成岁，实开后世历法之源。置闰成岁，是其荦荦大者也。夫一岁者地绕日一周也，一月者月绕地一周也，一日者地自转一周也。岁周月周，以日计之，数有奇零，难以齐同。古以冬至为岁首，朔旦为月首，夜半为日首。自冬至至冬至为一岁，朔旦至朔旦为一月，夜半至夜半为一日。而必以甲子、朔旦、夜半、冬至齐同为历元。日月如合璧，五星如联珠，推究上元，数难密合，故后汉贾逵引谶语，有三百年斗历改宪之说。所谓治历明时，取象于革也。自汉末迄隋唐，渐有变更。刘洪如①减岁余之数，悟月行有迟疾，姜岌始由月食之冲，检太阳之所在，虞喜始明岁差，何承天、祖冲之等遂用以治历，张子信知日月之不平行，刘焯、傅仁均等遂去平朔而用定朔，僧一行推往古合朔，测得恒星之移动，已开西法之先。历法屡更，推步益密。至宋而历分二途，有儒家之历，有历家之历。儒者侈谈玄理，术士泥拘成数，屡改历元，仍未见精切。元郭守敬去虚立之元，凭实测之数，破古来治历之习，开后世新法之源。明用《大统》，仍不出《授时》之法数，而中国历法，亦遂从此告终。

---

① 编者注：疑为“始”。

古人夜考中星，昼测日影，玑衡土圭，仪器至简，观象授时，测算不易。《汉书·律历志》曰："古历遭战国及秦而亡，汉存六历，虽详于五纪之论，皆秦汉之际，假托为之。"又曰："汉兴，庶事草创，袭秦正朔，以北平侯张苍言，用《颛顼历》，比于六历，疏阔中最为微近。"夫《颛顼历》行于秦，而详于《淮南·天文训》。蔡邕谓："《淮南》所用即《颛顼历》"是也。迨武帝元封七年，即太初元年，诏公孙卿、壶遂、司马迁等，议造汉历，复招致唐都分天部，洛下闳运算转历，用邓平八十一律法，改《颛顼历》作《太初历》。后刘歆作《三统历谱》，沿袭《太初》，以巧说《春秋》。故吾读《淮南·天文训》而知《颛顼》之模型，读《汉书·律历志》而得《太初》之规模。盖历法莫古于《颛顼》而莫备于《太初》，《三统》者沿袭《太初》而略加修改者也。

（一）《颛顼历》

一岁三百六十五日又四分日之一。

一月二十九日九百四十分日之四百九十九。

岁余十日九百四十分日之八百二十七。

十九岁七闰。

七十六岁一纪。

正月己巳朔旦立春，日月俱入营室五度。

《颛顼历》一岁三百六十五日又四分日之一，其法最古，六历相同。盖古人以土圭测日影。夏至影最短，冬至影最长，由此而约定一岁之日数。东汉元和行四分术，即仍其旧。《后汉书·律历志》曰："日发其端，周而为岁，然其景不复，四周千四百六十一日而景复初，是则日行之终，以周除日，得三百六十五日四分日之一，为岁之日数。"十九岁七闰，二百三十五月，一纪七十六岁，九百四十月，二万七千七百五十九日，以月数除日数，得一月二十九日九百四十分日之四百九十九十九。以一岁日数，减十二月日数，得岁余十日九百四十分日之八百二十七，如以十九乘之，得二百零六日九百四十分日之六百七十三，约等于七月，故十九岁而七闰。今以算式明之，足证其立法之源。

一岁 $=365\frac{1}{4}$ 日

一纪 $=76$ 岁 $=940$ 月 $=27\ 759$ 日

十九岁七闰 $=235$ 月

一月之日数 $=\frac{27\ 759}{940}=29\frac{499}{940}$ 日

岁余 $=365\frac{1}{4}-12\times29\frac{499}{940}=10\frac{827}{940}$ 日

十九岁之岁余 $=19\times10\frac{827}{940}=206\frac{673}{940}$ 日，约为七闰月。

（二）《三统历》

日法八十一。

闰法十九。

统法一千五百三十九。

元法四千六百一十七。

章月二百三十五。

月法二千三百九十二。

周天五十六万二千一百二十。

十一月甲子朔旦夜半冬至起于牵牛初度。

《三统历》沿袭《太初》，仍不出《颛顼》之范围。清钱大昕、李锐、董佑诚、陈澧诸家，详说《三统》，补衍阐述，算数繁复，未得立法之源。今《三统》何以黄钟初九自乘八十一为日法，此开宗明义第一章，治此历者当首先研究者也。考《颛顼历》策余九百四十分日之四百九十九，是大于二分之一。《三统》术欲化繁为简，若命为三十二分之十七，则大于《颛顼》策余。若命为四十九分之二十六，则小于《颛顼》策余，但必在此二者之间，乃以二率相加，合为八十一分之四十三，则最为微近。故假托黄钟九九自乘，以日法为八十一，朔策为二十九日八十一分日之四十三也。《汉书·律历志》曰："《太初》术一月之日，二十九日八十一分日之四十三。"足证《三统》朔策，全袭《太初》，更无疑矣。一日为八十一分，则一月为二千三百九十二分，闰法十九为一章，章月二百三十五，以月法乘之，即得周天五十六万二千一百二十，此十九年之日分也，以八十一除之，为十九年之日数，再以十九除之，为一年之日数，谓之岁实。如以十九乘八十一，为一千五百三十九，一次除之，其理同也，故以一千五百三十九为统法。今以算式明之。

日法 = 81

闰法 = 19

朔策 = $29\frac{43}{81}$日

月法 = 日法×朔策 = 2 392

章月 = 235

周天 = 月法×章月 = 2 392×235 = 562 120

统法 = 日法×闰法 = 81×19 = 1 539

岁实 = $\frac{\text{周天}}{\text{统法}} = \frac{562\ 120}{1\ 539} = 365\frac{385}{1\ 539}$日

既得岁实，则一千五百三十九年，为五十六万二千一百二十日，无奇零之数，于是冬至在朔旦之夜半，惟不定在甲子日。因此数非六十所能除尽，乃三倍之，为一百六十八万三百六十日，可以六十除尽无余。于是朔旦、夜半、冬至必在甲子矣，故一千五百三十九为统法，四千六百一十七为三统法，谓之元法，即遥推上古甲子、朔旦、夜半、冬至为历元之法也。

（三）冬至点

冬至为古历起算之元，故推究古历，当先明冬至点之测定。案《太初历》冬至在牵牛初度，约在何时测定。而《颛顼历》立春在营室五度，又在何时测定，自当首先考证之，以明造历之源。

今先证立春在营室五度，约在何时测定。试以营室零度合今室宿第一星，其赤经为三百四十五度十六分五秒半强（民国十六年），则营室五度，当在赤经三百五十度十一分二十秒半强（营室零度加五度，为营室五度，惟《颛顼历》以三百六十五度四分度之一为周天，故古之五度合今四度五十五分十五秒，加入室宿第一星之赤经，为营室五度之赤经）。今立春在赤经二一时一二分三八秒三二，合三百十八度九分二十五秒弱，相差为三十二度一分四十五秒，如以岁差七十一年又八月差一度计之，约距今二千三百年，是在周烈王时也。

再证冬至在牵牛初度，约在何时测定。试以牵牛初度，合今之牛宿第一星（牵牛初度在零度与一度之间）。其赤经为三百四度十二分四十九秒半强。今冬至在赤经二百七十一度五十二分四十八秒弱（民国十五年冬至在赤经一七时五九分三一秒二一），相差为三十二度十九分五十七秒。是在测定立春点之前十余年，相去甚微，足证《颛顼历》立春在营室五度，《太初历》冬至在牵牛初度，同为春秋战国间所测定，《淮南子》《史记》《汉书》皆沿袭相承，未经改定者也。

复由营室五度之赤经，减去牵牛初度之赤经，为四十五度五十八分三十一秒。即牵牛初度与营室五度之赤经相距，自冬至至立春四十六日（《淮南·天文训》曰冬至四十六日而立春），日行一度，合今五十九分五十二秒，四十六日，日平行为四十五度三十三分四十二秒。然日行有迟疾，节气有早晚，相差二十五分余，亦几微近，足证立春在营室五度，冬至在牵牛初度，其测定之时，相差无几。祖冲之谓“古术之作，皆在汉初周末，理不得远”是也。

《颛顼历》沿袭旧测，以立春起于营室五度，《淮南》《月令》承之，《太初历》沿袭《颛顼》，以冬至起于牵牛初度，《三统》复沿袭《太初》，依据成法，未敢遽改。故刘歆始言“冬至在牵牛初”，继言“冬至在建星”，后复犹豫其辞曰“冬至进退牛前四度五分”，俱见《汉书·律历志》。后汉贾逵论历，则明言“冬夏至不及太初五度，冬至日在斗二十一度又四分度之一”，时永元元年也。自春秋末至永元约三百余年，岁差约四度半，冬至当在斗而不在牛，汉人虽不知岁差，而实测所得，其差自显。

案《颛顼历》由岁实而求朔策，根据岁余四分之一及十九年七闰之法；《太初历》由朔策而求岁实，依据《颛顼》，立法未变，而推求各异。《太初》但欲求策余之简，未计及岁余之多，《三统》承之，未经稍改，故世称《三统》最为疏阔。东汉元和，名为改历，仍复《颛顼》《四分》之法，至汉末刘洪始减岁余，造《乾象历》，此变更古历之首创也。秦汉四百五十年，所用之历，不出《颛顼》与《太初》而已。

（四）岁星纪年

岁星纪年，为汉以前治历之大端，而太岁超辰，为《三统》历法之疑案，推演古历，所关至巨，是不可不明辨而订正之。古人以岁星十二年一周天，分周天为十二次，以岁星所在之次，为纪年之标准。如《春秋》《国语》，岁在鹑火、岁在星纪之类，《淮南》《史记》皆以太岁左行（《淮南·天文训》名太阴，《史记·天官书》名岁阴），岁星右转，按次推之。自《三统历》始觉岁星十二年一周天，其数未密，谓“一百四十四年，岁星行天一百四十五次”，以星纪年，将一百四十四年而多一次，因创岁星超辰之说。后世遂谓岁星超辰，太岁当随之俱超，庶以次纪年，年次相应。清代治《三统历》者，钱、李、董、陈诸家，沿袭相承，不求甚解。孙星衍与钱大昕争执甚烈，函牍往返，见于两家文集者至再至三，而引经据典，始终莫决者，皆不知其所以然也。考岁星纪年法，东汉顺帝以后，即不行用，后人但依据《三统》，不复深究，而太岁超辰之说，亦遂无以辟之。实则《三统》一百四十四年超一次，其数仍未密。揆诸今测，岁星周天密率，为十一年又百分年之八十六，如以古历十二年一周天计之，每周岁星超过百分年之十四，则七周之后，约八十四年而超一次（七周八十四年当超过百分年之九十八，约等于一次）。祖冲之《历议》谓："岁星行天七匝，辄超一位。"其数密近，足证当时推算，已颇核实。《大衍历议》谓："岁星自商周迄春秋之季，率百二十年而超一次，战国后其行浸急，至哀平间，乃更八十四年而超一次。"《大衍》实测八十四年，与冲之《历议》合，因狃于《三统》之说，而曲为之解。岁星之行，岂有春秋战国之缓急哉？夫岁星八十四年超一次，是天然之行度，《三统》欲以十二次相配，故谓之超辰。若太岁亦随之俱超，则读史者将何以稽古之年乎？《史记·诸侯年表》，徐广之注，以六十甲子顺次纪之，太岁何尝超辰哉？考武王伐纣，岁星在鹑火，太岁在辛未，是岁在未而星在午也。若以太岁左行，岁星右转推之，即太岁在寅，岁星在亥也。自伐纣至春秋襄昭间，约七百年，以岁星八十四年超一次计之，当超八次，则太岁在寅，岁星当在卯矣。故襄二十八年，其在年表丙辰也，"岁在星纪而淫于玄枵"非梓慎之言乎？是太岁在辰，岁星在丑，太岁在巳，岁星在子也。越三年而戊午也，"岁在娵訾之口，其明年乃及降娄"非裨灶之言乎？是太岁在午，岁星在亥，太岁在未，岁星在戌也。昭公十八年丁卯也，"星在析木之津"非史赵之言乎？是太岁在卯，岁星在寅也，《左传》所载，正与太岁在寅、岁星在卯相合。自襄昭至汉初约一百七十年，岁星当超二次，则太岁在寅，岁星当在丑矣。故《史记·天官书》云"太岁在寅，岁星在丑"也。自汉初至太初元年，百有余年，岁星亦将超二次，则太岁在寅，岁又将在亥矣。故《汉书·律历志》曰"《太初历》太岁在寅，岁星在亥"也，史志所载，明确可证，太岁亦何尝超辰哉。王应麟《六经天文编》谓"《春秋》《史记》之岁星为最难解"者，未深考也。今再附表以明之。

武王伐纣			襄昭间（自伐纣至此岁星超八次）			汉初（自伐纣至此岁星超十次）		
岁在	星在	十二次	岁在	星在	十二次	岁在	星在	十二次
寅	亥	娵訾	寅	卯	大火	寅	丑	星纪
卯	戌	降娄	卯	寅	析木（昭十八年）	卯	子	玄枵
辰	酉	大梁	辰	丑	星纪	辰	亥	娵訾
巳	申	实沈	巳	子	玄枵（襄三十年）	巳	戌	降娄
午	未	鹑首	午	亥	娵訾（襄三十一年）	午	酉	大梁
未	午	鹑火（伐纣之年）	未	戌	降娄	未	申	实沈
申	巳	鹑尾	申	酉	大梁	申	未	鹑首
酉	辰	寿星	酉	申	实沈	酉	午	鹑火
戌	卯	大火	戌	未	鹑首	戌	巳	鹑尾
亥	寅	析木	亥	午	鹑火	亥	辰	寿星
子	丑	星纪	子	巳	鹑尾	子	卯	大火
丑	子	玄枵	丑	辰	寿星	丑	寅	析木

自伐纣至太初元年，凡一千余年，岁星共超十二次，则太岁在寅，岁星又在亥矣，爰以《史》《汉》所纪岁星行度，列表于后，足与前表相符。

岁名	岁在	《天官书》星在		《太初历》星在	
摄提格	寅	正月，在斗、牵牛	丑	正月，在室、壁	亥
单阏	卯	二月，在女、虚、危	子	二月，在奎、娄	戌
执徐	辰	三月，在室、壁	亥	三月，在胃、昴	酉
大荒落	巳	四月，在奎、娄、胃、昴	戌	四月，在参、罚	申
敦牂	午	五月，在胃、昴、毕	酉	五月，在井、鬼	未
协洽	未	六月，在觜、参	申	六月，在星、张	午
涒滩	申	七月，在井、鬼	未	七月，在翼、轸	巳
作鄂	酉	八月，在柳、星、张	午	八月，在角、亢	辰
阉茂	戌	九月，在翼、轸	巳	九月，在氐、房、心	卯
大渊献	亥	十月，在角、亢	辰	十月，在尾、箕	寅
困敦	子	十一月，在氐、房、心	卯	十一月，在建、牛	丑
赤奋若	丑	十二月，在尾、箕	寅	十二月，在女、虚、危	子

《天官书》曰“察日月之行，以揆岁星顺逆”，盖日行黄道，月与五星，皆循黄道而行，出入黄道南北，察日月之行者，谓岁星之行道，必在黄道与月道之间。此古人观察之法也，岁星之视行有顺逆，自西而东谓之顺行，自东而西谓之逆行。揆岁星顺逆者，此古人观察之实也。其最可注意者，古人测候岁星，恒以今年正月，明年二月，后年三月，顺次而至某年十二月。如是必十三阅月而定其所舍之次，盖岁星自冲日以至冲日，或合日以至合日，约十三月余而一次。故今年正月晨出东方，至明年二月，后年三月，再晨出东方也。

（五）五星见复

《三统历》言五星行度最详，后世历志，皆不能出其范围，其言五星见复之期，多与今测密近，至堪惊人。

水星一复　《三统》百一十五日又一三四〇八二二九七分日之一二二〇二九六，今测百一十五日又百分日之八十八　《三统》大百分日之三

金星一复　《三统》五百八十四日又九九七七三三七分日之一二九五三五二，今测五百八十三日又百分日之九十二　《三统》大百分日之二十一

火星一见　《三统》七百八十日又二九八六七三七三分日之一五六八九七〇〇，今测七百七十九日又百分日之九十四　《三统》大百分日之五十六

木星一见　《三统》三百九十八日又七三〇八七一一分日之五一六三一〇二，今测三百九十八日又百分日之八十七　《三统》小百分日之十七

土星一见　《三统》三百七十七日又一九二七五九七五分日之一八〇三二六二五，今测三百七十八日又百分日之九　《三统》小百分日之十九

土木火之轨道，在地球轨道之外，名外行星，当地在星与日之间，谓之冲日，与日相对，如月之望，故《三统》曰一见。水金之轨道，在地球轨道之内，名内行星，当星在地与日之间，或日在星与地之间，谓之合日，不得与日相冲，故《三统》曰一复。此微言精义，前之治《三统》者，所未究也。乾隆殿版《汉书》，刘敞注谓“一见一复等字，

皆后人妄加”，是大背《三统》之旨矣。自晋以后历法，总名之曰一终，而不分见复，此后人所以不解《三统》之理也。

（六）古今名历

历之所重者在察日月之运行，测五星之见复，推节气之早晚，定恒星之坐位。而岁实朔策，尤为步天之首务，盖日月不失其躔度，则星辰皆得以正位。岁实即今之回归年，朔策即今之朔望月，由此二者，足以觇历法之疏密。自汉《太初》以后，历法屡更，岁实不一，朔策亦变，斗分纪法又因实测而异。虞喜创岁差之法，何承天、祖冲之、刘焯、一行承之，实测岁差以治历。惟岁差之率，或以百年差一度，或以七八十年差一度，或以五六十年差一度，即至清季全用西法，尚以每年五十一秒为岁差。揆诸实测，犹未密合，特其创始之功，自不可没。爰以历代名历之起源及岁实朔策，分列三表，以觇历法之变迁云尔。

古代六历表

历名	上元甲子	积年（至开元二年甲寅）	积年（至民国三年甲寅）	气朔	闰余
黄帝	辛卯	二七六〇八六三	二七六二〇六三	天正朔起冬至	无
颛顼	乙卯	二七六一〇一九	二七六二二一九	人正朔起立春	无
夏	乙丑	二七六〇五八九	二七六一七八九	人正朔起雨水	无
殷	甲寅	二七六一〇八〇	二七六二二八〇	天正朔起冬至	无
周	丁巳	二七六一一三七	二七六二三三七	天正朔起冬至	无
鲁	庚子	二七六一三三四	二七六二五三四	天正朔起冬至	一

本表专载古代六历，其积年及上元甲子根据《开元占经》，其气朔、闰余根据顾观光《六历通考》，均载高平子君《历法约说》。岁实、朔策六历均同，载入下表《颛顼历》。

《宋书·律历志》，祖冲之曰：“《颛顼历》元岁在乙卯，而《命历序》云此术设元岁在甲寅。”案《命历序》详于《续汉志》，而秦始皇元年为乙卯，故《大衍历议》云：“《颛顼历》上元甲寅，吕不韦断取近距，以乙卯为元”。

秦用《颛顼历》，以十月为岁首，是为建亥，非立法之不同，乃用之者异耳。

顾观光云：“考《占经》，《夏历》积年当以朔旦、雨水起算，因无明文可证，姑阙之。”

顾推《鲁历》积年当为二七六四三九四，比《占经》增一八六〇

古今名历表上

历名	岁实	朔策	创作	西历	行用年数
颛顼	三六五·二五〇〇〇〇〇〇	二九·五三〇八五一六三	秦始皇元年乙卯,吕不韦	前二四六	一四二
太初	三六五·二五〇一六二四四	二九·五三〇八六四一九	汉太初元年丁丑,邓平	前一〇四	一八九
三统	三六五·二五〇一六二四四	二九·五三〇八六四一九	汉绥和二年甲寅,刘歆	前七	
四分	三六五·二五〇〇〇〇〇〇	二九·五三〇八五一〇六	东汉元和二年乙酉,编欣	八五	一二一
乾象	三六五·二四六一七九九六	二九·五三〇五四二二一	东汉建安十一年丙戌,刘洪	二〇六	三一
景初	三六五·二四六八八〇〇八	二九·五三〇五九八八一	魏景初元年丁巳,杨伟	二三七	二八
太始	三六五·二四六六六六六六	二九·五三〇五九五四一	晋太始元年乙酉,刘智	二六五	一七八
元嘉	三六五·二四六七一〇五二	二九·五三〇五八五一〇	刘宋元嘉二十年癸未,何承天	四四三	二〇
大明	三六五·二四二八一四八一	二九·五三〇五九一五二	刘宋大明七年癸卯,祖冲之	四六三	五八
正光	三六五·二四三七二九三七	二九·五三〇五九二九一	后魏正光二年辛丑,李业兴	五二一	一九
兴和	三六五·二四四一八七四二	二九·五三〇六〇四七〇	后魏兴和二年庚申,李业兴	五四〇	一〇
天保	三六五·二四四五九〇〇〇	二九·五三〇五九九〇〇	北齐天保元年庚午,宋景业	五五〇	一七
天和	三六五·二四四二八八〇〇	二九·五三〇六〇七〇〇	后周天和元年丙戌,甄鸾	五六六	一三
大象	三六五·二四三七六五〇〇	二九·五三〇六二七〇〇	后周大象元年己亥,马显	五七九	五
开皇	三六五·二四三四二四六三	二九·五三〇六一二三五	隋开皇四年甲辰,张宾	五八四	二四
大业	三六五·二四三〇三四七〇	二九·五三〇五九四四〇	隋大业四年戊辰,张胄元	六〇八	一一
戊寅	三六五·二四四六一一一五	二九·五三〇六〇一二六	唐武德二年己卯,傅仁均	六一九	四六
麟德	三六五·二四四七七六一一	二九·五三〇五九七〇一	唐麟德二年乙丑,李淳风	六六五	六三
大衍	三六五·二四四四〇七八九	二九·五三〇五九二一〇	唐开元十六年戊辰,一行	七二八	三四
五纪	三六五·二四四七七六一一	二九·五三〇五九七三一	唐宝应元年壬寅,郭献之	七六二	二三

续表

历名	岁实	朔策	创作	西历	行用年数
贞元	三六五·二四四七四八八五	二九·五三〇五九三六〇	唐贞元元年甲子,徐承嗣	七八四	三七
宣明	三六五·二四四六四二八五	二九·五三〇五九五二三	唐长庆二年壬寅,徐昂	八二二	七一
崇元	三六五·二四四五一八五一	二九·五三〇五九二五九	唐景福二年癸丑,边冈	八九三	六三
钦天	三六五·二四四五〇〇〇〇	二九·五三〇五九四四四	五代周显德三年丙辰,王朴	九五六	四
应天	三六五·二四四四五一一九	二九·五三〇五九三八八	宋建隆元年庚申,王处讷	九六〇	二一
乾元	三六五·二四四八九七九六	二九·五三〇六一二二七	宋太平兴国六年辛巳,吴昭素	九八一	二〇
仪天	三六五·二四四五四四五五	二九·五三〇五九四〇五	宋咸平四年辛丑,史序	一〇〇一	二三
崇天	三六五·二四四五七〇三四	二九·五三〇五九四九〇	宋天圣元年癸亥,宋行古	一〇二四	四〇
明天	三六五·二四三五八九七四	二九·五三〇五八九七四	宋治平元年甲辰,周琮	一〇六四	一〇
奉元	三六五·二四三五八五〇〇	二九·五三〇五九一〇〇	宋熙宁七年甲寅,卫朴、沈括	一〇七四	一八
观天	三六五·二四三五五七七七	二九·五三〇五九〇一九	宋元祐七年壬申,皇居卿	一〇九二	一一
占天	三六五·二四三五九〇〇〇	二九·五三〇五九一〇〇	宋崇宁二年癸未,姚舜辅	一一〇三	三
纪元	三六五·二四二六二一三九	二九·五三〇五八九八四	宋崇宁五年丙戌,姚舜辅	一一〇六	二一
大明	三六五·二四二五九四六四	二九·五三〇五九二七三	金天会五年丁未,杨级	一一二七	五三
统元	三六五·二四三五七八六四	二九·五三〇五九一六三	宋绍兴五年乙卯,陈得一	一一三五	三二
乾道	三六五·二四三六〇〇〇〇	二九·五三〇五九二〇〇	宋乾道三年丁亥,刘孝荣	一一六七	九
淳熙	三六五·二四三六一七〇二	二九·五三〇五九五七四	宋淳熙三年丙申,刘孝荣	一一七六	一五
知微	三六五·二四二五九四六四	二九·五三〇五九二七三	金大定二十年庚子,赵知微	一一八〇	一〇一
会元	三六五·二四三七二〇九三	二九·五三〇五九四三一	宋绍熙二年辛亥,刘孝荣	一一九一	八
统天	三六五·二四二五〇〇〇〇	二九·五三〇六六六六六	宋庆元五年乙未,杨忠辅	一一九九	八
开禧	三六五·二四三〇七六九二	二九·五三〇五九一七一	宋开禧三年丁卯,鲍浣之	一二〇七	四四

续表

历名	岁实	朔策	创作	西历	行用年数
淳祐	三六五・二四二七七六〇〇	二九・五三〇五九五〇〇	宋淳祐十年庚戌，李德卿	一二五〇	一
会天	三六五・二四二九一六〇〇	二九・五三〇五九五〇〇	宋宝祐元年癸丑，谭玉	一二五二	一八
成天	三六五・二四二七二二〇〇	二九・五三〇五九三〇〇	宋咸淳七年辛未，陈鼎	一二七一	四
授时	三六五・二四二五〇〇〇〇	二九・五三〇五九三〇〇	元至元十八年辛巳，郭守敬	一二八一	一〇三
大统	三六五・二四二五〇〇〇〇	二九・五三〇五九三〇〇	明洪武十七年甲子，元统	一三八四	二六〇
时宪	三六五・二四二一八七五〇	二九・五三〇五九三〇〇	清顺治二年乙酉，汤若望	一六四五	七八
雍正	三六五・二四二三四四二〇	二九・五三〇五九三〇〇	清雍正元年癸卯	一七二三	一八九

本表自《颛顼》讫《雍正》凡四十八历并经颁用。

岁实、朔策根据史志所载历法推算。

创作一项或纪其造历之年或纪其颁历之年，即各历近距之元也。

行用年数根据李谦《授时历议》、朱载堉《律历融通》、南怀仁《新法表异》，参酌核定，附以西历，则距年易见，年数亦易核。《颛顼历》用于秦，据《大衍历议》，吕不韦断取近距以乙卯为元，约行四十年。汉初承之，沿用一百有二年，合之为一百四十二年，秦以前未敢悬断。《太初历》据蔡邕《历数议》行一百八十九年，系合《三统》在内，自太初至元和行《四分历》为止，故《三统》行用之年不另注。《景初历》据《授时历议》谓行二百有六年，系合晋代而言，惟晋用《太始》，《授时历议》未曾计及，今分别出之。金《大明》《知微》二历与宋历同时并行，故其行用年数合于金而不合于宋，元初沿用金之《大明》，又引用西域之《万年》，惟为时极短，无从考定。今表中《成天》《授时》间空六年，或即其时也

古今名历表下

历名	岁实	朔策	创作	西历
黄初	三六五·二四六七七四	二九·五三〇五九一	魏黄初元年，韩翊	二二〇
太和	三六五·二四六八八〇	二九·五三〇五九八	魏黄初中，高堂隆	二二七
乾度			晋咸宁三年，李修、卜显	二七七
永和	三六五·二四六七七五	二九·五三〇六〇七	晋永和八年，王朔之	三五二
三纪	三六五·二四六八三八	二九·五三〇五九五	后秦白雀元年，姜岌	三八四
元始	三六五·二四四三〇六	二九·五三〇六〇〇	北凉元始元年，赵畋	四一二
永初	三六五·二四六六六六	二九·五三〇五九五	宋武帝改太始为永初	四二〇
七曜			宋元嘉初，徐广	四二四
建元	三六五·二四六七一〇	二九·五三〇五八五	齐高帝改元嘉为建元	四二四
景明			魏景明九年，公孙崇	四九八
神龟			魏神龟元年，崔光	五一八
大同	三六五·二四四三七一	二九·五三〇五九九	梁大同十年，虞劆	五四四
九宫	三六五·二四四三〇七	二九·五三〇六〇〇	东魏武定五年，李业	五四七
灵宪			北齐信都芳	
武平	三六五·二四四三一五	二九·五三〇五九四	北齐武平七年，刘孝孙	五七六
甲寅	三六五·二四四四七一	二九·五三〇五五九	北齐武平七年，董峻、郑元伟	五七六
孟宾	三六五·二四四二六九	二九·五三〇五九〇	北齐张孟宾	
皇极	三六五·二四四五四三	二九·五三〇五九五	隋仁寿四年，刘焯	六〇四
九执	三六五·二四六六八七	二九·五三〇五八二	唐显庆三年，瞿昙悉达译	六五七
符天			唐显庆五年，曹士芳	六六〇
光宅			唐嗣圣元年，瞿昙罗	六八〇
神龙	三六五·二四四八〇〇	二九·五三〇六〇〇	唐神龙元年，南宫说	七〇五
千岁			唐王勃撰《大唐千岁历》	
七曜			唐吴伯善	
至德			唐至德元年，韩颖	七五七
观象			唐元和三年，徐昂	八〇七
万分			五代民间所用	
永昌			五代蜀	
正象			五代蜀	

续表

历名	岁实	朔策	创作	西历
齐政			五代南唐	
调元			五代后晋天福元年，马重绩	九三七
明元			五代后周广顺二年，王处讷	九五二
至道		二九·五三〇五九五	宋至道元年，王睿	九九五
乾兴	三六五·二四四七五〇	二九·五三〇五〇〇	宋乾兴元年，张奎	一〇二二
乙未	三六五·二四三一一七	二九·五三〇五九四	金大定二十年，耶律履	一一八〇
五星	三六五·二四二五一九	二九·五三〇五九三	宋淳熙十四年，石万	一一八七
庚午	三六五·二四二五九四	二九·五三〇五九二	元太祖十五年，耶律楚材	一二一六
万年			元至元四年，札马鲁丁	一二六七
宝鉴	三六五·二四二五〇〇		元大德七年	一三〇三
回回	三六五·二四二一八七	二九·五三〇五九〇	明洪武十五年吴宗伯等译	一三八二
圣寿	三六五·二四二〇二〇	二九·五三〇五九三	明嘉靖三十二年，朱载堉	一五五四
黄钟	三六五·二四一九八五	二九·五三〇五九三	明万历九年，朱载堉	一五八一
西域	三六五·二四二三六一	二九·五三〇五九〇	明万历十二年	一五八四
新法	三六五·二四二一八七	二九·五三〇五九三	明崇祯元年，汤若望	一六二八
晓庵	三六五·二四二一八六	二九·五三〇五九二	明崇祯元年，王锡阐	一六二八
顺治	三六五·二四二三二八		清顺治十二年，薛凤祚	一六五五

本表自《黄初》讫《顺治》凡四十六历，或未经行用，或行之不久，故与上表分别纪载以清眉目。

六朝五代诸历有仅存其名未详其法者，岁实、朔策无由考见，只得付诸阙如。

《三纪历》行于后秦，《元始历》行于北凉，《调元历》行于后晋，其他如《九执》《万年》等历虽曾译用，但未正式颁布，故与上表有别

《元史·历志》云："黄帝以来，诸历转相祖述殆七八十家。"今得考见者，第一表古代六历，第二表自《颛顼》讫《雍正》凡四十八历，俱经行用，第三表自《黄初》讫《顺治》凡四十六历，或未经行用，或其法不传，《颛顼》一历，见于二表，合之凡九十九历，其数近是，未敢云全也。

考历之最古者，莫如六历，然真本失传，徒具模型，大抵皆秦汉之际假托为之。秦用《颛顼》，以十月为岁首。汉初承之，终汉之世，历

凡四改，《太初》《三统》《四分》《乾象》是也，《乾象》行于吴。魏晋凡八历，魏用《景初》，晋用《太始》，《三纪》行于后秦，《元始》行于北凉，其余四历，皆不果施行。南北朝凡二十历，南朝之历，行于宋者二；北朝之历，行于魏者二，行于北齐者一，行于后周者二，行于隋者二，未经行用者凡十有一；惟陈无历，即用宋之《大明》。唐凡十五历，行用者七，未行者八，前人恒谓唐历八改者，或因开元时曾用《九执》，虽疏阔即罢，遂以并计，亦未可知。五代凡七历，初用唐之《崇元》，后晋天福行《调元历》，而仅及五年，后周显德行《钦天历》，而亦止四年，其他有行于民间者，谓之小历。宋历最多凡二十有一，自开国至靖康丙午，一百六十余年，而行九历，自南渡至德祐丙子，一百五十年，而又行九历，其余三历，未经行用。金凡三历，用之者二。元凡四历，用之者一。明凡七历，惟用《大统》，而《大统》全袭《授时》，独去其百年消长之法，时人即知其非，建议改历者纷起，终不果行。明末引用西法，历成而未及颁行，满清入关，识新法之善，乃袭其成数，改名时宪，至雍正癸卯，重修《时宪》，从此以后，未闻改订。

宋《成天》以前诸历，大半以今年冬至至明年冬至为一岁，当时冬至日在斗，故名斗分。惟何承天《元嘉历》，以雨水为日躔之初，当时雨水日在室，故承天用室分而不用斗分。据《授时》之数，或自今年立春至明年立春，其岁实亦同。至《回回》《新法》诸历，全属西法，皆以今年春分至明年春分为一回归年。孟子曰："天之高也，星辰之远也，苟求其故，千岁之日至，可坐而致也。"治历之道，尽于斯矣。

司马迁作《史记》，《历》与《天官》，分为二书，历代承之，判若鸿沟。自《太初历》以日法八十一，假托黄钟初九自乘之数，以为历从数始，数由律生，班固《汉书》遂以"律历"名志，《后汉书》《晋书》《魏书》《隋书》及《宋史》等沿袭相承。后世遂有管飞葭灰、节应冬至之事，甚至宣和方士有声为律、身为度之说，附会牵涉，更无关于天文历法。唐之《大衍》，世称名历，而必欲依据易蓍，将借此以坚时人之信仰乎，适见其历数来源，徒托空虚耳，非孟子之所谓求其故也。观历代改历，或有奉公修治，或有私家撰述，必几经争执，始告成功，然行用未久，即见疏阔，或足以验诸当世，而不能上推往古，或足以上推往古，而不能验及来兹，盖因袭者多，创制者少，立法未精，不能久而无弊也。

中国史之哈雷彗

孛之名始见于《春秋》，书诸经者凡三。彗之名始见于战国及秦，载诸史者凡九。自汉以来，彗孛客星，夹杂混书，两汉彗孛凡二十九，客星凡二十一。魏晋六朝彗孛凡六十九，客星凡一十三。隋唐以来，更不可胜数。近世远镜日精，一年数见，惟其体微小，寻常目力所不能及，明以前远镜未创，凡彗孛之见于史者，必为明大易见。哈雷彗行近地球，体大而明，人皆得而望之，今考诸史志，自秦初讫清末二千余年，纪载相传，凡值此彗复见之期，皆能按时不忒。古人重视彗孛，目为灾异，虽不免偏于占验，而勤于观测，详于纪录，本末悉具，后世赖以质证。欧西学者恒借我典籍，以计测彗之行道及周期，而断定其复见，哈雷彗其最著者也。英国克劳密林博士（Dr. Crommelin）以《春秋》鲁文公十四年（西元前六一一年）秋七月，有星孛入于北斗，谓为哈雷彗最古之纪录。考诸各国史志，能纪载彗之行道者，亦以此为始。《史记·六国表》，秦躁公十年彗星见（周贞王二年，即西元前四六七年），克氏亦以此为哈雷彗，特《史记》未详月日耳。案一六八二年，哈雷（E. Halley）始发见其时彗星之轨道，与一六〇七年刻白尔（Kepler）及一五三一年爱毕因（Apain）所测定彗星之轨道相似，复上推一四五六年、一三〇一年、一一四五年、一〇六六年诸彗，皆有相同之现象及相似之周期，由此得断定其为周期彗星。后之学者，屡经推测，足证此彗每七十六年余而一见，或因行星之摄动，其行道微有变更，而周期亦略有出入。惟此为周期彗星之最初发明者，故以哈雷之名名之。克劳密林与卡惠尔（Dr. Cowell）曾推算此彗之周期，上至西元前二四〇年（秦始皇七年），极为精密。今以二氏所定此彗最卑点之时期，列表于后，附以中国纪年，并考诸历代史志，此彗周期所值，无不密合。

哈雷彗最卑点周期表

(1)	西元前二四〇年	五月一五日	秦始皇七年
(2)	一六三年	五月一二日	汉文帝后元年
(3)	八七年	八月一五日	汉昭帝始元二年
(4)	一二年	一〇月八日	汉成帝元延元年
(5)	西元六六年	一月二六日	汉明帝永平九年
(6)	一四一年	三月二五日	汉顺帝永和六年
(7)	二一八年	四月六日	汉献帝建安二十三年
(8)	二九五年	四月七日	晋惠帝元康五年
(9)	三七四年	二月一三日	晋武帝宁康二年
(10)	四五一年	七月三日	宋文帝元嘉二十八年
(11)	五三〇年	一一月一五日	梁武帝中大通二年
(12)	六〇七年	三月二六日	隋炀帝大业三年
(13)	六八四年	一一月二六日	唐武后光宅元年
(14)	七六〇年	六月一〇日	唐肃宗乾元三年
(15)	八三七年	二月二五日	唐文宗开成二年
(16)	九一二年	七月一九日	梁太祖乾化二年
(17)	九八九年	九月二日	宋太宗端拱二年
(18)	一〇六六年	三月二五日	宋英宗治平三年
(19)	一一四五年	四月一九日	宋高宗绍兴十五年
(20)	一二二二年	九月一〇日	宋宁宗嘉定十五年
(21)	一三〇一年	一〇月二二·七日	元成宗大德五年
(22)	一三七八年	一一月八·八日	明太祖洪武十一年
(23)	一四五六年	一月八·二日	明景宗景泰七年
(24)	一五三一年	八月二五·八日	明世宗嘉靖十年

续表

(25)	一六〇七年	一〇月二六·九日	明神宗万历三十五年
(26)	一六八二年	九月一四·八日	清康熙二十一年
(27)	一七五八年	三月一二·六日	清乾隆二十四年
(28)	一八三五年	一一月一五·九日	清道光十五年
(29)	一九一〇年	四月一九·七日	清宣统二年
(30)	一九八六年	二月	民国七十五年

(1) 秦始皇七年之彗 (240 B. C.)

案《史记·秦本纪》"始皇七年，彗星先出东方，见北方，五月见西方，十六日"《史》纪年月，与卡、克二博士所推哈雷彗之周期相合，足证中史纪载之古及二氏推算之密。

(2) 汉文帝后元年之彗 (163 B. C.)

案《汉书·天文志》"文帝后二年正月壬寅，天欃夕出西南"，或即此彗，亦未可知。而西史纪载，亦未详明。据丙安 (Pingre) 之著述，在西元前一六三年，意大利卡普亚 (Capua) 及毕沙罗 (Pisaurus) 两地，有"太阳夜见"，欧西古人常用此语以表彗星，足证其所见为明耀之体。盖尔《彗星丛考》(J. G. Galle's *Verzerchniss der Elements der bisher berechneten Cometenbahnen*) 则明言："此为哈雷彗，而译自中国史。"克劳密林《彗星录》(Crommelin's *the Comet Catalogue*) 宗其说。

(3) 汉昭帝始元二年之彗 (87 B. C.)

案《汉书·天文志》："孝昭始元中，汉宦者梁成恢及燕王候星者吴莫如，见蓬星出西方天市垣东门，行过河鼓，入营室中。"《汉志》虽但言始元中，并未确定年月，而观其行道，与哈雷彗相合，当在始元二年，始与表列时期相符。

(4) 汉成帝元延元年之彗 (12 B. C.)

案《汉书·成帝纪》："元延元年秋七月，有星孛于东井。"《五行志》云："元延元年七月辛未，有星孛于东井，践五诸侯，出河戍北，率行轩辕、太微，后日六度有余，晨出东方。十三日夕，见西方，犯次妃，锋炎再贯紫宫中。大火当后，达天河，除于后妃之域。南逝度犯大角、摄提，至天市而按节徐行，炎入市，中旬而后西去，五十六日，与苍龙俱伏。”克劳密林《彗星论》（Crommelin's *Comets*, *Splendour of the Heavens*）云：“哈雷彗在西元前一二年复见之时，中史所载，至为详晰，其行道经北河、轩辕、大角、摄提、天市、房、心、尾，其行度因邻近地球，故初则甚速，后乃甚缓。”观《汉志》此彗，自东井经北河而至太微，东行九十余度，仅十三日，继由大角经天市而至苍龙，东南行六十余度，经五十六日，故克氏云，初则甚速，继则甚缓也。凡彗星由夕见而后晨见，或由晨见而后夕见，必行过最卑点，《汉志》言后日六度有余，足证当时实测，此彗已距日甚近，故克氏云，邻近地球，盖距日近则距地亦近，可见克氏之说，皆依据《汉志》，而《汉志》所述，确至详晰。昔欣特博士（Dr. Hind's *The story of the comets*）曾据《汉志》，以推算此彗之轨道，比诸今测更近黄道，盖当时与黄道斜交为十度，而今则为十八度，欣特因创立一说，谓“哈雷彗道与黄道斜交之度，古狭今阔”，益见我史之纪载，有助于近代天学者，良非浅鲜，而世之号称知天者，往往推崇西学，厌弃前闻，以为天文律历诸志，都祇祥占验之谈，读史者每至天文律历诸志，又目为高深玄眇，莫可究竟，遂略而不察，深为可惜。

（5）汉明帝永平九年之彗（A. D. 66）

案《法国天文学》（*L'Astronomie*）载：“西历六六年哈雷彗见于耶路撒冷（Jerusalem）。考诸《战史》（*Wars*, Book Ⅵ Chap. Ⅴ），犹太史学家 Josephus 在耶路撒冷将覆之前，曾惶骇呼唤，谓凶刀临头矣，盖即指此彗也。”西史之纪载哈雷彗者，此为最古，比诸《春秋》，尚后六百七十余年，且《战史》并未明言，远不如中史之详。考《后汉书·天文志》：“永平八年六月，长星出柳、星、张三十七度，犯轩辕，刺天船，凌太微，至上阶，凡五十六日去。”查永平八年六月朔，为西历六六年七月二十二日，六月晦为西历八月二十日，五十六日之后，约在西历十月中旬。揆诸表列时期，约早三月有余，哈雷彗发见之时，在最卑点之前后二三月者，亦属常事。

（6）汉顺帝永和六年之彗（A. D. 141）

案《后汉书·天文志》："永和六年二月丁巳，彗星见东方，长六七尺，色青，西南指营室及坟墓星，丁丑，彗星在奎一度，长六尺，癸未昏见，西北历毕、昴，甲申在东井，遂历舆鬼、柳、七星、张，光炎及三台，至轩辕中灭。"二月丁巳，合于西历三月二十七日，与上表所推最卑点时期密近，克氏《彗星论》云："此彗行道与一〇六六年之彗极相似。"其《彗星录》所推此彗行道及位置，皆根据《续汉志》，而证明其为哈雷彗。

（7）汉献帝建安二十三年之彗（A. D. 218）

案西史仅言是年之彗，为极可恐怖之星，因适在罗马帝麦克林纳（Emperor Macrinus）被刺之后。考《后汉书·天文志》："建安二十三年三月，孛星晨见东方，二十余日，夕出西方，犯历五车、东井、五诸侯、文昌、轩辕、后妃、太微，锋炎指帝座。"查建安二十三年三月朔，合于西历二一八年四月十三日，历二十余日，约在西历五月初旬。揆诸上表，知《汉志》所述，在此彗行过最卑点后无多日，先晨见而后夕见，其理益显，与所推密合。

（8）晋惠帝元康五年之彗（A. D. 295）

案《晋书·天文志》："元康五年四月，有星孛于奎，至轩辕、太微，经三台、大陵。"查元康五年四月朔，合于西历二九五年五月一日，《晋志》所见，在此彗过最卑点之后，而所述行道亦与哈雷彗相合。

（9）晋武帝宁康二年之彗（A. D. 374）

案《晋书·孝武帝本纪》："宁康二年二月，星孛女虚，三月丙戌彗星见于氐。"《天文志》云："正月丁巳，有星孛于女虚，经氐、角、亢、轸、翼、张，至三月丙戌，彗星见于氐。"查宁康二年正月癸未朔，是月无丁巳，丁巳乃二月初五日，合于西历三七四年三月四日，丙戌为三月初五日，合于西历四月二日。自丁巳至丙戌凡三十日，但哈雷彗过最卑点，在西历二月十三日，为中历正月十六日戊戌。《志》言正月不误，特日非丁巳，《纪》言二月，此彗仍可见，亦不误，但不书日，皆史失之也。

（10）宋文帝元嘉二十八年之彗（A. D. 451）

案《宋书·天文志》："元嘉二十八年五月彗星见卷舌，入太微，逼帝座，犯上相，拂屏，出端门，灭翼、轸。"查元嘉二十八年五月，合于西历四五一年六七月间，与表列哈雷彗周期相合。考是年之哈雷彗，适值罗马战事，故西史极为著名，各家天文学无不引以为据，而未能道其详，独《宋志》述其行道，想欧美学者亦根据中史移译而得之也。克氏《彗星录》，则明言见于中史，由此益信。且郎厥（Langier）亦据此以推算其轨道，而证明其为哈雷彗（Olivier's *Comets*，p. 104）。

（11）梁武帝中大通二年之彗（A. D. 530）

案梁武帝中大通二年，即北魏孝庄帝永安三年。《魏书·天象志》云："永安三年七月甲午，有彗星晨见东北方，在中台东一丈，长六尺，色正白，东北行，西南指。丁酉，距下台上星西北一尺而晨伏，庚子夕见西北方，长尺，东南指，渐移入氐。至八月己未渐见，癸亥灭。"《谈天》云："中大通二年有彗见。"想即指此。案元嘉二十八年至中大通二年，约七十九年，为哈雷彗最长之周期。若道光十五年至宣统二年，仅七十四年有半，为此彗最短之周期。观中史之纪载，益足证克氏推算之密。

（12）隋炀帝大业三年之彗（A. D. 607）

案《隋书·炀帝本纪》云："大业三年二月己丑，彗星见于奎，扫文昌，历大陵、五车、北河，入太微，扫帝座，前后百余日而止。"《天文志》云："三月辛亥，长星见西方，竟天，干历奎、娄，至角、亢而没。至九月辛未，转见南方，亦竟天，又干角、亢，频扫太微、帝座，干犯列宿，唯不及参、井。经岁乃灭。”《纪》言二月之彗，百余日而止，《志》言三月之彗，经岁乃灭。但皆起于奎而讫于太微、帝座，《纪》言历大陵、五车、北河，是在参、井之北，而不及参、井，与《志》言亦相符，必系同一彗星。查大业三年二月己丑，合于西历六〇七年三月十三日，三月辛亥，合于西历四月四日，皆与哈雷彗复见之期相符。

（13）唐武后光宅元年之彗（A. D. 684）

案《唐书·天文志》：“光宅元年九月丁丑，有星如半月，见于西方。”未详此彗之行道及所经之宿度。克氏《彗星论》云：“西历六八四年秋，哈雷彗见于昴，正在昴之左下，圆形无尾，与一八三五年所见之彗，有相似之点。”克氏此说，根据《古彗星图》（*The Lubieniecki Theatrum Cometicum*），较《唐志》为详。查光宅元年九月丁丑，合于西历六八四年十一月十一日，正哈雷彗复见之时。

（14）唐肃宗乾元三年之彗（A. D. 760）

案《唐书·天文志》：“乾元三年四月丁巳，有彗星见于东方，在娄、胃间。色白，长四尺，东方疾行，历昴、毕、觜觿、参、东井、舆鬼、柳、轩辕，至右执法西，凡五旬余不见。”查是年四月丁巳，为西历七六〇年五月十六日，经五旬余始灭，正合哈雷彗复见之期。克氏《彗星论》云：“七六〇年之哈雷彗，中国史纪之最详，郎厥所以能断定四五一年、七六〇年、一三七八年三彗相同之点，全恃中国史之纪录，故精确无误，复由摄动之理，继续推算以证实之。”由此可知，中国史之有助于欧西天学者，良非浅鲜，而我古人实测之精微，亦足为世界所推崇。

（15）唐文宗开成二年之彗（A. D. 837）

案《唐书·天文志》：“开成二年二月丙午，有彗星见于危，长七尺余，西指南斗；戊申在危西南，芒耀愈盛；癸丑在虚；辛酉长丈，西行；稍南指；壬戌在婺女，长二丈余，广三尺；癸亥愈长且阔；甲子在南斗；乙丑长五丈，其末两歧，一指氐，一掩房；丙寅长六丈，无歧，北指，在亢七度；丁卯西北行，东指；己巳长八丈余，在张；癸未长三丈，在轩辕右不见。”查是年二月丙午为十二日，合于西历八三七年三月二十二日，甲子为三月朔，合于西历四月九日，癸未为三月二十日，合于西历四月二十八日。克氏云：“当时西史所载见于四月，与中史不符，恐系二彗。”今观辛酉以后，均在西历四月，中西史未尝不符。《唐志》又言：“凡彗星晨出则西指，夕出则东指，乃常也。未有遍指四方，凌犯如此之甚者。”案此彗自丙午至丁卯，二十一日中，遍指四方，实属罕见。昔丙安氏初不知其为哈雷彗，惟欲推算其轨道，以求合于欣特黄道斜交度古狭今阔之学说。迨推算所得结果，始知各种原则与哈雷彗相合。复测得其轨道与黄道斜交约十度至十二度，足证欣特之说，信而有据。而此彗之确为哈雷彗，更无疑也。但丙安所推，是否根据《唐志》，并无明文可证。

（16）梁太祖乾化二年之彗（A. D. 912）

案《五代史·司天考》：“乾化二年四月壬申，彗出张；甲戌，彗出灵台。”壬申及甲戌，合于西历五月十三及十五日，正在哈雷彗复见之时，纪载虽略，已得大概。罗素三家《天文学》（Russell-Dugan-Stewart *Astronomy*）谓：“是年纪载，中西史均阙，独得诸日本。”其实西人移译中史，未得其详，而轻于悬断之误也，中国何尝无史哉。

（17）宋太宗端拱二年之彗（A. D. 987）

案《宋史·天文志》：“端拱二年七月戊子，有彗出东井、积水西，青白色，光芒渐长，晨见东北。旬日，夕见西北，历右摄提，凡三十日，至亢没。”寥寥数语，言下见象。查是年七月戊子，合于西历八月十三日，三十日后为九月中旬，与哈雷彗周期适合。

（18）宋英宗治平三年之彗（A. D. 1066）

案西历一〇六六年之彗，光芒之明，星行之速，为当时天文家所特别注意。哈雷上推之彗，即以此为始。《古彗星图》载此彗昏见于北河，而尾指南河，远不如《宋志》之详明。《宋史·天文志》云："治平三年三月己未，彗在营室，晨见东方，长七尺许。西南指危洎坟墓，渐东速行，近日而伏。至辛巳夕见西北，有星无芒彗，益东行，别有白气一，阔三尺许，贯紫微极星并房、宿，首尾入浊，益东行，历文昌、北斗，贯尾。至壬午星复有芒彗，长丈余，阔三尺余，东北指，历五车，白气为歧，横天。贯北河、五诸侯、轩辕、太微五帝座内五诸侯及角、亢、氐、房宿。癸未彗长丈五尺，有星孛气，如一升器，历营室至张，凡一十四舍，积六十七日，星气孛皆灭。"盖尔《彗星丛考》，虽有译载，未得其详，查治平三年三月己未，合于西历一〇六六年四月二日，在哈雷彗过最卑点后仅七日，足证《宋志》所述必为哈雷彗无疑。渥力佛云："是年之彗，西史极著名。因其时威廉帝（William）率诺曼法人（Normans）战胜英国，而此彗之图，绣在著名之帷幕（Bayeux Tapestry），据云出于皇后美泰尔达（Queen Matilda）之手。"希腊史学家茶诺司（Zonares）云："此彗初见如望月，无尾，渐小而灭。"当时西史所载，皆极简略。

（19）宋高宗绍兴十五年之彗（A. D. 1145）

案《宋史·天文志》："绍兴十五年四月戊寅，彗星见东方，丙申复见于参度。五月丁巳化为客星，其色青白，壬戌留守张，至六月丁亥乃销。"是年四月戊寅，合于西历一一四五年四月二十六日，在哈雷彗过最卑点后仅七日，五月丁巳合于西历五月二十五日，相距不过一月，必系同一彗星。《志》言化为客星者，想当时所见形状不同，遂以为有变。渥力佛《彗星论》（Olivier's *Comets*）云："一一四五年哈雷彗复见在四五月，惟不甚明亮。"与《宋志》时期相合。

（20）宋宁宗嘉定十五年之彗（A. D. 1222）

案《宋史·天文志》："嘉定十五年八月甲午，彗星出右摄提，光芒约三丈以上，其体小如木星，凡两月，行历氐、房、心乃没。"八月甲午合于西历九月二十五日，正哈雷彗复见之时，西史所述，极为简陋，但云："此彗极红如一等星，尾长而锐，直指天顶。"并不说明其行道。克氏参酌《宋志》，其《彗星论》云："一二二二年之彗，极为明耀，月在其旁，为之无色，初见于摄提，经角、氐、房，至心而没。"欣特以次年七月所见之彗，光芒微弱，误为哈雷彗，及推算摄动之理，始明此误，乃断定一二二二年所见者为哈雷彗。

（21）元成宗大德五年之彗（A. D. 1301）

案《元史·天文志》："大德五年八月庚辰，彗出井二十四度四十分，如南河大星，色白，长五尺，直西北，后经文昌斗魁，南扫太阳，又扫北斗、天机、紫微垣、三公、贯索，长丈余，至天市垣巴蜀之东、梁楚之南、宋星上，长盈尺，至九月乙丑而灭，凡四十六日。"是年八月庚辰至九月乙丑，合于西历一三〇一年九月十六日至十月三十一日，凡四十六日，足证《元志》所述极合，而上表所推亦符。克氏云："中史之纪载精审，远非西史所能望其项背。当时西史所述，类多惝恍迷离，欲计测彗之行道，每易令人致误。自一四五六年以后，西学始突飞猛进，而中国乃故步自封。故自一四五六年至一八三五年间之诸彗，已有详明之纪录及精密之测算，足供参考者矣。"克氏之言，至为公允，观我国历代史志，虽进步甚迟，而实测所得，纪载甚详，尚足供近世天学之佐证。自十八世纪以后，遂一落千丈，致追踪西人，反望尘莫及，良可慨已。

（22）明太祖洪武十一年之彗（A. D. 1378）

案洪武时之哈雷彗，《明史·天文志》载入"客星"篇。自汉以来，客星恒与彗孛夹杂混书，《明史·天文志》承《晋志》《隋志》两志之成法，另立篇目，复别之曰"新出星"，宜有以区别，而"客星"篇所载，仍大半是彗。《志》云："洪武十一年九月甲戌，客星见于五车东北，发芒丈余，扫内阶，入紫微宫，扫北极五星，犯东垣少宰，入天市垣，犯天市，至十月己未，阴云不见。"是年九月甲戌合于西历一三七八年九月二十六日，十月己未合于西历十一月十日，正合哈雷彗复见之期。

（23）明景宗景泰七年之彗（A. D. 1456）

案《明史·天文志》："景泰七年四月壬戌，彗星东北见于胃，长二尺，指西南；五月癸酉渐长丈余；戊子西北见于柳，长九尺余，犯轩辕星；甲子见于张，长七尺余，扫太微北，西南行；六月壬寅入太微垣，长尺余；十二月甲寅彗星复见于毕，长五寸，东南行，渐长，至癸亥而没。"考西史此彗见于一四五六年七月，《古彗星图》首在北河，尾长六十度，扫舆鬼、轩辕、五帝座，其时白邑（Belgrade）陷于重围，故土耳其视此彗为不利。欧洲在十七世纪初，犹言彗有八凶，作歌传诵，以导农民。中国史彗孛之下，各有占验。古人好为灾异之说，中西如出一辙。

（24）明世宗嘉靖十年之彗（A. D. 1531）

案《明史·天文志》："嘉靖十年闰六月乙巳，彗星见于东井，长尺余，扫轩辕第一星；芒渐长，至翼，长七尺余。东北扫天樽，入太微垣，扫郎位，行角宿，东南扫亢北第二星，渐敛，积三十四日而没。"《法国天文学》载此彗之行道，在三台郎位之下，由爱毕因所测定，哈雷即据此而晤其周期。

（25）明神宗万历三十五年之彗（A. D. 1607）

案《明史·天文志》："万历三十五年八月辛酉朔，彗星见于东井，指西南，渐往西北；壬午自房历心灭。"《法国天文学》载此彗之行道，由文昌经常陈、左摄提，而入天市右垣，其尾初甚长，东北指，至天市垣渐短，西北指。此由刻白尔所测定，哈雷亦即据此以发明其周期。《淮安府志》云："万历三十五年八月，东北方彗气四五尺，近井。"不如《明志》之详，录之以备佐证云尔。

（26）清康熙二十一年之彗（A. D. 1682）

案明以前史志，哈雷彗周期所值，无不密合，足证古人测候之密，我史纪载之详，因哈雷伟大之发明，能确定其周期而益信矣。英天文家哈雷于西历一六八二年，即康熙二十一年，实测此彗之轨道，颇有与前史所载者相同，即断定其为同一彗星，而环行于太阳，有一定之时期，并预推一七五九年必将复见，后人遂名之曰哈雷彗。然其时天王、海王两星，尚未发见，行星摄动之理未明，推算彗道，难得精密，而哈雷得此良果，尤为世界所推崇。是年天文家希维利（Hevelius）亦经测绘有图，彗首光核之中，有特明之曲光如钩，颇为奇异。

（27）清乾隆二十四年之彗（A. D. 1759）

案是年之彗，哈雷早已断定其复见，后由克利亚荷得（Clairaut）推算其过最卑点在四月十三日，但预言或有一月之出入。及其实现，果在三月十三日，在南半天，视之甚明，其尾约长五十度，彗首中之光钩，一如康熙二十一年所见。《青浦县志》云："乾隆二十四年三月，彗星见南方，月余乃灭。"《娄县志》同。

（28）清道光十五年之彗（A. D. 1835）

案是年哈雷彗复见之时，不甚明亮，十月二十二日见于天市垣，尾长十度，彗首中钩曲之光，与前所见者同。司密司与侯失勒约翰（Symth and John Herschel）在好望角以远镜窥之，见此彗每夜变更其形状，有图载《谈天》，可参观也。

（29）清宣统二年之彗（A. D. 1910）

案是年哈雷彗复见之期，早经天文家之确定，并预推其发见之方向，而先期测候。希尔黄天文台（Helwan，Egypt）在一九〇九年八月二十四日，已首先用照相得之，海特尔堡天文台胡甫（Wolf，Heidelburg）在九月十一日始发见，其时此彗距日三一〇〇〇〇〇〇〇英里，距地更远，已能摄得其影象。于是随其行道，连续测之，直至一九一一年七月一日始灭，其时此彗距日五二〇〇〇〇〇〇〇英里，然强力远镜，尚能窥辨一月，始完全不见也。查此彗初见于东井之西部，缓缓向西退行，经毕、娄外屏而留，复向东进行，所经之路，与前略同，惟方向相反，而行渐速，至井而夕见，扫东井、舆鬼、柳、张而灭，此其行道之大略也。在一九一〇年五月初晨见，逐日渐明大，首如最明之恒星，尾长约六十度。十六日近日而伏，首不得见，但其尾仍高出地平，如光带，与天河仿佛，横扫天空约一百二十度。十九日此彗正在地与日之间。二十一日地球经过彗尾，气候并无变化，人类亦无感觉，日光如故，用远镜、分光镜、测光镜等种种试验，一无所得。盖此彗体积大而质量小，密度极微，其质量仅及地球质量百万分之一，其密度等于地面空气二十三万分之一，为完全透明体。故地球虽入彗尾，并无若何影响。二十一日以后为夕见，不如晨见时之明，然后逐渐暗小，递减极速，一若来之缓而去之急也。当时予在美国槐喜旁天文台（Washburn Observatory）随我师考慕史笃克（G. C. Comstock）观测，惟地处北美，所见不如南方之佳。《丹阳县续志》言：“是年四月彗星见，夜流如织。”纪载虽略，足证哈雷彗道与坟墓流星两道（η Aquarids）有密切之关系。（参观下《读方志偶记》篇）

（30）民国七十五年之彗（A. D. 1986）

案哈雷彗未来之周期，在民国七十五年，证诸历史上过去之事实及各家推算之结果，可以断其必见。此彗过最卑点之期，卡、克二氏推算极为精密，如一九一〇年之彗，所差仅二日有半。今克氏表仅言在二月，而未定日期，据麻尔敦《天文学》（Moulton's *Introduction to Astronomy*），则为四月二十九日，相差甚巨，尚待届时自证。

中国日斑史

古人观测天象，全恃目力，目力所及，无不殚精测候，虽日光强烈，未可逼视，而抱珥背璚及日中黑子，皆能于相当情形之下，观察而得其大概。考自汉及明，日斑之纪载，已有一千六百余年之历史，而当时欧西学者，尚不知日面之生有黑斑也，至抱珥背璚之属，更未梦想及之。读中西天文史者，安得不深佩中国古人测天之学，远在西人之上哉。史言如枣如李，如卵如桃者，书其形状也；数日而伏，数日而灭者，明其消长也；日赤无光，昼昏日晡者，所以详当时观测之情形也。揆诸近世学理，无不密合，爰以史志所载日斑，汇为一表，又从而推论之，借以见古人测候之精微云尔。

帝号	纪元	年	月	日	日斑	形状	现象	西历	备考
汉成帝	河平	元	三	乙未	黑气	大如钱	居日中央	前二八	《汉书·五行志》
灵帝	中平	四	三	丙申	黑气	大如瓜		后一八七	《后汉书·五行志》
		五	正		黑气	如飞鹊	数月始消	一八八	《后汉书·五行志》
晋惠帝	元康	九	正			若飞燕	数日乃消	二九九	《晋书·天文志》
	永康	元	一二	庚戌	黑气			三〇〇	《晋书·天文志》
	永宁	元	九	甲申	黑子			三〇一	《晋书·天文志》
	太安	元	一一		黑气			三〇二	《晋书·天文志》
	永兴	元	一一		黑气			三〇四	《晋书·天文志》
怀帝	永嘉	五	三	庚申		若飞燕		三一一	《晋书·天文志》
元帝	太兴	四	三	癸未	黑子			三二一	《晋书·天文志》
	永昌	元	一〇	辛卯	黑子			三二二	《晋书·天文志》
成帝	咸康	八	正	壬申	黑子		丙子乃灭	三四二	《晋书·天文志》
穆帝	永和	八			黑气	三足乌	五日乃止	三五二	《晋书·天文志》
		一〇	一〇	庚申	黑子	大如鸡卵		三五四	《晋书·天文志》
		一一	三	戊申	黑子	大如桃	二枚	三五六	《晋书·天文志》
	升平	三	一〇	丙午	黑子	大如鸡卵		三五九	《晋书·天文志》
废帝	太和	四	一〇	乙未	黑子			三六九	《晋书·天文志》
		五	二	辛酉	黑子	大如李		三七〇	《晋书·天文志》
简文帝	咸安	二	一一	丁丑	黑子			三七二	《晋书·天文志》

续表

帝号	纪元	年	月	日	日斑	形状	现象	西历	备考
孝武帝	宁康	元	一一	己酉	黑子	大如李		三七三	《晋书·天文志》
		三	三	庚寅	黑子	大如鸭卵	二枚	三七五	《晋书·天文志》
			一一	己巳	黑子	大如鸡卵		三七五	《晋书·天文志》
	太元	一三	二	庚子	黑子	大如李	二	三八八	《晋书·天文志》
		一四	六	辛卯	黑子	大如李		三八九	《晋书·天文志》
		二〇	一一	辛卯	黑子			三九五	《晋书·天文志》
安帝	隆安	四	一一	辛亥	黑子			四〇〇	《安帝本纪》
北魏孝文帝	太和	二三	六	己卯	黑子			四九九	《魏书·天象志》
			一二	甲申	黑子	大如桃	三枚	五〇〇	《魏书·天象志》
宣武帝	景明	二	八	戊辰	黑子		日赤无光	五〇〇	《魏书·天象志》
		三	正	乙巳	黑气	如鹅子	申酉复见	五〇一	《魏书·天象志》
			二	辛卯	黑气	如鹅子		五〇一	《魏书·天象志》
	永平	三	二	甲子	黑气		二	五一〇	《魏书·天象志》
		四	一一	癸卯	黑气	大如桃	二	五一一	《魏书·天象志》
明帝	延昌	二	闰	辛亥	黑气			五一三	《魏书·天象志》
后周武帝	天和	元	二	庚午	黑气	乌	日无光	五六六	《周书·武帝纪》
		二	一〇	辛卯	黑气	大如杯	日出入时	五六七	《周书·武帝纪》
				甲午	黑气	大如杯	六日乃灭	五六七	《周书·武帝纪》

续表

帝号	纪元	年	月	日	日斑	形状	现象	西历	备考
后周武帝	建德	六	一一	甲辰	黑子	大如杯	日晡时	五七七	《周书・武帝纪》
	大象	元	二	癸未	黑子	大如鸡卵	日出入时	五八〇	《周书・宣帝纪》
唐敬宗	宝历	二	三	甲午	黑气	如杯		八二六	《唐书・天文志》
			三	辛亥	黑子			八二六	《唐书・天文志》
文宗	太和	六	三	庚戌	黑子			八三二	《唐书・天文志》
	开成	二	一一	辛巳	黑子	大如鸡卵	昼昏至癸未	八三七	《唐书・天文志》
武宗	会昌	元	一一	庚戌	黑子			八四一	《唐书・天文志》
懿宗	咸通	六	正		黑气	如鸡卵		八六五	《唐书・天文志》
僖宗	乾符	元			黑子			八七四	《唐书・天文志》
		二			黑气	若飞燕		八七五	《唐书・天文志》
	光启	三	一一	己亥	黑气		下晡时	八八七	《唐书・天文志》
后唐明宗	天成	二	二	乙酉	黑气	如鸡卵		九二七	《五代・司天考》
宋太祖	开宝	七	正	丙戌	黑子		二	九七四	《宋史・本纪》
神宗	熙宁	一〇	二	辛未	黑子	如李	至乙巳散	一〇七七	《宋史・天文志》
	元丰	元	闰正	庚子	黑子	如李	十九日散	一〇七八	《宋史・天文志》
		二	二	甲寅	黑子	如李	至癸亥散	一〇七九	《宋史・天文志》
徽宗	崇宁	三	一〇	壬辰	黑子	大如枣		一一〇四	《宋史・天文志》
		四	一〇	壬辰	黑子			一一〇五	《宋史・天文志》

续表

帝号	纪元	年	月	日	日斑	形状	现象	西历	备考
徽宗	政和	二	四	辛卯	黑子	大如栗	乍二乍三	一一一二	《宋史·天文志》
		八	一一	辛亥	黑子	大如李		一一一八	《宋史·天文志》
	宣和	二	五	己酉	黑子	大如枣	日无光	一一二〇	《宋史·天文志》
		三	一二	辛卯	黑子	如李		一一二二	《宋史·天文志》
高宗	建炎	三	三	己卯	黑子		壬寅始消	一一二九	《宋史·天文志》
	绍兴	元	二	己卯	黑子	大如李	三日乃伏	一一三一	《宋史·天文志》
		六	一〇	壬戌	黑子	如李	丙寅始消	一一三六	《宋史·天文志》
		七	二	庚子	黑子	大如李	旬日乃消	一一三七	《宋史·天文志》
			四	戊申	黑子	大如李	至五月乃消	一一三七	《宋史·天文志》
		八	二	辛酉	黑子	大如枣		一一三八	《宋史·天文志》
			一〇	乙亥	黑子			一一三八	《宋史·天文志》
		九	二		黑子		月余乃没	一一三九	《宋史·天文志》
			一〇	甲戌	黑子			一一三九	《宋史·天文志》
		一五	六	丙午	黑子		丁未复见	一一四五	《宋史·天文志》
		一九	一一	丙寅	黑子		斜角交行	一一四九	《宋史·天文志》
		三〇	八	庚午	黑子	状如人		一一六〇	《宋史·天文志》
孝宗	淳熙	一二	正	癸巳	黑子	大如枣	戊戌至庚午同	一一八五	《宋史·天文志》
		一三	五	庚辰	黑子	大如枣	至甲申伏	一一八六	《宋史·天文志》

续表

帝号	纪元	年	月	日	日斑	形状	现象	西历	备考
光宗	绍熙	四	一一	辛未	黑子		庚辰灭	一一九三	《宋史·天文志》
宁宗	庆元	六	八	乙未	黑子	大如枣	六日乃消	一二〇〇	《宋史·天文志》
			一一	乙酉	黑子	大如枣	二十日伏	一二〇〇	《宋史·天文志》
	嘉泰	二	一二	甲戌	黑子	大如枣	丙戌乃消	一二〇二	《宋史·天文志》
		四	正	癸未	黑子	大如枣		一二〇四	《宋史·天文志》
	开僖	元	四	辛丑	黑子	大如枣		一二〇五	《宋史·天文志》
理宗	嘉熙	二	一〇	己巳	黑子			一二三八	《宋史·天文志》
恭帝	德祐	二	二	丁酉	黑子	如鹅卵	相荡久之	一二七六	《宋史·天文志》
明太祖	洪武	二	一二	甲子	黑子			一三七〇	《明史·天文志》
		三	九	戊戌	黑子			一三七〇	《明史·天文志》
			一〇	丁巳	黑子			一三七〇	《明史·天文志》
			一一	甲辰	黑子			一三七〇	《明史·天文志》
		四	三	辛未	黑子			一三七一	《明史·天文志》
		六	一一	戊戌	黑子			一三七三	《明史·天文志》
		七	二	庚戌	黑子			一三七四	《明史·天文志》
		八	二	辛亥	黑子			一三七五	《明史·天文志》
			九	癸未	黑子			一三七五	《明史·天文志》
			一二	癸丑	黑子			一三七五	《明史·天文志》

续表

帝号	纪元	年	月	日	日斑	形状	现象	西历	备考
明太祖	洪武	一四	二	壬午	黑子		至乙酉止	一三八一	《明史·天文志》
		一五	闰二	丙戌	黑子			一三八二	《明史·天文志》
			一二	辛巳	黑子			一三八三	《明史·天文志》
神宗	万历	二五	五	辛卯	黑饼			一五九七	《明史·天文志》
		四四	八	戊辰	黑光			一六一六	《明史·天文志》
		四六	闰六	丙戌	黑气		至戊子止	一六一八	《明史·天文志》
熹宗	天启	元	四	甲戌	黑气			一六二一	《明史·天文志》
		四	正	癸未	黑子		二、三,凡四日	一六二四	《明史·天文志》
			四	癸酉	黑气		日中摩荡	一六二四	《明史·天文志》
怀宗	崇祯	一一	一一	癸亥	黑子			一六三八	《明史·天文志》

上表所集日斑之见于史者，凡一百有一，其间三次，未详月日，今将其观测之时，统计如次：

正月	二月	三月	四月	五月	六月	七月	八月	九月	十月	十一月	十二月
十次	十八次	十一次	四次	四次	四次	无	四次	三次	十三次	十九次	八次

自十月至三月冬春二季，共七十九次，四月至九月夏秋二季，共一十九次。冬春之观测，约四倍于夏秋，或因冬春之间，太阳近地，日斑较大而易见，或因夏秋之间，日光热烈，不便观察，亦未可知。

观史志所载日斑，或曰日中黑气，或曰日中黑子，不言其在日面之何部；有志其形状者，有不志其形状者，其所志形状，约可分为三大类。

第一类	圆形	杯	桃	李	栗	钱
第二类	椭圆形	鸡卵	鸭卵	鹅卵	瓜	枣
第三类	不规则形	飞鹊	飞燕	人	乌	

日斑之形状本各不同，其生存之时期，亦有长短。第一类圆形日斑，最为安定，变化甚微，而存在最久，中心特黑，四周稍淡，日斑黑形之外，日面之光，相衬愈见明亮，不用远镜望之，如黑点小球，所谓如李如杯者，形容尽之矣。古人观测天象，全恃目力，乃能言之尽善。但日光强烈，未可逼视，必在迷雾之中，日光暗淡，始可观望，故史言日中黑子，每谓日赤无光者是也；或在日出入时，近于地平，蒙气较大，日光较弱，视之稍易，故史言日中黑子，每谓日出日晡者是也，足证史志所载，皆由实测，决非凭空臆造也。宋程大昌《演繁露》，述及以盆贮油，观望日食，想古人测验日斑，或亦有用此法也。[予十六岁时（光绪二十四年）阴历元旦，先父以淡墨水置面盆中观望日食，甚清晰。民国八年，予曾如法以观日斑，见圆形黑子大小两枚]

日斑之生长，往往成群而起。其最普通者，两斑并生，且相密近。前一斑恒为圆形，其色极黑，后一斑较大而略淡，不定为圆形。两斑之间，每生无数小斑，寿命甚短，不久即灭。史志所谓如卵如枣者，属第二类椭圆形，系两斑相密近，望之如椭圆，其间小斑，固非寻常目力所能及。

有时无数日斑相属而生，望之如雁行，系第三类不规则形。民国九年三月二十一日，日将落时，在暮色朦胧之中，得见日斑一群，弯曲而成一百二十度之角，如人字形，不用远镜，皆得见之，史言如飞鹊、如飞燕者，即是此类。

远镜未创以前，史志所载日斑，必为大而易见者，故至多不过二三枚，存在数日或数月而灭，此与日斑消长之理相合。

日斑之生长，自有盛衰之期，经历年之实测，确定其周期为十一年余，今以上表所书日期推之，其数相近，惟第三类所纪不多，其平均周期较大。

案自汉中平至晋元康凡一百余年，晋隆安至北魏太和凡九十九年，后周大象至唐宝历凡二百四十余年，后唐天成至宋开宝凡一百余年，宋德祐至明洪武凡九十余年，洪武万历间又二百余年，皆无黑子之纪载，或未经观测，或史志阙漏，未敢悬断。予尝考诸西史，自一六四五年至一七一五年，其间七十年，并无大日斑。为寻常目力所能见者，史有阙文，未必测天者之不加注意也。惟《隋书》《元史》，独无黑子之纪载，为可异耳。而唐初及明中叶，各有二百余年，亦无史可据。盖日斑之观测，原不若彗孛流陨之注目。日月交食之易见，在远镜未创以前，徒恃目力，而欲求其按期不忒，亦为事实所不能。

美国天文家海尔（G. E. Hale）为近时研究太阳分光之专家，其所著《宇宙之底》一书（*The Depths of the Universe*）有云：“中国古人测天之精勤，至可惊人，日斑之观测，远在西人之前约二千年，历史纪载不绝，且相传颇确，自可征信。独怪欧西学者，在此长时期中，何以竟无一人注意及之，直到十七世纪应用远镜之后，方得发见，不亦奇哉！”

《春秋》日食考

《春秋》日食，最为著名，古今中外学者，论之多矣，惟《春秋》历法凌乱，置闰错乖，各家长历，互有出入，而交食之推算，全恃乎历法。清代诸家，恒用时宪术以上推，算数繁复，仍未能密合。于是有经误、传误、术误之争，夏正、商正、周正之辩，众说纷纭，莫衷一是。光绪间南通冯澂，撰《春秋日食集证》一卷，搜集各家学说，推求实朔交周，极为详备，但限于时宪术之范围，仍不免毫厘千里之失。今根据奥泊尔子《日月食图表》（Th. R. V. Oppolzer's *Canon der Finsternisse*），以西历相当年月，合诸《春秋》日食，汇为一表，凡合朔时分，日食类别及所经地带，确为中原所能望见者，皆足以证明之，而各家长历之谬误，亦得以自见矣。兹先述表例如次。

第一项　经书日食　本表日食，录自《春秋》，年月干支，悉遵原本，惟删去其春王秋冬等月名，查《春秋》干支，皆与后世相连续，故历法虽屡经变更，而古代日序仍得赖以质证。

第二项　西历　本表所用西历，为奥古斯督修正之《儒略历》，因史实关系，从史家之纪年法。例如鲁隐公三年，为西元前七二〇年，奥氏表依历家之纪年法，则为西元前七一九年，此宜注意者也。以西历日期推算中国干支，清初汤若望创其法，载《徐家汇年历》（*Calendrier Annuaire*），检查最便。

第三项　儒略周日　本表以西历之后，注以儒略周日，便于计算长时间之日期，而不受历法之拘束。由西历以求儒略周日，用之已极普遍，可不赘述。至由儒略周日以求中国干支，亦足为考查之佐证，爰附录于表后，以便检阅。

第四项　合朔　合朔时分，在奥氏表用格林威基平时，今本表改为东经一百二十度之地方平时，始与《春秋》所载朔日相符。例如文公十五年六月朔，以格林威基平时计之，为西元前六一二年四月二十七日二三时四五·五分，合诸中原标准时为四月二十八日七时四五·五分，而儒略周日亦应加一日，始与史实相合。

第五项　类别　日食分全食、环食、全环食、偏食四种，皆依据奥氏表之推算。

第六项　所经地带　日食时月影尖锥所经地带，奥氏表有起点、中点、终点之经纬度，即所见日食在日出、日中、日入之处，复有图表明，故日食起讫及日食时分，一目了然。今本表仅截取中国部分，或最近中国之处，但以证明中国之可见与否，借省篇幅也。

第七项　备考　《春秋》周正、夏正，聚讼纷纭。如隐、桓之正皆建丑，庄、闵、僖、文、宣之正建子及建丑者相半，至成、襄、昭、定、哀之正而又建子，间亦有建戌、建亥者，今悉以周正建子为标准，列入备考项下，凡原与周正相符者，不另注，以清眉目。

春秋日食表

	经书日食			西历			儒略周日	合朔		类别	所经地带	备考
	年	月	日	年	月	日		时	分			
鲁隐公	三	二	己巳	前七二〇	二	二二	一四五八四九六	八	三八·二	全食	南洋群岛	周为三月
桓公	三	七	壬辰朔	前七〇九	七	一七	一四六二六五九	一四	五〇·七	全食	黄河流域	既。周为八月
	一七	一〇	朔	前六九五	一〇	一〇	一四六七八五七	一五	三六·九	环食	中国以南	周为十一月
庄公	一八	三		前六七六	四	一五	一四七四六一九	一六	二二·〇	全食	西南至台湾	周为五月
	二五	六	辛未朔	前六六九	五	二七	一四七七二一八	一一	二五·八	环食	长江流域	周为七月
	二六	一二	癸亥朔	前六六八	一一	一〇	一四七七七五〇	一一	四二·九	环食	黄河以北	
	三〇	九	庚午朔	前六六四	八	二八	一四七九一三七	一五	二·六	全食	黄河流域	周为十月
僖公	五	九	戊申朔	前六五五	八	一九	一四八二四一五	一四	二四·〇	全食	长城以北	
	一二	三	庚午	前六四八	四	六	一四八四八三七	一六	三〇·〇	全食	蒙古西北	周为五月
	一五	五		前六四五	二	三	一四八五八七〇	三	四一·八	偏食		周为三月
文公	一	二	癸亥	前六二六	二	三	一四九二八一〇	一二	五〇·三	环食	长江流域	周为三月
	一五	六	辛丑朔	前六一二	四	二七	一四九八〇〇七	七	四五·五	全食	新疆,蒙古	
宣公	八	七	甲子	前六〇一	九	二〇	一五〇二一七一	一五	一四·四	全食	西北至江苏	既。周为十月
	一〇	四	丙辰	前五九九	三	五	一五〇二七〇二	七	五五·七	环食	菲律宾	
	一七	六	癸卯	前五九二	四	一七	一五〇五三〇二	一五	五六·二	环食	澳洲	周五月
成公	一六	六	丙寅朔	前五七五	五	九	一五一一五三三	一五	五四·一	全食	长江流域	
	一七	一二	丁巳朔	前五七四	一〇	二二	一五一二〇六四	九	二九·〇	全食	蒙古,满洲	周为十一月

续表

经书日食				西历			儒略周日	合朔		类别	所经地带	备考
	年	月	日	年	月	日		时	分			
襄公	一四	二	乙未朔	前五五九	一	一四	一五一七二六二	六	三七·六	环食	长江、黄河间	
	一五	八	丁巳	前五五八	六	二九	一五一七七九三	一三	一三·九	偏食		
	二〇	一〇	丙辰朔	前五五三	八	三一	一五一九六八三	一四	二九·五	环食	澳洲南	
	二一	九	庚戌朔	前五五二	八	二〇	一五二〇〇三七	一四	三〇·二	环食	西北至东南	
	二一	一〇	庚辰朔	前五五二								
	二三	二	癸酉朔	前五五〇	一	五	一五二〇五四〇	一〇	三九·七	环食	新疆至福建	
	二四	七	甲子朔	前五四九	六	一九	一五二一〇七一	一三	二七·三	全食	长江流域	既
	二四	八	癸巳朔	前五四九								
	二七	一二	乙亥朔	前五四六	一〇	一三	一五二二二八二	九	四·一	全食	长江流域	周为十一月
昭公	七	四	甲辰朔	前五三五	三	一八	一五二六〇九一	一三	四〇·四	全食	南洋群岛	
	一五	六	丁巳朔	前五二七	四	一八	一五二九〇四四	一二	一五·七	环食	西南至东北	周为五月
	一七	六	甲戌朔	前五二五	八	二一	一五二九九〇〇	一六	五六·五	环食	蒙古,满洲	周为九月
	二一	七	壬午朔	前五二一	六	一〇	一五三一二八九	一一	一四·〇	全食	西藏至蒙古	
	二二	一二	癸酉朔	前五二〇	一一	二三	一五三一八二〇	一二	九·三	全食	中国西南	
	二四	五	乙未朔	前五一八	四	九	一五三二三二二	九	三二·九	环食	亚洲西北	
	三一	一二	辛亥朔	前五一一	一一	一四	一五三五〇九八	一一	三·七	全食	蒙古,满洲	
定公	五	三	辛亥朔	前五〇五	二	一六	一五三七〇一八	一四	三四·三	环食	中国西南	

续表

经书日食				西历			儒略周日	合朔		类别	所经地带	备考
	年	月	日	年	月	日		时	分			
定公	一二	一一	丙寅朔	前四九八	九	二二	一五三九七九三	一二	三八·二	环食	长江流域	周为十月
	一五	八	庚辰朔	前四九五	七	二二	一五四〇八二七	一二	一四·三	全食	中国之南	
哀公	一四	五	庚申朔	前四八一	四	一九	一五四五八四七	一二	三二·四	全食	西南至江苏	

案经书日食既者凡三，古人以日食在七分以上者谓之既，揆诸上表，皆系全食。一为桓公三年，经黄河流域；一为宣公八年，由西北而至江苏；一为襄公二十四年，经长江流域，皆确为中原所能望见，足证经传纪载之确。

《春秋》日食，或书朔，或不书朔；或书日，或不书日。庄公十八年三月之日食，《穀梁传》曰："言日不言朔，食晦日也；言朔不言日，食既朔也；不言日，不言朔，夜食也。"王夫之、赵子常不从《穀梁》，而独取其夜食之说。吴守一曰："以历推之，是食于昼，非食于夜也，夫夜食既不见矣，何据而书，夜食而书，史不胜纪。"其说至当，今查是年日食，合朔在十六时二十二分（东经一百二十度地方平时），则初亏复圆尽在昼中，中原可以望见，不得谓之夜食。沈括《梦溪笔谈》云："卫朴推《春秋》日食得三十五，惟庄公十八年三月之日食，古今算皆不入食限。"郭守敬云："入食限在夏三月，于周为五月，经文误五为三"，是也。冯澂推得实朔在十六时五十七分三十一秒（北平平时），最为密近。《穀梁》谓之夜食，误也。

《春秋》日食，中国不可见而误书者有二，年月不符并无日食者亦有二。如僖公十五年五月之日食，范宁、杨士勋皆谓之夜食。冯澂推之，实朔用时为四时十分四十秒，食甚用时为四时十九分三十四秒（北平平时）。今本表所推合朔，为四时四十一分，与冯氏相近，初亏固在夜中，复圆日尚未出，并无带食，中原望之，自不可见。又昭公二十四年五月之日食，起于西比利亚之西部，略偏东，即向西而折入北冰洋，为时极短，中原亦不可见。故或有因此二者，遂决定《春秋》日食，皆由后人推算而假托者，但知其有日食，而不能计及所经之地，此后世历家之通病也。然《春秋》日食，如由后人推算假托，当不止三十有七，必系经传之误书。即如襄公二十一年十月及二十四年八月，并无日食，亦系传写之误，《大衍》《授时》推之，皆不入食限，前人谓为错简，亦非无据，但必欲移置他处，亦不免多事。盖春秋二百四十二年间，中国可见之日食，奚止三十有七，如必以为错简而移易，虽年月类似，亦不胜枚举，何必强为牵合？至月日有参差，乃系《春秋》置闰之误，已注备考项下，可参观也。

《春秋》日食，有不书干支者三，有干支不符者三，可由汤若望之推算法校正之，并由儒略周日以旁证之。

（1）桓公七年十月朔，以西元前六九五年十月十日及儒略周日一四六七八五七，按法推之，当为庚午。（参观文鑫《历代日食考》）

（2）庄公十八年三月，如前法推之，当为壬子。案《隋书·律历志》谓“壬子朔”是也。《元史·历志》云：“周正当在五月壬子朔入食限，经误五为三。”足证前人之推算，亦颇核实。

（3）僖公十五年五月，如法推之，当为甲申。案杜预《长历》谓：“五月壬子朔。”《隋志》谓：“刘孝孙推癸未朔。”《元志》谓：“《大衍》推四月癸丑朔入食限。”而朱兆熊又推为壬午，皆未合。王韬《春秋日食考证》云：“五月壬子朔，并无日食，惟古术谓二月甲申朔入食限。”干支相合，而月仍有误。冯澂云：“寅月甲申朔日食，周正建子，当在三月，经文误三为五”，是也。

（4）宣公十七年六月癸卯，如前法推之，当为乙亥。案江永《群经补义》云：“此史误也，姜岌《大衍》《授时》皆云，‘此年五月乙亥朔入食限，六月甲辰朔不应食。’按食当在五月，而朔又非癸卯，此等误处，后世史家多有之。”其说至当。

（5）襄公十五年八月丁巳，如法推之，当为丙戌。案杜注云：“八月无丁巳，丁巳七月一日也，日月必有误。”今推得丙戌比丁巳后二十九日，丁巳为七月一日，则丙戌当为八月朔。杜氏但知其月误，而未知其干支误也。

（6）昭公七年六月甲戌，如法推之，当为癸酉，相差一日。姜岌云：“六月乙巳朔不应食。”是已知日食不在六月，而朔非甲戌也。《大衍》云：“当在九月朔。”郭守敬云：“是年九月甲戌朔入食限。”是已知日食当在九月，而不知朔仍非甲戌也。王韬云：“九月癸酉朔日食。”始合矣。又可从儒略周日相差之数，比较而旁证之，盖其相差之数，如能以六十除尽之，则其干支必相同。今昭公十七年九月朔之儒略周日，与襄公二十三年二月癸酉之差及昭公二十二年十二月癸酉之差，皆能以六十除尽之，足证其干支亦相同。

附录　由儒略周日以检干支法

一五八二年，法人史迦利厥（J. J. Scaliger）以西元前四七一三年一月一日为儒略周起算之元，命之为〇日，合诸我国干支，当为癸丑，则儒略周日一为甲寅，十一为甲子，余可类推。爰制表于下，以便检查。

1　甲寅	11　甲子	21　甲戌	31　甲申	41　甲午	51　甲辰
2　乙卯	12　乙丑	22　乙亥	32　乙酉	42　乙未	52　乙巳
3　丙辰	13　丙寅	23　丙子	33　丙戌	43　丙申	53　丙午
4　丁巳	14　丁卯	24　丁丑	31　丁亥	44　丁酉	54　丁未
5　戊午	15　戊辰	25　戊寅	35　戊子	45　戊戌	55　戊申
6　己未	16　己巳	26　己卯	36　己丑	46　己亥	56　己酉
7　庚申	17　庚午	27　庚辰	37　庚寅	47　庚子	57　庚戌
8　辛酉	18　辛未	28　辛巳	38　辛卯	48　辛丑	58　辛亥
9　壬戌	19　壬申	29　壬午	39　壬辰	49　壬寅	59　壬子
10　癸亥	20　癸酉	30　癸未	40　癸巳	50　癸卯	60　癸丑

既知儒略周日数，以求干支，甚为简便，凡儒略周日以六十除之，若余数为1，即甲寅，2即乙卯。其他皆可按表求之。例如鲁隐公三年二月己巳，儒略周日为一四五八四九六，以六十除之，其余数为16，检表得己巳。又如哀公十四年五月朔，儒略周日为一五四五八四七，以六十除之，其余数为7，检表得庚申。此法用以覆核干支之是否相符，最为便捷。

历代日食统计

我国日食，始载《书》《诗》，为世界最古之纪录。古人重视日食，较彗孛流陨为尤甚。历法疏密，验在交食，故朝野注目，台官密测，当时借以警惕人主，虽不免偏于占验，杂以禨祥，而纪载相传，后世赖以质证。春秋二百四十二年，日食三十有七，屡经中外学者，推究考校，准确无误者凡三十三，中国不可见而误书者有二，年月不符并无日食者亦有二。

《汉书·律历志》曰："古历遭战国及秦而亡，汉存六历，虽详于五纪之论，皆秦汉之际，假托为之。"盖战国时七雄争霸，兵连祸结，古历散佚，测候凌乱。自《春秋》所书最后日食，在鲁哀公十四年，至汉初日食，在高帝三年，其间二百七十七年，马端临搜考史传，载诸《文献通考》者，仅七日食而已，非特不书晦朔，甚至日月无考，疏漏舛误，莫此为甚。且贞定王二十六年之日食为偏食，赧王十四年之日食，虽系全食，但周都洛阳，所见不及三分，而史皆言昼晦，似系目睹全食之象，殊属不合。秦庄襄王三年四月之偏食，中国不可见，恐亦有误。

两汉四百有八年，班、范书所载日食凡一百三十一，合之《古今注》共一百四十，京师不见，外郡报闻者，亦皆据实录之。惟汉初用《颛顼历》，继改《太初历》，末用《四分历》，有月食加时之术，而无推算日食之法，有平朔而无定朔，故日食在晦者多于在朔。亦有先晦一日，后朔一日者，《公羊》所谓或失之前，或失之后也。年月不符并无日食者凡三，或系纪载失实，或系传写有误，此史失之也。

三国鼎立，蜀承东汉之后，沿用《四分历》，吴用《乾象历》，魏初亦用《四分历》，比《吴历》或有后一日者，继用《景初历》，比《蜀历》又有先一日者矣，故三国晦朔，互有出入。《晋书·天文志》，合魏晋两朝一百九十八年，起于魏黄初二年，迄晋元熙元年，所书日食八十有一，又有载在本纪而未经列入《天文志》者凡二，合之共得八十有三，在晦者九，不言晦朔者九，仍不免有一日之先后。

南北朝之纪载，最为纷歧。李延寿撰《南史》《北史》，而不作诸志。南朝自宋武帝永初元年，至陈后主祯明二年，北朝自魏明帝泰常五年，至隋文帝开皇八年，其间一百六十九年，《南史》所书日食凡三十六，而《北史》所书乃七十九，年岁相同者仅二十七。其间尚有年合而月不合者，有月合而日不合者，抵牾凌乱，莫此为甚。郑樵《天文略》所载日食，直录《隋书·天文志》，惟《隋志》南止及梁陈，北止及齐周，故宋、魏、南齐之日食，无由考见。即梁陈两代日食，见于史者，实有十四，而《隋志》仅书其四，亦未详尽。马端临《象纬考》，搜集两朝帝纪中所载日食，南宋齐梁陈，北魏周齐隋，分别纪录，去其复重者，凡八十有七。今考诸《宋书》《魏书》《南齐书》诸书，共得日食一百有九，始知马氏尚多遗漏。惟两朝日食，中国不可见者，约占三分之一，想皆由预推，而未经实测者也，其余月日不符及干支误书者，亦复不少。此等误处，后世史家皆有之，但无如两朝之多耳。

《唐书·天文志》曰："凡著纪二百八十九年，日食九十三，朔九十一，晦二日。"但《志》所载日食，在朔者仅九十，在晦者二，在二日者一，所谓"晦二日"，语意不明，史有阙文，复查《旧唐书》所载日食，为《新志》所无者凡九。今参阅两书，共得日食一百有二。唐始用定朔，故日食在晦者尚有二，在二日者尚有一，仍不免有先后之失，惟纪载已较前代为明确。如长安二年，开元十七年，天宝十三年，上元二年之日食，或言既，或言几既，或言不尽如钩，或言大星皆见，皆为中原可见之全食，足证当时得之实测，故能言之尽善。惟开成五年之日食，史未明言，极易忽视。案《唐书·天文志》云："开成五年十月癸卯，日旁有黑气来触。"不言日食，亦不言朔，《旧唐书》又不载，查是日确有环食，经澳洲东南，中原望之，不及一分，故《新志》但云黑气来触，此唐历失之预推，而得之目验者也。

五代自梁乾化元年，讫周显德二年，凡四十五年，《旧史》所载日食凡二十，合之《契丹国志》及《辽史》日食，共得二十有六，平均计之，不及二年一日食，悉为中原所能望见，足证诸史所载，皆经实测。晋天福二年一月之月食，确系偏食。《旧志》云："日出东方，以带食三分渐生，至卯时复满。"其说至当，为《司天考》所未有。

宋代日食，皆由太史局先期预推，故《宋史·天文志》，常有验之不食及云阴不见之说，当时以为人君之修德，足以挽回天变，甚至举朝称贺，媚兹一人，遂不深究其理。惟太史局预推食分之多寡及日食之时刻，实较前代为详，且日食无不在朔，已见历法之进步。今以《宋史·天文志》《契丹国志》及《辽》《金》两史所载日食，自建隆元年起，到宝祐元年止，凡二百六十三年，共得一百五十有二。宝祐元年以后，《宋史》尚有八日食，因载在《元史》，故计入元代日食，以免重出。

元郭守敬去虚立之元，凭实测之数，造《授时历》，破古来治历之习，开后世新法之源。明末西人至尊之为中国第谷（Chinese Tycho），《授时历议》推究《书》《诗》《春秋》日食及三国以后口食三十五事，以验历法之疏密，具见《元史·历志》，则所推当代日食，自宜精密无误。然《元史·天文志》，自中统元年起，至至正二十七年止，凡一百一十八年，所载日食六十有一，中国不可见者约占十分之一。惟大德三年八月，《志》言至期不食，其他并无说明，何疏漏至此。或者明修

《元史》，宋濂辈急于编纂，仅六阅月而告成，为期过促，不免有舛误阙漏之处，非测天者之咎也。如世祖至元十九年之日食，确系环食，《天文志》谓“日体如金环然”，可见元代《实录》，未尝无确当之纪载，殆为作史者之任意删削，致多掠美耳。

明代推算日食，初用大统法，继用回回法，后用西法。其法载在《新法历书·交食历指》，系译第谷之法，约分为二：一曰加时早晚，预推日食三限之时刻也，一曰食分深浅，预定日体被掩之分秒也，布算虽繁，极为详尽，但有明二百七十五年，史纪日食凡一百四十五，日食时刻及食分多少，皆略而不录，实为憾事。明《大政纪》等所载日食，未经采入《明史》者，有五十余。虽其间中国不可见者为多，亦《明史》之疏也。

清初日食，载在《清朝文献通考》，列举三限时刻、食分多寡及所在宿度，极为详晰，前代所未有也。惟仅及乾隆五十年为止，日食凡四十八，五十年后四次日食，见于《清史稿·天文志》。乾隆以后，无史可考，钦天监之纪录，荡然无存，深为可惜。虽各省通志及府厅州县志，亦有零星纪载，但毫无系统。闻历年时宪书，尚存故宫图书馆，可以检查当年之日食，但皆属预推，而未经实测者也。予尝搜索史志，作《历代日食考》十二卷，因得统计如下表①。

日食 历代	偏食	全食	环食	全环食	无考	总数
古代（《书》《诗》）	〇	一	〇	一	〇	二
春秋	二	一八	一五	〇	二	三七
战国及秦	二	三	二	〇	〇	七
两汉	二三	五四	四六	一四	三	一四〇
魏晋	二〇	三〇	二六	三	三	八三
南北朝	二〇	四一	四六	二	〇	一〇九

① 编者注：底本表中数据与前文不同。今同底本。

续表

日食 / 历代	偏食	全食	环食	全环食	无考	总数
唐	一四	三七	四七	四	〇	一〇二
五代	六	一一	九	〇	〇	二六
宋	二六	五三	六六	七	〇	一五二
元	一二	二一	二〇	八	〇	六一
明	四一	四四	四六	一四	〇	一四五
清	六	一九	一九	八	〇	五二
总数	一七二	三三三	三四二	五七	八	九一六

考郑世子书论日食，言自汉至隋凡二百九十三，唐至五代凡一百一十，宋凡一百四十八，元凡四十五。揆诸上表，自汉迄元凡六百七十四，较郑说增多七十有八，合诸汉以前及元以后，日食之载在正史者凡九百十六，清乾隆以后未与也。其间年月不符，无日食可考者，仅八，不及总数百分之一，可见史志纪载之明确。

据奥泊尔子《日食图表》，三千三百六十八年中，有八千日食，平均计之，每百年约有日食二三七·五。其间偏食最多，占八三·八，环食次之，占七七·三，全食又次之，占六五·九，全环食最少，占一〇·五。观上表偏食反比全食为少，足证史志所失载者偏食为多。盖偏食所见之地方有限，而食分较浅，古人或不重视，或未注意，故失载较多。且古人以日食三分以下为不救，不救与不食同，故有时食分过浅，遂尔不书，此偏食所以特少也。

《汉书·天文志》客星考

客星者，无期变星也，其名始见于《天官书》，而不详其形状。《汉书·天文志》实录所载，恒与彗孛相混，李淳风撰《晋志》《隋志》，始别出其目，谓其见无期，其行无度，以周伯、老子等星属之。而《晋志》以周伯为祥，《隋志》以周伯为妖，吉凶妖祥，系以一星，又出诸一人之笔，果何凭哉。唐宋诸志，沿袭相承，大同小异。《明史·天文志》谓之新出星，系译自西名，意义较为明了，而“客星”篇所载仍大半是彗，至乾隆《续文献通考》，以客星为诸异星之总名，而漫无区别。盖古人测候虽勤，分类未密，或者当时之所谓客星，非即近世之所谓新星。故史志彗孛之中，复有蓬星、烛星等名称。然历代史志所书客星，有确为新星者，而蓬星、烛星中则绝无也。其所以夹杂混书者，《汉志》实首开其例。案《汉志》所纪客星凡六，考证之如次。

（1）元光元年六月客星见于房

案此乃著名之客星也。《谈天》云：“马端临《文献通考》所载客星，大半是彗，然其中亦有真客星。汉元光元年六月客星见于房，或即依巴谷所见之星也。杨西爱《天文学》（C. A. Young's *General Astronomy*）亦云然。考西纪元前一三四年依巴谷发见客星而作《恒星表》，但西史未详月日，未志方位，不如《汉志》之简明。毕渥德（Biot）作《客星录》，以《汉志》所述列第一，詹白氏（Chambers' *As-*

tronomy，Vol Ⅲ.）承之，俱见卓识。他家皆以依巴谷为世界发见客星第一人，实未读《汉书》，亦未知毕、詹二氏之所据。或有竟谓依巴谷发见客星于房，时见于近人所著天文学，张冠李戴，殊可笑也。

（2）元凤四年九月客星在紫宫斗枢极间

案詹白氏以此列入《客星表》。

（3）地节元年六月戊戌甲夜，客星居左右角间，东南指，长可二尺，色白；其丙寅，又有客星见贯索东北，南行；至七月癸酉，夜入天市，芒炎东南指，其色白。

案此为彗星而非客星也，考汉地节元年六月，日在柳宿，与角宿相距六十余度，初昏角宿高出西地平，此彗在左右角二星间，灿然可望。彗之首恒向日，《志》言东南指者，尾指东南，首向西北也。汉六月日落西北，故彗首亦向西北，其理甚显。甲夜者始夜也，即初昏之候。颜之推曰："古之甲夜、乙夜、丙夜、丁夜、戊夜，犹后之一更、二更、三更、四更、五更也。"戊戌至丙寅二十八日，贯索在西北，此彗在贯索之东北，正南行，入天市垣，仍东南指，其色亦白，是系同一彗星。

（4）黄龙元年三月，客星居王梁东北可九尺，长丈余，西指，出阁道间，至紫宫。

案此亦彗星也，故尾长丈余（古以丈尺量天度，不如今测之密）。阁道在王梁之东北，此彗由阁道而至紫宫，尾西指者，首必向东。汉三月日在娄，娄在阁道之东南，即日在阁道之东南，三月日出东南方，故彗首向东，是为晨候。《晋书·天文志》云："凡彗星夕见则东指，晨见则西指。"盖夕则日在西，尾东指者，首向日也，晨则日在东，尾西指者，首亦向日也。

（5）初元元年四月，客星大如瓜，色青白，在南斗第二星东可四尺。

案此乃客星也，据西史之统计，客星之出现，恒在天河及螺旋星云之中，或其附近。其见于天河近旁者，尤以南斗箕尾间为最多。今此星近南斗，相距仅四尺，是系客星出现之处。汉四月日在毕，南斗过子午圈，约在夜半，则此星竟夜可见。

（6）初元二年五月，客星见昴分，居卷舌东可五尺，青白色，炎长三寸。

案此乃彗星而非客星也。汉五月日在井，距卷舌东南三十余度，今此彗在卷舌东，距日甚近。《志》云炎长三寸，可见其尾之短也。

轩辕流星雨史略

仰观星象，时见四方流星，大小纵横，不计其数，古之所谓星陨如雨，夜流如织者，今天文家谓之流星雨是也。由地望之，若俱从天空一公点发出，有一定之时期，我国史志纪载独多且详。在立冬后五六夜之流星雨，其公点近轩辕十二，故名之曰轩辕流星雨，西名狮子流星雨（Leonids）。意人沙怕勒利测定其周期为三十三年又百分年之二五，美国钮敦（H. A. Newton）搜集中国、欧洲、阿拉伯诸史，自九〇二年至一八三三年，其间九百余年，合于轩辕雨之纪载者，仅得十有三次，采诸中国史者六七，虽未能按期不忒，而周期所值，确有可据。因考订如次。

（1）后唐明宗长兴二年九月丙戌，众星交流。丁亥，众星交流而陨。（《五代史·司天考》）

案长兴二年九月丙戌及丁亥，合于西历九三一年十月十六及十七日，钮敦所推为十月十四日，疑有误。

（2）愍帝清泰元年九月辛丑，五鼓初，有大星如五斗器，西南流，尾迹长数丈，色赤，移时盘屈如龙形，蹙缩如二铧，相斗而散。又一星，稍小，东流，有尾迹，凝成白气，食顷方散。（《五代史·司天考》）

案是年九月辛丑，为西历九三四年十月十三日，与钮敦所推合。

（3）宋真宗咸平五年九月丙申，有星出东方，西南行，大如斗，有声若牛吼，小星数十随之而陨。戊戌又有星数十，入舆鬼，至中台，凡一大星偕小星数十随之。其间两星如升器，一至狼，一至斗灭。（《宋史·天文志》）

案是年九月丙申，为西历一〇〇二年十月十二日，钮敦所推为十月十四日，但指戊戌而言。

（4）元顺帝至正二十六年十月己丑，流星如酒杯大，分为三星，紧相随，前星色青明，后二星色赤，尾约长二丈余，起自东北，缓缓往西南行，没于近浊。（《元史·天文志》）

案至正二十六年十月己巳，合于西历一三六六年十月二十二日，与钮敦所推合。查是年十月无己丑日，《元志》己丑，系己巳传写之误。

（5）明嘉靖十二年九月丙子夜，南方流星如盏；壬辰、戊戌并如之；庚子昏刻北方流星如盏，发光如碗，有五小星随之。（《续文献通考》）

案《明史·天文志》云："自中台东北行近浊，尾迹化为白气，四更至五更，大小流星纵横交行，不计其数，至明乃息。"《高邮县志》《仪征县志》俱言天星散落如雨，揆诸时期方位及现象，均合于轩辕雨，钮敦所推为西历一五三三年十月二十四日，合于嘉靖十二年十月丙子，壬辰为西历十一月九日，戊戌为十一月十五日，庚子为十一月十七日，《明志》与《续通考》所书九月，系十月之误。

（6）万历三十年九月辛未，有大小星数百，交错行。（《明史·天文志》）

案钮敦所推为西历一六〇二年十月二十七日。

（7）清康熙五年十月十一日四更，有大星见东南，众小星随之，或上或下，倏左倏右，大星陨，小星亦随之而陨。（《松江府志》）

案是年十月十一日，合于西历一六六六年十一月八日，正合轩辕雨出见之时。据钮敦所推为康熙三十七年，此志所载，适合钮敦所推前一期，故录之以备参考。

案《谈天》云："钮敦考相传之书，知自唐昭宗天复二年至道光十三年，共有十三次。天复二年在霜降前七夜，以后日期移易不匀。至道光十三年则在立冬后六夜，故发见轩辕雨之日期，在九百三十一年中，渐移后二十八日，约百年移后三日也。"予未敢以一经西人之推测，即认为精确无误，惟既经各天文家之研究，还读吾国史志，益觉古人观测之精，自有独到之处，非西史所能望其项背。且西人译载吾史，往往仅得零星片段，而未能尽悉其义例。故考证原史，表而出之，俾后之西人读吾史者，当能知其本末，而国人之读西书所译者，亦不致数典而忘祖矣。

江苏陨石小史

陨石之能书其地、计其数者，自《春秋》星陨于宋五始。《汉书》自惠迄平百九十年，陨石十有一次，为数凡四十，成哀间尤屡见。汉以后纪载更多。江苏陨石之见于史者，始自《隋书·天文志》，惟代远年湮，已失所在，前人素不重视，听其湮没。如始皇之诛石旁人而燔其石者有之，未闻有加爱护者也。今欧美各国博物院，搜集陨石，大小不一，然皆属近代之物，盖欧西学者在十九世纪以前，尚未证实陨石之出自星体也。我国发明最早，考诸史策而有据，访诸父老而有闻，惟能确指其地，探得其石者，寥若晨星。兹以史志所载陨石，谛审其起讫及所坠处所，确在江苏境内而可以指名者，则采录之，以备他日之访求焉。

（1）隋开皇十二年五月癸未，有流星陨于吴郡，为石。（《隋书·天文志》《松江府志》）

（2）大业十二年五月癸巳，有大流星从北来，磨拂竹木，皆有声，至吴郡城下坠地。时刘元进举兵据郡，见而恶之，令掘地入二丈，得一石，径丈余。（《隋书》《北史》《苏州府志》）

（3）宋治平元年，毗陵日晡时，有大声如雷震，一星如月，出东南，再震移西南，三震星陨，在宜兴屺亭许氏园，藩篱俱爇。火息视地，一窍深三尺余，犹灼灼。久暗，热不可近，复得拳石，头微锐，其色如铁，郡守郑伸取以遗润州金山寺。（沈括《梦溪笔谈》，《宋史》

《宜兴县志》《阳湖武进合志》）

（4）淳熙十六年，陨石于楚州宝应县，散如火，甚臭腥。（《宋史》《宝应县志》）

（5）元至正十六年冬，有星陨，如新断青石。（《吴江县志》）

（6）明永乐十三年九月二十日，嘉定民周伴叔，见空中白气，来自西北，有声如雷，坠宝山之南，往视，获一黑石。（马氏《文献通考》，《嘉定县志》）

（7）宣德三年，邳州民高浩家，昼落一星，为石。（《徐州府志》）

（8）嘉靖三十九年夏，陨石于华亭五库镇。（《松江府志》）

（9）万历六年秋，有星陨徐州东乡，牧人掘之，得物如石，色青，长九寸，广四寸，下锐上平。（《徐州府志》）

（10）万历二十六年，有星陨徐河东，光辉数亩，色如磁石，知州曹士毅藏于库。（《徐州府志》《铜山县志》）

（11）万历四十六年十月辛酉，有星如斗，陨于南京安德门外，声如霹雳，化为石，重二十一斤。（《明史·天文志》）

（12）崇祯二年，萧县陨星如狗头，著地尚热。（《萧县志》）

（13）清康熙十五年五月，有星陨瓢湖岸，坠地有声，居民掘之，见一黑石，手按尚热，重十九斤。击碎以刀磨之，火光四射。（《松江县志》）

（14）康熙四十八年十月，安东星陨，声如雷，百里震动，坠清河张家庄，化为石，入地二尺，重十三斤。（《淮安府志》作张家庄，《清河县志》作罗家荒）

（15）乾隆十三年五月，陨石于东台。（《东台县志》）

（16）咸丰十一年三月，宿迁沭河两岸，陨石数十，声如雷。（《徐州府志》）

（17）光绪二十四年五月二十六日，天空有声如铜鼓，陨石于车门里。（《丹阳县续志》）

（18）民国十七年，太仓城东北，杨、林、岳、王等乡，闻天空有声如轻雷，陨石三数块，农人拾得，送由乡公所，转送县政府。石色似猪肝，微带黑褐，重八九两以至斤余，含有铁质，状如长方之旧大秤锤，惟四面略光，不似新经分裂者。现藏民众教育馆。（《江苏通志采访录》）

案金坛有三星村，因陨石而得名，今尚存其二。前年县长沈君崇及《通志》采访殷墨卿，曾前往查勘，约摄影见寄而未果。金山之千巷，亦有流传。昆山有陨石，尚完好，相传为东晋时所落。他如苏州府学之陨石及常州之落星石，年月皆不可考。至于陨星之在江苏境内者，史志所载甚多，惟仅记其所坠之地，而不言其为石为铁，故概不采录。

历代仪象志

我国测天之器，相传最古，而其制不可考。自汉洛下闳作浑天仪，始立仪象之权舆。大抵以六合、三辰、四游重环凑合者，谓之浑天仪，以实体圆球绘黄赤经纬，而缀以星宿者，谓之浑天象。粤稽上古，葛天作权象，伏羲作旋盖，容成作盖天，颛顼作浑天，尧立浑仪，舜察玑衡，仪象之设，由来远矣。汉太初时洛下闳营浑仪；永元时贾逵造铜仪；延熹时张衡制浑象，以漏水转之，璇玑所加，某星始见、某星方中、某星已没，皆如合符，先儒所言蔡邕所欲寝伏其下者是也。吴王蕃法东莱，依乾象而制仪，晋刘裕入咸阳，得浑仪以归宋。宋以铜制，梁以木制，魏以铁制，六朝之器，胜于魏晋。隋作盖天之图，而莫有更为浑象者矣。唐李淳风再造之，南宫说修缮之，梁令瓒、僧一行更精铸之。水运浑天，昼夜自转，木人报刻，机械益精，议者以为张衡灵宪，不能逾也。五代纷乱，旧器散佚，宋张思训准开元之遗法，而别出新意，韩显符本淳风之旧制，而复行增损。于是一改于皇祐，再改于熙宁，三改于元丰，四改于元祐。若熙宁沈括之议，元祐苏颂之台，宣和玑衡之制，其详密精审，实足以超越前人，为有宋一代之精华。靖康变起，未及迁运，测验之器，尽归金人。高宗南渡，重创浑仪，已乏专家，读苏颂之书而莫识，求朱熹之仪而未得，测候之功，不绝如缕矣。金既取汴，尽迁宋器于燕。贞祐南渡，欲镕铸成物而不忍毁拆，如迁运全器则艰于辇载，又复委而去之。元兴定鼎于燕，袭用金旧，但规环不协，难复施用。成吉思汗以黄金饰仪，徒壮观瞻，札马鲁丁造西域诸器，暂新耳目。咱秃哈剌吉者，汉译浑天仪也；苦来亦撒麻者，汉译浑天象也。异域之制，亦未能超越乎前规。迨郭守敬、王恂辈出，创简仪、仰仪之属，制器渐精，《明志》所谓测天之器，后胜于前也。明定燕京，迁其器于江南，设观象台于南京鸡鸣山。成祖北迁，复仿造于故都，设观象台于北京齐化门，测得南北太阳出入时刻之不同，冬夏昼夜长短之各异。万历间有利玛窦、阳玛诺、徐光启，崇祯间有罗雅谷、汤若望、李天经，本我古法，参以西术，相继述作，其制大备。满清入关，沿袭明制，康熙重创六仪，乾隆复铸新仪，古物尽充废铜，台下尚留元器。庚子之役，拳匪召祸，联军入京，清宫西避于长安，京师尽陷于暴敌，宫中宝物，搜括一空。而观象台仪器庄严，构造朴茂，为测天之所，文化之地，乃德军不顾道义，蔑视文献，毁拆诸器，尽辇归国。迨欧战以后，德人为公理所迫，始将原物归还，但沦于异域者已十有七年，残阙锈蚀，自不能免。今保存于台上者尚有八仪，陈列于台下者计有四器，徒供考古者之鉴赏而已。测天古物，尽在于斯，睹厥遗制，能毋喟然。

《唐风》三星说

《诗·唐风·绸缪》首章曰："绸缪束薪，三星在天。"二章曰："绸缪束刍，三星在隅。"卒章曰："绸缪束楚，三星在户。"刺嫁娶之不及时，举正时以讽之也。毛《传》以三星为参，"在天"谓十月始出东方，"在隅"谓见于东南隅，"在户"谓正月中直户。郑《笺》以三星为心，"在天"谓当三月之末四月之中，"在隅"谓当四月之末五月之中，"在户"谓当五月之末六月之中。两家之说，各执一星，各执一时，后之学者，宗郑尊毛，各立门户，众说纷纭，莫衷一是。今验诸实测，全天星象，凡三星之近相直而明大者，不仅参三星、心三星，尚有河鼓三星也。考诸《史》《汉》："参为白虎，三星直者是衡石。""心大星天王，前后星子属。""河鼓大星上将，左右左右将。"三星并称，形体相类者，全天亦惟此三星耳。诗人观象明时，即咏此三星也。所谓三星在天者，参三星也。盖时在冬季，参宿中天，《月令》季秋"草木黄落，乃伐薪为炭"，《诗》云"绸缪束薪"，则燎炬以为烛，盖古嫁娶之礼然也。三星在隅者，心三星也。时在春暮，心宿初升，《小雅》"终朝采绿"，本男女怨旷之词，《笺》以绿为王刍。《诗》云"绸缪束刍"，正指暮春天气，亦犹《桃夭》之起兴也。三星在户者，河鼓三星也。时及新秋，河鼓当户，《尔雅》河鼓谓之牵牛，张衡谓牵牛、织女七月七日相会者，即此星也。看牛女之相会，而感嫁娶之及时矣，

《诗》云“绸缪束楚”，正霜降逆女之时也。诗人以三时之星，明嫁娶之时，所以不及夏者，非其时也。若笺传各家之说，专指一星，不免迂拘，有失诗旨，不然众星在望，任取一星可已，诗人又何必独咏参三星，抑心三星哉？

说　辰

《尧典》曰："历象日月星辰。"《左传》曰："岁时日月星辰。"日月星谓之三辰，为天之文，读中国天文史，可知上古天文与辰有密切之关系。《左传·昭公七年》，晋侯问于士文伯曰："多语寡人辰而莫同。"可见辰之意义，在春秋时已有不少。故沈括《梦溪笔谈》云："天事以辰名为多。"兹搜集经传辰之来历，以觇中国天文学之变迁。

（1）《书·皋陶谟》："抚于五辰。"注云："五行之时谓之五辰。"

（2）《周礼》："春官冯相氏掌十有二岁，十有二月，十有二辰，十日，二十八星之位。"疏云："辰谓子丑寅卯等，日谓甲乙丙丁等。"《离骚》曰："摄提，贞于孟陬，兮，惟庚，寅吾以降。"注云："摄提，岁也，孟陬，月也，庚寅，日辰也。"《左传》："浃辰之间。"谓自子至亥十二日也。

（3）《论语》："譬如北辰。"《尔雅·释天》："北极谓之北辰。"《朱子语类》云："北辰是中间不动处。"邵子曰："天之无星处皆辰。"

（4）《书·胤征》曰："辰弗集于房。"注曰："《左传》日月之会是谓辰，弗集谓日食也。"

（5）《春秋》："昭公十七年有星孛于大辰。"《公羊传》曰："大辰者何，大火也。大火为大辰，伐为大辰，北辰亦为大辰。"注云："大火谓心星，伐为参星，大火与伐，所以示民时之早晚，天下所取正，北辰，北极，天之中也，故皆谓之大辰。”

（6）《左传》：“三辰旂旗。”注云：“日照昼，月照夜，星运行于天，昏明递匝，民得取其时节，故三者皆为辰。”

（7）《诗·大雅》：“我生不辰。”《尔雅·释训》云：“不辰，不时也。”

沈括曰：“星有三类，一经星，北极为之长，二舍星，大火为之长，三行星，辰星为之长，故皆谓之辰。北辰居所，而众星共之，故为经星之长，大火天王之坐，故为舍星之长，辰星日之近辅，远乎日不过一辰，故为行星之长。”由经传所载辰之意义，固属不少，然总括之约可分为二类，一星辰之辰，以辰为天象之代表，如大火、参伐、北极、日、月、星之类；一时辰之辰，以辰为时间之阶段，如一月、一日、一时及五行之时之类。

（一）辰为北极

《论语》“譬如北辰，居其所而众星共之。”朱子《集注》曰：“北辰北极，天之枢也。”又《语类》曰：“北辰是那中间不动处，这些子不动，是天之枢纽。北辰无星，缘人要取此为极，不可无个记认，就其旁取一小星，谓之极星，这是天之枢纽。”古以北极为天中不动处，自岁差之理明，然后知北极亦动，因北极之移动，而极星亦古今不同矣。周秦之际，以帝为极星，《天官书》“其一明者”是也。隋唐以天枢为极星，故李淳风撰《晋志》《隋志》，谓四辅抱极，天枢为北极五星之一，为五等以下小星，朱子取旁一小星为极星者是也。宋苏颂《新仪象法要》，以天枢为极星。《明史·天文志》，犹曰天枢即北极星。今以句陈一为极星，盖此星距极不过一度有余。北极五星之说，自《晋书·天文志》始，《论语》之所谓北辰，与《尔雅》之北辰为北极，非指后世之所谓赤极，乃《天官书》中宫天极星之意，合帝、后、太子、庶子四星而不数天枢，其一明者为帝，为当时之北极星。后人以《论语》"居其所而众星共之"一语，推想北辰为北极无星之处，实则古人之所谓北辰、北极，皆指天极四星而言。邹伯奇谓："凡大星如大角、天狼、老人、北落等，可以一星为一座。若小星则必联数星，然后成形象。古人必不孤指一小星为北辰审矣。犹大火谓之大辰，伐谓之大辰，皆不必定指一星也。谓之北辰者，居天之北，以正四时也。"

（二）辰为商星

《左氏传》子产曰："昔高辛氏有二子，伯曰阏伯，季曰实沈，居旷林，不相能，日寻干戈，以相征讨。后帝不臧，迁阏伯于商丘，主辰，商人是因，故辰为商星。迁实沈于大夏，主参，唐人是因，固参为晋星。"后人引用此典，不以辰与参星名并言，亦不以商与晋地名并称，而独言参商，以喻阔别，此其所以不可解也。参为白虎，西方七宿之一，著名之赤道星座也。辰为星名，大火谓之大辰。《尔雅》以房、心、尾为大辰，《汉志》以氐、房、心为大火，《夏小正》以大火为心，辰为房星，《初学记》注、《说文解字》亦皆以辰为房。如据《尔雅》之说，则尾与房均属诸大辰，故以辰为房与以辰为尾，皆可通。案《左传》，辰为商星，是以辰为尾较为密合。盖尾宿第五星，与参宿第三星之赤经，相距约一百八十度，故参在昼则尾在夜，尾在昼则参在夜，参出尾没，尾出参没，二星永不并见于天空。若以辰为房，则春分夜半，或冬至初昏，房出东南，参未尽没于西北也，不得以喻阔别不相见。《说文》云："参商，星也。"语已含混，盖参固星名，商非星名也。而顾炎武《日知录》谓："《说文》参为商星为不合天文。"是误以商星二字连读，为参字之解，亦不免疏忽之甚矣。

读方志偶记

方志向无天文，所纪彗孛流陨，或根据目见，或得诸传闻，列入灾祥变异之类，初不知其与天文学理有密切之关系也。兹述二则于后，以为稽古证今之鉴云尔。

（一）康熙三年之彗

《上海县志》云：“康熙三年冬，彗星见。”

《铜山县志》云：“彗星见东南方。”

《松江府志》云：“彗星初长二丈许，渐减五六尺。”

《川沙厅志》云：“尾向西北，数日后向东北，长三丈余，白光黯然。”

《东台》《常熟》两县志云：“十月彗星见，长二丈许，西北指，月余始灭。”

《昆山县志》云：“十一月朔彗星见，初旬从鸡鸣时起，长二丈许，至下旬初昏即见，长五六尺，凡一月而灭。”

《江阴》《金山》两县志云：“彗星出翼张，尾向西北，长三丈余，经五十余日，到娄而灭。”

案《昆山》言此彗初旬从鸡鸣时起，下旬初昏即见。《江阴》《金山》谓初出翼张，至娄而灭，前者指所见时间，后者指所在星宿，正相符合。盖十一月鸡鸣时，翼在东南，是为晨见，《铜山志》言“彗见东南方”，即此候也。彗之首恒向日，冬季清晨，日在东南，彗首即向东南，故尾向西北。初昏时娄在西南，是为夕见，日落西南，彗首亦向西南，故尾向东北，与《川沙志》言合。此彗由晨见而至夕见，必行过最卑点，凡彗星行至最卑点之时，尾渐长，行过最卑点之后，尾渐短，故初则尾长二三丈，继则渐减至五六尺。各志各载所见，合而观之，正足以说明此彗之现象，皆与学理相符，当时巴黎天文台台长葛西尼（Cassini）云：“此彗为正圆形，甚清晰，若木星然。”是中西所见之不同。

（二）流彗同道

《丹阳县续志》云：“宣统二年四月，彗星见，夜流如织。”

案志言虽极简略，但有至理存也。查宣统二年四月，为西历一九一〇年五月初旬，正值哈雷彗（Halley Comet）出见之期，又值坟墓流星雨（η Aquarids）发见之期，足证流星雨轨道与彗星轨道，有密切之关系。自一八六六年沙怕勒利（Schiaparelli）发见传舍流星雨（Perseids）之轨道，与杜特彗星（Tuttle Comet）之轨道相合。翌年，拉维安（Le Verrier）证明轩辕流星雨（Leonids）之轨道与但白勒彗星（Temple Comet）之轨道相合，天大将军流星雨（Andromedids）之轨道与比乙拉彗星（Biela Comet）之轨道相合。近年邓宁（Denning）、渥力佛（Olivier）皆证明坟墓流星雨轨道与哈雷彗轨道有密切之关系。《丹阳县续志》寥寥数字，足为流彗同道之证。

传舍雨	八月十日至十二日
杜特彗	八月十日（一八六二年）
轩辕雨	十一月十一日至十五日
但白勒彗	十一月十三日（一八六五年）
天大将军雨	十一月二十七日

比乙拉彗　　　十一月二十七日（一八七二年、一八八五年）

坟墓雨　　　　四月三十日至五月六日

哈雷彗　　　　五月四日（一九一〇年）

上表流星雨下之日期，为当时测见此雨之日；彗星下之日期，为此彗行至最近地球之日。

问字堂天文著述论中国学会第三期周刊

孙渊如先生，有清一代之考据家也。今读其《问字堂集》中天文各著，则不免食古不化，昧于天象，但知斗杓常指角亢，固执斗建之说。其《斗建中星表自序》云："此表出而知前人测恒星以岁差欺人。"孙氏不知岁差之理，恒星东行，浑天全转，而相与之方位不变，即恒星有自行之度，非积年久测，不易觉也，故仰观星象，斗杓恒向角亢二宿间，遂谓中星古今不移，反以何承天、祖冲之、唐一行岁差之无据，复痛诋梅勿庵不知天象。在文渊阁得见写本《开元占经》，载有黄帝、甘、石、巫咸诸家星名、星数，以为不传之秘，乃以《天官书》不能尽载黄帝诸家星数为疏漏，即凭此《占经》，作《补目》一卷，然何补于《天官书》哉？观孙氏《补目》，《四辅》下注："甘氏有云四星抱北极枢，按即后句四星。"即此一端，可见甘氏之言，系唐人讹托，而孙氏尚未明《天官书》后句四星何指也。盖唐时以天枢为极星，故四辅旁近，有抱极之象，李淳风撰《晋》《隋》两志，即以抱极四星为四辅。周秦之际，以帝为极星，四辅去极较远，甘公为战国时人，不得曰四辅抱极，显系唐人之语。《天官书》后句四星，指句陈之四明星，其大者为二等星，《天官》谓之正妃。句陈六星之说，自晋后始，况四辅四星，皆为六等小星，无缘称为大者也。《问字堂集》端，江叔沄赠言云："其他论天文者，尚容再阅细审。"意在言外，江处士之识卓矣。

其与处士书，论古今中星不异，谓："斗指子冬至，指癸小寒，至今不异，世人不知斗建，又不知古人之所谓昏，不能定古人之中星，斗建既与唐虞三代同，中星安得有古今之异。"若孙氏之言，中星古今不异，则恒星经纬度，一经测定，可以万古不易，何以《元史》所载古今六测，各各不同？孙氏不知岁差，不能辨别《尧典》《月令》中星之各异，乃谓世人不知古之昏候，欲移易时刻以求合，又不能证明汉魏以后中星不同之故，乃谓斗建与唐虞三代相同，因斗指角亢以勉强附会，胶柱鼓瑟，将汉人实测，一概抹煞，尚自命推崇汉学，能过屠门而大嚼，不被逐于三千里外者，幸已。（袁简斋与孙渊如书云，如再有一字争考据者，请罚清酒三升，飞递于三千里外，何如？）汉人不知岁差，此天然科学进化之程序，于汉学无伤焉。孙氏以岁差非汉学，遂竭力诋毁，甚谓何承天、祖冲之、一行之言天为乱苗之莠，不知何承天、祖冲之、唐一行承虞喜之后，实测岁差以治历，开中国天文史之新纪元，其功不亚于欧西之依巴谷、都禄亩、哥白尼诸家。孙氏仅见斗杓常指角亢，即谓天文至易知，至易明，作简单之中星表，而谓祖氏等以岁差欺人，抑知孙氏实以此自欺也。又谓梅勿庵之言天，凭臆度而不凭实测，知算学而不知稽古，孙氏能实测乎？徒知斗杓常指角亢也，孙氏能稽古乎？得见写本《开元占经》也，天文果至易知至易明乎？吾读其天文辩惑诸作，而知其见理未审而气已自夸，识之至浅而言之过激也。

《江苏通志·天文》小序

天文之学，岂仅治历者借以定岁时，测地者借以正疆域，航海者借以辨方位已哉？稽诸旧典，所称治历明时，授民作事，若《豳风》授衣，女红之事也；《唐风》三星，嫁娶之事也；《定之方中》，版筑之事也；农祥晨正，耕稼之事也。学者于是足睹一时政教之所行，风化之所趋焉。征诸象数，有岁差则恒星东行，有里差则经纬移易。故日星之出没，昼夜之永短，节气之早晚，交食之深浅，莫不因时因地而异。学者于是足睹世序之推移，方舆之区分焉。周秦以帝星为极星，《天官书》"太一常居"是也。隋唐以天枢为极星，《晋志》《隋志》四辅抱极是也。时异而岁差，所积以殊，此因天文以考见乎时者也。居北方则曰秋分候老人于南郊，在南方则曰老人星下列星灿然，地异而观测所得不同，此因天文以考见其地者也。方志之作，纵以纪时，横以纪地而已。《江苏通志》之志天文，意在明历数星象，而有以识其时知其地，则稽往察今，分经别界，三吴名邦之政教文物，自有其特具者，亦得以通其源已。

历代日食考

袁 序

余友贡三先生，博习经史，研精天算，尤能综贯古今中外，且政治繁冗中，不废箸述，使人心折何如。余不懂西文，三十年前性喜涉猎天算，惟译本是赖，近二十余年来，几全抛荒。前见有译自奥国奥泊尔子之《古今月食表》，自民国纪元前二七五五年，迄于民国二五二年者，因思日食尤关重要，西人专家中，对于古今日食或亦有专书。询诸贡三，谓奥氏原箸，原有八千日食，图表详明，今各国天文台推算日食，仍以此表为参考必需之书。然我国日食纪载最古，春秋以来，史不绝书，想当时见则书之于策，多由目验，较诸全凭推算者，更为实在。且古来历法疏密，验在交食，而交食之推算，又全恃乎历法。故考证古代日食，不仅足以觇历法之变迁，亦足以考史志之年月，不仅为步天者所当研究，亦读史者所宜考校也。所惜者史志日食，纪之过简，不经详细之推算，不能知其纪载之确否。如以考成之法推之，须三百四十五求，始得一次日食。算数繁重，人皆视为畏途。贡三学有专长，于经史天文研究有素，似不难借奥氏表以覆勘之，则何者应食，何者不应食，皆得了然矣。果也阅时三载，成《历代日食考》十二篇，搜罗史传，旁证博引，条分缕析，朗若列眉，洵为治经史天文者必不可少之书，亦发扬国学之鸿箸也。名山箸述，传诸千秋，余于是书卜之。

中华民国十九年三月四日弟袁希涛谨序

沈序

朱君贡三与予同出美天文家考慕司笃克之门，相与观测者有年，大学山巅，闷独湖畔，仰观星象，静夜晤对，恒至参横斗转。回忆旧事，忽忽二十余年。贡三研精天算，潜心箸述，常以疏通经史天文历法为己任，昕夕不懈，已脱稿之书凡若干种，固已为专家所盛称，去年又成《历代日食考》十二卷，自《书》《诗》《春秋》以迄清季，凡日食之载在史册者，搜罗殆尽。复以奥国天文家奥泊尔子日食图表，参稽考证。一一得其本末，检集历代日食之作，有若《文献通考》之《象纬考》，《图书集成》之《庶征典》，皆其类也。顾直录史志，初无系统，食于何时，见于何地，以及所食若何，每不明言，此贡三所以殚精覃思，详为考证者也。历代日食之考证。如晋杜预以古今十历验春秋交食，姜岌、一行、郭守敬诸家，相继述作。朱载堉、李天经皆有《古今交食考》，但只及数事，或仅及春秋，不过借以验历法之疏密而已。今贡三举史志所载，一一为之推解，条分缕晰，如数家珍，使二千余年古籍之所蕴藏，隐没而未彰者，一旦豁然贯通。于是古人测候之精微，得借此以传诸不朽，历史纪载之明确，亦得借此而增其价值。岂特发扬国光，昭示来兹，为考古之鉴，步天之资而已哉。昔刘歆与扬雄[①]书，

① 编者注：前文作杨雄。

谓萧何造律，张苍撰历，皆成于帷幕，千古传为美谈。今贡三于政治繁冗中，不废著述，积数年之心力，成空前之杰构，微论其造诣之深，即识度亦足以超越前人。今春初稿付梓，商务书馆被敌军所毁，遂同罹浩劫，贡三以予略有藏书，下榻予斋，重整底稿，搜索古籍，网罗新说，足不出户，忘寝废食。其用心之专，致力之勤，令人肃然起敬，因谨为之序。

民国二十一年冬至前三日同学弟沈燕谋谨序

绪 论

我国日食始载《书》《诗》，春秋以后，史不绝书，历法疏密，验在交食，足证古人之重视日食，较彗孛流陨为尤甚。故朝野注目，台官密测，当时借以警惕人主，修德行政，虽不免偏于占验，杂以机祥，而纪载相传，后世赖以质证。所惜者历代日食，纪之甚简。食于何时，见于何地，以及所食几何，皆不明言。《汉志》虽有不尽如钩，昼晦星见之说，及京师不见，郡国报闻之事，亦甚略焉。魏晋南北朝始偶纪食分之多寡及日食之起讫。唐宋以来纪之略详，但皆零星片段，未有系统，不经详细之推算，不能知其日食之有无及见食之情形，亦无由证其纪载之有合与否也。

寻绎汉以前诸史，无预言日食之文，亦无推算日食之法。自汉太初《三统》《四分》，始有日月会合之期，月食加时之术，以一百三十五月而二十三交，五百一十三岁而一千有八十一食。汉末刘洪欲改《四分》，先验日食，始悟月行有迟疾。魏黄初以后，始课日食疏密，《景初历》始求日食亏起角，日食去交限，后秦姜岌《三纪历》复有推求食分之法，始具规模。隋《皇极》《大业》诸历，有日食起讫，日食所在，食分多少之术。唐《戊寅》《麟德》《大衍》诸历，始去平朔而用定朔，有推算初亏食甚复圆诸术。《大衍》并步九服日晷，以定各地食分，法理始备，宋历日食无不在朔，有太史局之预推，司天监之实测，又较前代为详，故有时日食为中国不可见者，史志常有当食不食，阴云不见之说。元《授时历议》推算《书》《诗》日食二事，春秋三十七事及三国以后三十五事。较姜岌《大衍》更为详密。明代初用大统法，继用回法，后用西法，具详《新法历书》，郑世子、李天经前后箸《古今交食考》，郑法推究前代日食二十事，以《大统》比较得失，李则据《新法历书》推考前代日食二十五事，又比《授时》为密。清代所用直接算法，载在《历象考成》，虽算数繁复，极为精确，但已译自西法矣。

《文献通考》及《续文献通考》，搜集历代日食，号称广博，但遗漏尚多。今考诸二十四史及《图书集成·庶征典》，凡所书日食悉行录出，分代列表。清乾隆以前日食，采自《皇朝文献通考》，然后以史纪年月日化为西历，复考证奥泊尔子《交食图表》（Th. R. v. Oppolzer's *Canon der Finsternisse*），将合朔时分、日食类别及所经地带逐项校核。若合符节，查奥氏表之日食，全凭推算，而史所载之日食，多由实验，乃二者不谋而合，足证奥氏推算之密及我史纪载之确矣。

明史徐光启论日食，言自汉至隋凡二百九十三，唐至五代凡一百一十，宋凡一百四十八，元凡四十五。今予所搜集，自汉至元凡六百七十五，较徐说增多七十九，而各代亦互有出入。合诸汉以前及元以后，凡日食之见于史者，共得九百二十一。清乾隆以后，无史可考，未能列入，深恐尚有遗漏，兹就诸史所采集者，统计之如下表。

日食 历代	偏食	全食	环食	全环食	无食	总数
古代(《书》《诗》)	〇	一	〇	一	〇	二
春秋	二	一八	一五	〇	二	三七
战国及秦	一	六	二	〇	〇	九
两汉	二四	五六	四六	一四	二	一四二
魏晋	二〇	二九	二八	二	三	八三

续表

历代 \ 日食	偏食	全食	环食	全环食	无食	总数
南北朝	二〇	四一	四六	二	〇	一〇九
唐	一四	三七	四八	四	〇	一〇三
五代	六	一一	九	〇	〇	二六
宋	二六	五三	六六	七	〇	一五二
元	一二	二一	二〇	八	〇	六一
明	四一	四四	四六	一四	〇	一四五
清	六	一九	一九	八	〇	五二
总数	一七二	三三六	三四五	六〇	七	九二一

查奥氏表三千三百六十八年中有八千日食，平均计之每百年约有日食二三七·五：其间偏食最多，占八三·八；环食次之，占七七·三；全食又次之，占六五·九；全环食最少，占一〇·五。揆之上表，偏食反比全食为少，可见史志所失载者，偏食为多，盖偏食所见之地有限，而食分较浅，古人或不重视或未注意，故失载较多。且古时日食不及三分不救，不救与不食同，故有时食分过浅，遂尔不书，此偏食所以特少也。

奥氏图表经专家十人之助，尽二十余年之力，推算八千日食，上自西纪元前一二〇七年，下迄纪元后二一六一年，在此三千三百六十八年中之日食，无一漏列，一五八二年一〇月一五日改历以前用《儒略历》，改历以后用《格勒哥里历》。布算极为精密。今借奥氏表以证历代日食，得免毫厘千里之失，而无委曲推求之烦，虽中国可见之日食，史志尚多失载，而凡史志之所纪载者，皆足以证明之，或可为谈天之助，考古之鉴焉。

表 例

第一项史纪日食　本编日食，皆录自正史，年月干支，悉遵原本，查《诗经》《春秋》日食之干支，皆与后世相连续，故历法虽屡经变更，而古代日序仍得赖以质证。

第二项西历　以史纪年月日化为西历，一五八二年一〇月一五日改历以前，用奥古斯督修正之《儒略历》，改历以后，用《格勒哥里历》。汉平帝元始以后，即西纪元以后，中西历对照，悉依陈垣《二十史朔闰表》。

历家以西纪元元年之前一年为〇年，而史家因史实之关系，无〇年，故即谓之纪元前一年，本表重于史实，从史家之纪年法。例如鲁隐公三年，在本表为西纪元前七二〇年，而在奥泊尔子日食表则为负七一九年。

第三项儒略周日　儒略周为法人史迦利厥（J. J. Scaliger）所创造，用以计算长时间之日期，而不受法历之拘束，以七九八〇年为一周，上推西纪元前四七一三年元旦，为此周之元，命为儒略周〇日，以格林威基正午平时起算。今天文学上用之渐广，故本表于西历之后，注以儒略周日，以便查核。

中历计日起于夜半，西历计日起于正午，故其儒略周日或有一日之上下。(一九二五年国际天文学会决议计日之法，改在夜半，但儒略周日仍以格林威基平午起算)

第四项合朔　合朔时分，奥氏日食表用格林威基平时。今本表改用东经一二〇度地方平时，比格林威基平时早八时，始与史志所载日期相符。例如鲁文公十五年十月朔，以格林威基平时计之，为西纪元前六一二年四月二七日二三时四五・五分，合诸中原地方平时为四月二八日七时四五・五分，而儒略周日亦应加一日，始与史实相符。

第五项类别　日食分全食、环食、全环食、偏食四种，人在月影尖锥之内，若月之视径大于日之视径，则日光全被月体所掩，谓之全食。若月之视径小于日之视径，则见日面四周，露出光圈，谓之环食。月影尖锥恰及地面，谓之全环食。人在月影尖锥之外，得见日面之一部分被掩，谓之偏食。(在全食时月影尖锥所经地带之外，所见亦谓偏食，此宜区别）本表日食类别，皆依据奥氏之推算。

第六项所经地带　日食时月影尖锥所经地带，奥氏表有起点、中点、终点三种之经纬度，即所见日食在日出、日中、日入之处，并有图以示起讫，极为明晰。今本表仅截取中国部分，或最近中国之处，未经精密推算，但以证明中国之可见与否，借省篇幅也。

第七项备考　史志所纪日食现象，极为简略，然最关重要，故所纪虽仅一二字，亦必照录，以备参考。其他原史所载有误在月日者，有误在干支者，殆皆传写之失。今一一考订而校正之，亦列入此项，如有限于篇幅，不及尽载者，另于表后详注之。

一 古代日食考

（一）《书经》日食

古代日食，可考者惟《书》《诗》所载二者而已，《夏书·胤征》曰："乃季秋月朔，辰弗集于房。"后之论者，一说羲和沉湎于酒，司天失职，故《书》云："瞽奏鼓，啬夫驰，庶人走。"是骤睹日食之象，而仓皇惊骇也，亦即后世伐鼓用币之意。一说羲和聚党助羿，仲康乘日食之变，以正其昏迷之罪，故《书》云："歼厥渠魁，胁从罔治。"复引《政典》"先时者杀无赦，不及时者杀无赦"之语，以示古代重视日食之意。

《书经》仅言"辰弗集于房"，不纪仲康何年，至食于何时，测于何地，以及见食几何，皆未明言，殊难推测。案房之解有二，一以房为所舍之次，如《通鉴纲目》刘炫云："辰，日月之会，房，所舍之次，集，会也，会合也，不合则日食可知。"一以房为所在之宿，如唐一行《大衍历议》云："近代善术者，推仲康时九月合朔，已在房星之北，新术仲康五年癸巳岁，九月庚戌朔（西纪元前二一二八年一〇月一三日）日食在房二度，虞劆以为仲康元年，非也。"《唐书·天文志》亦云"日食在仲康即位之五年。"《元史·历志》《授时历》所推与《大衍》同。

今欲推求仲康时之日食，宜先明仲康时之纪年。案仲康在位十三年，据《竹书纪年》，仲康元年为己丑（西纪元前二一三二年），五年为癸巳（西纪元前二一二八年），此唐一行大衍新术所宗，李兆洛《纪元编》从之。而据《皇极经世》仲康元年为壬戌（西纪元前二一五九年），五年为丙寅（西纪元前二一五五年），此李天经《古今交食考》所宗，齐召南《历代帝王年表》从之。己丑后壬戌二十七年，已在帝相十五年，《大衍》授时积年距算，根据《竹书》，不免有窜乱之嫌。惟周共和以前纪年，颇难征信，即《皇极》之数，亦不合史实，《胤征》又系讹书，仲康日食，究在何年，殊难悬断。

昔虞劆以经文"肇位四海"，而断为仲康元年。阎若璩所推元年壬戌五月乙亥朔日食，在井而不在房，又非季秋月朔，与经文不合。复推四年乙丑九月壬辰朔日食，在氐而不在房，与经文亦不合。李天经所推五年丙寅九月丙戌朔日食在房，与经文相合，而合朔在次日日出之前，夏都安邑北极出地约三十五度十五分，不能望见。故密结尔（A. S. Mitchell）谓："前人所推仲康五年为西纪元前二一五五年，惟是年日食中国不可见。"奥泊尔子所推为西纪元前二一三七年一〇月二二日（甲申岁九月朔），与《夏历》季秋月朔相符，惟已在仲康之后。希利格（Schligel）、古纳德（Kühnert）所推为西纪元前二一六五年五月七日（丙辰岁三月朔），则又在仲康之前，乃据《左传·昭公十七年》所引《夏书》谓当夏四月之说，非季秋月朔，与经文亦不合。我国前人皆宗《大衍》，欧美学者皆宗奥泊尔子之说，但究在仲康何年，仍未能确定，不过公认《书经》日食，为世界最古之纪录而已。

（二）《诗经》日食

《诗·小雅》曰："十月之交，朔日辛卯，日有食之，亦孔之丑。"又曰："彼月而食，则维其常，此日而食，于何不臧。"《诗》序云："十月之交，大夫刺幽王也。"郑笺云："周之十月，夏之八月也，八月朔日，日月交会而日食。"《大衍历议》曰："虞劆以数推之，在幽王六年，开元术定交分四万三千四百二十九入食限，加时在昼。”戴震《诗补传》曰：“交者，月道交于黄道也，交乃有食，以步算之法上推幽王六年乙丑，建酉之月，辛卯朔，辰时日食。”密结尔谓：“西纪元前七七六年八月二一日有月食，九月六日有日食，惟此次日食中国仅见偏食，月食可见九分。”案幽王六年月食在九月望戌时，日食在十月朔辰时，两食迭见，故《诗经》以此并举，且以月食为常，日食为丑，更足证当时已有测算之经验矣。李天经《古今交食考》推得是日定朔在巳初三刻，食甚在辰正初刻，而所见食分仅三十秒。又据奥泊尔子所推，是日为全环食，所经地带在亚洲之北，北冰洋沿岸。周都洛邑，所见偏食约一分余，合朔在格林威基平时一时三〇·九分，合诸中原标准时，约在上午九时半，与辰时相符，惟李氏所推食分为过少耳。

如以干支推之，西纪元前七七六年九月六日，正为辛卯，可见《诗经》干支与后世相连续，而中西历对照相符，此一证也。又以儒略周日一四三八二三八推之，亦为辛卯，此又一证也。自幽王六年十月辛卯至鲁庄公二十六年十二月癸酉，相距一百有八年余，三九五一二日，适合六交食周（Soras），可见前后日食相符，此亦一证也。案十八年有十一日或十日，为一交食周，三周五十四年有一月，等于一九七五六日，日食所经地带将绕地一周而复返于同经度之处，惟南北不同耳，三九五一二日适等于二乘一九七五六日。中国当时并不知交食周之推算，足证前后日食，皆由实验，决非先期预推，亦非后人假托者也。

二 《春秋》日食考

古来考《春秋》朔闰，推《春秋》日食者多矣，汉刘歆以《三统历谱》巧说《春秋》，晋杜预以古今十历验《春秋》交食。后秦姜岌，唐僧一行，宋卫朴、沈括，元郭守敬相继推考，各有所本，惟《春秋》历法凌乱，置闰错乖，经传日月，各不相同。各家长历，互有出入，至清代治《春秋》之学者益多，考订愈繁，而纠纷愈甚。于是经误、传误、术误之争，夏正、商正、周正之辨，众说纷纭，莫衷一是。汪曰桢《历代长术辑要》，隐公以后与《春秋》不合。顾栋高《春秋朔闰表》，排比经传日月，与推算不符。罗士琳据《开元占经》用数，以订杜历之误，而撰《春秋朔闰异同》。邹伯奇以癸卯元术，上推平朔食限，而撰《春秋经传日月考》。王韬根据湛约翰（John Chambers）之推算，以西历对勘，而撰《春秋中西日食考》，皆为一时名著，仍未能精确无误。光绪中叶，冯澂撰《春秋日食集证》一卷，搜集古今诸家之说。据黄炳垕交食捷算法，用时宪术上推实朔交周，极为详备，但限于《时宪》之围范，捷算之简略，犹不免毫厘之失。今参稽各家之说，复证诸奥氏《日食图表》，以西历相当年月及儒略周日，合诸《春秋》日食，凡合朔时分，日食类别及所经地带，确为中原所能望见者，皆足按表以求之，而各家长历之差误，亦得以自见矣。

《春秋日食集证》云：“《春秋》周正、夏正，聚讼纷纭，如隐、桓之正皆建丑，庄、闵、僖、文、宣之正建子及建丑者相半，至成、襄、昭、定、哀之正而又建子，间亦有建戌、建亥者，致置闰亦与时宪术不合。”今悉以周正建子为标准，列入备考项下，凡原与周正相符者不另注。

案《春秋》日食三十七，书日与朔者二十七，书朔不书日者一，书日不书朔者七，不书日与朔者二；自隐公三年至宣公十七年，凡一百二十八年，纪载日食一十五，书朔者七，不书朔者八；自成公十六年至哀公十四年，凡九十四年，纪载日食二十二，书朔者二十一，不书朔者一。由此观之，宣公以前，平均约八年半书一日食，而不书朔者多；成公以后，平均约四年半书一日食，而不书朔者仅一，足证当时历家已知日食之必在朔，而观测所得，亦有合于天象，故后之纪载，较胜于前也。

《春秋》书日食既者凡三，虽未详尽，但皆确系全食。一为桓公三年，经黄河流域；一为宣公八年，由西北而至江苏；一为襄公二十四年，经长江流域，鲁都所见，皆在七分以上。全食虽不仅此三者，而纪载所及，亦足证其明确。

《春秋》日食，中国不可见而误载者有二（僖公十五年，昭公二十四年），年月不符并无日食者亦有二（襄公二十一年十月，二十四年八月），不书干支者三（桓公十七年，庄十八年，僖十五年），干支不符者二（宣公十七年，昭公十七年），皆史之误也，爰于附注中分别论之。

春秋日食表

史纪日食				西历			儒略周日	合朔		类别	所经地带	备考
帝号	年	月	日	年	月	日		时	分			
鲁隐公	三	二	己巳	前七二〇	二	二二	一四五八四九六	八	三八·二	全食	南洋群岛	周三月
桓公	三	七	壬辰朔	七〇九	七	一七	一四六二六五九	一四	五〇·七	全食	黄河流域	既，周八月
	一七	一〇	朔	六九五	一〇	一〇	一四六七八五七	一五	三六·九	环食	中国以南	周十一月（注一）
庄公	一八	三		六七六	四	一五	一四七四六一九	一六	二二·〇	全食	西南至台湾	周五月（注二）
	二五	六	辛未朔	六六九	五	二七	一四七七二一八	一一	二五·八	环食	长江流域	周七月
	二六	一二	癸亥朔	六六八	一一	一〇	一四七七七五〇	一一	四二·九	环食	黄河北岸	
	三〇	九	庚午朔	六六四	八	二八	一四七九一三七	一五	二·六	全食	黄河流域	周十月
僖公	五	九	戊申朔	六五五	八	一九	一四八二四一五	一四	二四·〇	全食	长城以北	
	一二	三	庚午	六四八	四	六	一四八四八三七	一六	三〇·〇	全食	蒙古西北	周五月
	一五	五		六四五	二	四	一四八五八七一	四	四一·〇	偏食		周三月（注三）
文公	元	二	癸亥	六二六	二	三	一四九二八一〇	一二	五〇·三	环食	长江流域	周三月
	一五	六	辛丑朔	六一二	四	二八	一四九八〇〇八	七	四五·五	全食	新疆至蒙古	
宣公	八	七	甲子	六〇一	九	二〇	一五〇二一七一	一五	一四·四	全食	西北至江苏	既，周十月
	一〇	四	丙辰	五九九	三	六	一五〇二七〇三	七	五五·七	环食	菲律宾	
	一七	六	癸卯	五九二	四	一七	一五〇五三〇二	一五	五六·二	环食	澳洲	周五月（注四）
成公	一六	六	丙寅朔	五七五	五	九	一五一一五三三	一三	五四·一	全食	长江流域	
	一七	一二	丁巳朔	五七四	一〇	二二	一五一二〇六四	九	二九·〇	全食	蒙古，东三省	周十一月
襄公	一四	二	乙未朔	五五九	一	一四	一五一七二六二	一四	三七·六	环食	西藏，蒙古	

续表

史纪日食				西历			儒略周日	合朔		类别	所经地带	备考
帝号	年	月	日	年	月	日		时	分			
襄公	一五	八	丁巳	五五八	五	三一	一五一七七六四	六	一〇·六	偏食		周七月(注五)
	二〇	一〇	丙辰朔	五五三	八	三一	一五一九六八三	一四	二九·五	环食	澳洲南	
	二一	九	庚戌朔	五五二	八	二〇	一五二〇〇三七	一四	三〇·二	环食	西北至东南	
	二一	一〇	庚辰朔	五五二	九	一九	一五二〇〇六七					(注六)
	二三	二	癸酉朔	五五〇	一	五	一五二〇五四〇	一〇	三九·七	环食	新疆至福建	
	二四	七	甲子朔	五四九	六	一九	一五二一〇七一	一三	二七·三	全食	长江流域	既
	二四	八	癸巳朔	五四九	七	一八	一五二一一〇〇					(注七)
	二七	一二	乙亥朔	五四六	一〇	一三	一五二二二八二	九	四·一	全食	长江流域	周十一月
昭公	七	四	甲辰朔	五三五	三	一八	一五二六〇九一	一三	四〇·四	全食	南洋群岛	
	一五	六	丁巳朔	五二七	四	一八	一五二九〇四四	一二	一五·七	环食	西南至东北	周五月
	一七	六	甲戌朔	五二五	八	二一	一五二九九〇〇	一六	五六·五	环食	蒙古，东三省	周九月(注八)
	二一	七	壬午朔	五二一	六	一〇	一五三一二八九	一一	一四·〇	全食	西藏至蒙古	
	二二	一二	癸酉朔	五二〇	一一	二三	一五三一八二〇	一二	九·三	全食	中国西南	
	二四	五	乙未朔	五一八	四	九	一五三二三二二	九	三二·九	环食	亚洲西北	(注九)
	三一	一二	辛亥朔	五一一	一一	一四	一五三五〇九八	一一	三·七	全食	蒙古	
定公	五	三	辛亥朔	五〇五	二	一六	一五三七〇一八	一四	三四·三	环食	中国西南	
	一二	一一	丙寅朔	四九八	九	二二	一五三九七九三	一二	三八·二	环食	长江流域	周十月
	一五	八	庚辰朔	四九五	七	二二	一五四〇八二七	一二	一四·三	全食	中国以南	
哀公	一四	五	庚申朔	四八一	四	一九	一五四五八四七	一二	三二·四	全食	西南至江苏	

（注一）桓公十七年周正十一月朔，合于西历前六九五年十月十日。《春秋》未书干支，今以西历及儒略周日推之，当为庚午。杜预云“日食以书朔为例推，是年庚午朔日食”是也，姜岌、一行、郭守敬皆推得十一月入食限，而经文误为十月。

（注二）庄公十八年三月不书日与朔，如法推之，当为壬子，《隋书·律历志》云：“三月不应食，五月壬子朔，入食限。”《元史·历志》云：“五月壬子朔，加时在昼，交分入食限，经误五为三。”足证前人之推算，亦颇核实。

案《春秋》日食多在实朔，其有不书日与朔者，惟庄公十八年三月与僖公十五年五月而已。《左氏》谓之官失，《穀梁》谓之夜食，后之治《春秋》者，莫不斥《穀梁》而宗《左氏》。王夫之、赵子常皆不从《穀梁》而独取其夜食之说，非无据也。前人论夜食，约可分为三类：（一）晨见日带食而出，可知其食自夜也。（二）晚见日带食而入，可知其食至夜也。（三）合朔在夜，初亏复圆，尽在夜中，并无带食可见，则必由推算得之。庄公十八年三月之日食，《隋志》《元志》皆以为在昼，而经文误五为三，查是年日食在西历四月十五日，与周正五月相合，合朔在十六时二十二分，食甚约在十七时，复圆当在十九时。鲁都曲阜，北纬三十五度四十三分五十秒，四月十五日，日入在十八时三十五分，则复圆已在日入之后，可见带食而入也，谓之夜食，与第（二）说合。

（注三）僖公十五年五月，亦不书日与朔，如法推之，当为甲申。案杜预《长历》云“五月壬子朔”，《隋志》刘孝孙云“推合癸未朔”，《元志》郭守敬云“《大衍》推四月癸丑朔入食限”，朱兆熊《春秋日食星度表》云“五月推得壬午朔，食胃一度”，皆未合。王韬《春秋日食辨正》云“五月壬子朔，并无日食，惟古术谓二月甲申朔入食限”，干支固合而月仍有误，吴守一云“当是三月甲申朔日食”，始合矣。

案僖公十五年五月之日食，经文误三为五，合于西历二月四日，合朔在四时四十一分，食甚约在四时二十分，复圆不及六时。鲁都是日日出七时，则复圆时日尚未出，并无带食可见，全为夜食，只可由推算知之，《穀梁》创此夜食之例，可谓巧合。然非《春秋》经义，盖春秋时无推算日食之法，经所书皆由目见，即使当时果能推算，则二百四十二年中夜食之为中国不可见者，不可胜数，何以独书此一食，此必经传传写之误也。日人安井算哲谓“带食在卯”实未深考，英人湛约翰谓“中国不可见”是也。或者有因此而疑及《春秋》日食，皆由后人推算而假托者，亦不免因噎而废食矣。《左氏》谓史官之失者，实亦不偏之论也。

（注四）宣公十七年六月癸卯日食，以西历推之，当为乙亥，合于周正五月朔。江永云：“此史误也，姜岌、《大衍》《授时》皆云：‘此年五月乙亥朔入食限，六月甲辰朔，不应食。’案食当在五月，而朔又非癸卯，此等误处，后世史家多有之。”其说当矣。邹伯奇谓：“定公元年六月癸卯日食，脱简于此。”王韬谓：“宣公七年六月癸卯日食，误增笔画。”或又谓：“文公四年六月癸卯日食，因之错简。”皆泥于六月癸卯而强为牵合者也。宣公十七年确有日环食，鲁都可见一分以上，不过在五月乙亥朔耳，江氏引姜岌诸家之说以为证是也。

（注五）案襄公十五年八月丁巳日食，三统、四分术皆推得夏五月丁巳朔入食限，加时在昼，夏正五月合于周正七月。杜注云：“八月无丁巳，丁巳七月一日也，日月必有误。”姜岌、《大衍》《授时》皆推得周七月丁巳朔入食限，足证《春秋》经文月误而日不误。查是年七月丁巳、八月丙戌，皆有偏食，惟八月丙戌之偏食，中国不可见，即七月丁巳之偏食，鲁都所见亦不及三分。据冯澂所推周七月丁巳朔食甚用时为八时二十五分四秒，故从月误之说为允。

（注六）襄公二十一年九、十月，二十四年七、八月，皆比食，汉儒刘向、董仲舒皆以比月频食为大异，姜岌、一行皆以比月频食，历无其法，后世历家亦以为两食之间，至少相隔半年，决无比月而食之理。迨王韬主修中西历书，咸丰九年，寅卯申酉，俱两月比食，始知西术所推，竟有比食之理，因质诸西士伟烈亚力，谓“比食即有之，中国一次见，一次必不再见”。故王氏撰《春秋中西日食考》，仍以襄公时比食为史误。案襄公二十一年十月及二十四年八月，以历推之，皆不入食限。前人谓为错简，非尽无据，但必欲移置他处，亦不免多事。盖春秋二百四十二年间，中国可见之日食，奚止三十有七，如必以为错简而移易，虽年月类似，亦不胜枚举，何必强为牵合哉。

（注七）兹再申论比食之理。朔望时月在黄白道之交点，则地与日月正在一直线上，即生日月食。若朔望不遇于交点，即无日月食，故日食必在朔，而逢朔不皆有日食，月食必在望，而遇望不皆有月食也。倘合朔正在交点，必有日食，前后两望，距此朔约十四日十八时，月距交点约十五度二十分，是大于月食限十二度十五分，则前后两望，皆不能有月食，故月食不能比食也。倘望时正在交点，必有月食，前后两朔，距此望亦十四日十八时，月距交点十五度二十分，是在日偏食限十八度三十一分之内，则前后两朔，皆有日食之可能，至少必得一日食，故日食能有比食也。凡逢比食，必皆为偏食，如只有一日食，必为环食或全食矣。一年之中至少有二次日食，而无月食，最多有七次，其中五次日食，二次月食，或四次日食，三次月食，如逢五次日食，则第一次必在一月初旬，第五次在十二月，是年必有二次比食。而比食之间，必有一月食，如逢四次日食，则第一次必在一月十五日以后，是年或有二次比食，或有一次比食。又据交食周十八年十一日中平均有日食四十一次，遇比食者四次，由此可知比食亦常有之事，惟皆为偏食，而非同一地方所能迭见。若全食、环食之后，决无间一月而再食之理。襄公二十一年九月有日环食，故十月不能再食，二十四年七月有日全食，故八月不能再食，此系经传传写之误，非比月之不能频食也。《汉书》高帝三年及文帝三年皆纪比食，以历推之，亦不合，皆史之误也。

（注八）如法推之，当为癸酉。姜岌云："六月乙巳朔，不应食。"是已知日食不在六月而朔非甲戌也。《大衍》云："当在九月朔。"郭守敬云："是年九月甲戌朔入食限。"是已知日食当在九月，而不知朔仍非甲戌也。王韬云："九月癸酉朔日食。"始合矣。

又可从儒略周日旁证之，盖儒略周日相差之数，能以六十除尽无余，则干支必相同，今昭公十七年九月朔之儒略周日，与襄公二十三年二月癸酉之差及昭公二十二年十二月癸酉之差，皆能以六十除尽之，足证其为癸酉无误。

（注九）案此次日食起于西比利亚西部，略偏东，即向西北而入北冰洋，为时极短，鲁都不能望见，必系史误。或者有因此与僖公十五年之日食，以为皆由后人推算假托者，终不免一偏之见。

三　战国及秦日食考

《汉书·律历志》云：“古历遭战国及秦而亡，汉存六历，虽详于五纪之论，皆秦汉之际，假托为之。”盖战国时七雄争霸，兵连祸结，古历散亡，测候凌杂。自《春秋》所书最后日食在鲁哀公十四年，至汉初日食在高帝三年，其间二百七十七年，载在《史记·六国表》及《秦本纪》者，仅得九日食而已。非特不书晦朔，甚至月日无考，疏漏舛误，莫此为甚。案春秋末叶日食多在朔，而汉初日食多在晦，春秋之历虽未详，大旨不外乎古四分术。汉初延袭秦制，用《颛顼历》，亦同《四分》，而岁实、朔实，均较实测为大，朔望约三百年而差一日。故春秋至汉初，在朔在晦，已见一日之差。后汉复用《四分》，贾逵论历，有三百年斗历改宪之说。古历虽遭战国及秦而亡，而战国时所用之历，当亦不出乎四分法也。

当时列国争雄，诸侯养拥游士，纵横捭阖之辈，鸡鸣狗盗之流，乘时而起，然其间亦不乏深通天学之人。如楚有甘德，魏有石申，测候五星，撰著《星经》，为后世所宗。即古历冬至起于牵牛，立春起于营室，以岁差推之，皆在春秋战国间所测定。所惜者诸侯史记，尽付诸秦火一炬，致后世无从稽考。太史公所搜罗之九日食，皆得诸秦记，不载日月，其文疏略，殆为秦火之烬余矣。

战国及秦日食表

史纪日食			西历			儒略周日	合朔		类别	所经地带	备考
帝号	年	月	年	月	日		时	分			
周定王	二七		前四四二	三	一一	一五六〇〇五二	八	五九·六	全食	长城内外	昼晦星见(注一)
考王	六		四三五	一〇	一五	一五六二八二七	七	一七·五	偏食		(注二)
威烈王	一七		四〇九	六	一	一五七二一八八	八	一五·六	全食	陕西,山西	(注三)
安王	五		三九七	四	二一	一五七六五三〇	九	四九·三	环食	长江以南	
	二〇		三八二	七	三	一五八二〇八一	九	一二·〇	全食	黄河流域	昼晦
烈王	一		三七五	二	一八	一五八四五〇三	一〇	六·七	全食	菲律宾	
	七		三六九	四	一一	一五八六七四七	一三	九·〇	环食	长江流域	
赧王	一五		三〇〇	七	二六	一六一二二三一	八	四三·九	全食	长江流域	昼晦(注四)
秦庄襄王	二	四	二四八	四	二四	一六三〇九五五	八	二八·八	全食	黄河流域	(注五)

（注一）案《史记·六国表》载"秦厉共公三十四年(周定王二十六年)日食,昼晦,星见"是系全食之象。惟查是年并无全食能为中国所见。在厉共公三十五年,合于西纪元前四四二年三月十一日,有全食经长城内外,秦都咸阳。可见九分余,宜有昼晦星见之象,《六国表》三十四年必系三十五年之误。

（注二）《六国表》载"躁公八年(考王六年),六月雨雪,日月食"。案是年日食,在西纪元前四三五年十月十五日,而月食在六月八日,足证为同年所见,非并在一月中也,故上文六月雨雪为另一事。或有以日月食均在六月者,误也。

（注三）案威烈王十七年,有全食经陕西、山西,正过秦都,望之最亲,《六国表》载在秦简公五年,即威烈王十六年,误差一年。

（注四）案《六国表》载"秦昭王六年(赧王十四年)日食,昼晦",查是年日食,秦都所见不及一分,何有昼晦之象。惟秦昭王七年即赧王十五年,有全食经长江流域,秦都约见七分以上。《六国表》既云昼晦,必系全食,足证其六年必为七年之误。

（注五）案《史记·六国表》秦庄襄王二年日食,而《本纪》书在三年,误也。《本纪》云:"二年,使蒙骜攻赵,定太原。三年,蒙骜攻魏高都'汲'拔之。攻赵榆次、新城、狼孟,得三十七城。四月日食。四年,王龁攻上党……五月丙午,庄襄王卒。"《史记志疑》云:"庄襄王无四年,乃三年之误。"《史记札记》云:"案王龁攻上党,《六国表》书在三年不误,此四年二字涉上四月而衍。观下文五月即接上文四月,其证也。三年上已书,何必复出。"二家之说,各得其一,而未知其二也。《札记》既知王龁攻上党,《六国表》书在三年不误,而不知蒙骜攻赵得三十七城,日食,《六国表》书在二年亦不误。且二年四月之日食,经黄河流域,确为中原可见之全食。三年四月并无日食,益足证《六国表》之无误。《史记志疑》但知四年为三年之误,而未知上文三年之复出,亦有误也。盖《本纪》四年之四字乃三之误,而上文三年之年字乃月之误(或三年二字尽属衍文),于是四月日食,正接三月之下,而同为二年事,始与《六国表》全相符合。此后世传写之讹,非史公原文之误也,惟表中但言二年日食,而纪中有四月二字,是又表略而纪详也。

四　两汉日食考

两汉四百二十五年，日食之见于史者，凡一百四十有二，载在《前汉书·五行志》者五十四（《志》云：“日食五十三，朔十四，晦三十六，先晦一日三，而所载实有五十四”）；载在《后汉书·五行志》者七十二（《志》云：“日食七十二，朔三十二，晦三十七，二日三”）；载在本纪而未经列入两志者，前纪二，后纪三；载在《王莽传》者二；载在《后汉书·黄琬传》者一，载在《古今注》而未详于《汉书》者八。史官不见，郡国报闻者，亦皆据实录之，为后世史志所取法也。考《汉书·律历志》云“汉初以北平侯张苍言用《颛顼历》，比于六历，疏阔中最为微近”，迨武帝时用邓平八十一律法，改《颛顼历》作《太初历》。成帝时刘歆沿袭《太初》，作《三统历谱》，以巧说《春秋》。章帝时复用《四分历》，皆有推月食法而不言日食，盖以日食为非常，欲借之以警惕人主修德行政。刘歆辈未尝不知推算也，惟汉历日月有平行而无实行，有平朔而无定朔，故《汉书》日食，在晦者多于在朔。亦有先晦一日，后朔一日者。《京房易传》云“日食不在晦朔者名曰薄”，《公羊传》谓“或失之前，或失之后”，《宋书·历志》杨伟谓“加时后天，食不在朔，斗分太多，食常在晦”者是也。观《汉书》所载日食，想皆由当时目验，非先期预推，亦非事后追算，故皆为中原可见之日食。至干支误书，日月或有参差者，后世史家所难免。即高帝、文帝二次比食，不入食限，亦属史传之误。若《古今注》所纪日食，已不如《汉书》之精确。如建武十一年六月及永平六年六月之日食，中国皆不可见，恐已为后人推算附入而未计其合朔之时，与见食之地也。

两汉日食表

帝号年号	史纪日食 年	史纪日食 月	史纪日食 日	西历 年	西历 月	西历 日	儒略周日	合朔 时	合朔 分	类别	所经地带	备考
高帝	三	一〇	甲戌晦	前二〇五	一二	一二	一六四六九〇一	一二	一六·九	偏食		
	三	一一	癸卯晦	二〇四	一	一八	一六四六九三〇					(注一)
	九	六	乙未晦	一九八	八	七	一六四九三二二	一一	八·二	环食	长江黄河间	《五行志》云既，在张十三度
惠帝	七	一	辛丑朔	一八八	一	二二	一六五二七七八	一一	五一·四	全环	澳洲	《云》在危十三度。当作是年十二月辛未朔
	七	五	丁卯晦	一八八	七	一七	一六五二九五四	一五	一·六	全食	长江黄河间	《志》云几尽，在七星初
高后	二	六	丙戌晦	一八六	五	二八	一六五三六三四	一五	二九·一	偏食		当作四月丁亥晦
	七	一	己丑晦	一八一	三	四	一六五五三七六	一四	二三·五	全食	长江流域	《志》云既，在室九度
文帝	二	一一	癸卯晦	一七八	一	二	一六五六四一〇	一四	四一·五	偏食		《志》云在女一度
	三	一〇	丁酉晦	一七八	一二	二二	一六五六七六四	一四	一八·一	环食	南洋群岛	《志》云在斗二十二度
	三	一一	丁卯晦	一七七	一	二一	一六五六七九四					(注二)
后	四	四	丙辰晦	一六〇	七	八	一六六三一七二	一三	一五·一	全食		(注三)
	七	一	辛未朔	一五七	五	七	一六六四二〇六	一二	一〇·七	偏食		当作三月己亥晦
景帝	三	二	壬午晦	一五四	四	五	一六六五二六九	六	四二·二	全食	台湾南	《志》云在胃二度，《本纪》作壬子，误
	四	一〇	戊戌晦	一五三	八	一八	一六六五七七〇	二一	二一·八	偏食		(注四)
	七	一一	庚寅晦	一五〇	一	二二	一六六六六五七	一一	五九·三	环食	西比利亚	
中	元	一二	甲寅晦	一五〇	一二	一二	一六六六九八一	一九	三二·九	全食	偏食	当作十月甲寅先晦一日
	二	九	甲戌晦	一四八	一一	二〇	一六六七六九〇	二〇	五六·三	全食	印度洋西	

续表

史纪日食				西历			儒略周日	合朔		类别	所经地带	备考
帝号年号	年	月	日	年	月	日		时	分			
中	三	九	戊戌晦	一四七	一一	一〇	一六六八〇四五	一二	一五·七	全食	黄河以北	(注五)
	四	一〇	戊午	一四七								(注六)
	六	七	辛亥晦	一四四	九	八	一六六九〇七八	一二	四九·四	环食	菲律宾	《志》云在轸
后	元	七	乙巳	一四三	八	二八	一六六九四三二	一五	二六·五	环食	蒙古,满洲	《志》云先晦一日,在翼十七度
武帝建元	二	二	丙戌朔	一三九	六	一七	一六七〇八二一	九	二七·六	偏食		当作四月甲寅晦
	三	九	丙子晦	一三八	一一	一	一六七一三二三	一〇	二六·七	全环	黄河流域	《志》云在尾二度
	五	一	己巳朔	一三六	四	一五	一六七一八五四	一四	一七·九	全食	西比利亚	当作二月丁卯晦
元光	元	二	丙辰晦	一三四	二	二四	一六七二五三四	一二	二二·五	全环	澳洲之南	当作二月丁亥朔
	元	七	癸未	一三四	八	一九	一六七二七一〇	一三	三八·八	全食	蒙古北	先晦一日(注七)
元朔	二	二	乙巳晦	一二七	四	六	一六七五一三二	一四	一·二	全食	长城以北	《志》云在胃三度
	六	一一	癸丑晦	一二三	一	二三	一六七六五二〇	一四	〇·三	环食	台湾,日本	当作十二月
元狩	元	五	乙巳晦	一二二	七	九	一六七七〇五二	一〇	一二·七	全环	西南至东北	《志云》在柳六度。京房云食从傍右
元鼎	五	四	丁丑晦	一一二	六	一八	一六八〇六八四	一一	四八·四	环食	黄河北岸	《志》云在井二十三度
元封	四	六	己酉朔	一〇七	九	一九	一六八二六〇三	七	一九·七	全环	西比利亚	当作八月丙子晦
太始	元	一	乙巳晦	九六	二	二三	一六八六四一三	一〇	三二·六	环食	蒙古西北	当作正月丙午朔
	四	一〇	甲寅晦	九三	一二	一二	一六八七八〇一	一四	四三·六	全食	长江以北	甲寅为十一月朔
征和	四	八	辛酉晦	八九	九	二九	一六八九一八八	一五	三一·六	全环	长江流域	(注八)

续表

史纪日食				西历			儒略周日	合朔		类别	所经地带	备考
帝号年号	年	月	日	年	月	日		时	分			
昭帝始元	三	一一	壬辰朔	八四	一二	三	一六九一〇七九	一二	三五·三	全环	新疆,西藏	《志》云在斗九度
元凤	元	七	己亥晦	八〇	九	二〇	一六九二四六六	一三	四〇·〇	全食	黄河流域	《志》云几尽,在张十二度
宣帝地节	元	一二	癸亥晦	六八	二	一三	一六九六六三〇	一六	一一·三	环食	南洋	《志》云在室十五度
五凤	元	一二	乙酉朔	五六	一	三	一七〇〇九七二	八	一三·一	全环	朝鲜	《志》云在女十度
	四	四	辛丑朔	五四	五	九	一七〇一八二八	一三	三八·〇	全食	云南,广西	《志》云在毕十八度
元帝永光	二	三	壬戌朔	四二	三	二八	一七〇六一六九	七	四四·六	环食	南海	《志》云在娄八度
	四	六	戊寅晦	四〇	七	三一	一七〇七〇二五	一四	〇·四	环食	西比利亚	《志》云在张七度
建昭	五	六	壬申晦	三四	四	二八	一七〇九一二二	一八	五·八	偏食		当作四月乙亥朔。 《志》云不尽如钩,因入
成帝建始	三	一二	戊申朔	二九	一	五	一七一〇八三五	一四	三四·三	环食	南海,东海	杜钦曰食时加未
河平	元	四	己亥晦	二八	六	一九	一七一一三六六	一一	〇·七	全食	长江流域	(注九)
	三	八	乙卯晦	二六	一〇	二三	一七一二二二二	一五	二·九	全食	西北至东南	《志》云在房
	四	三	癸丑朔	二五	四	一八	一七一二四〇〇	一四	二·〇	环食	南洋群岛	《志》云在昴
阳朔	元	二	丁未晦	二四	四	七	一七一二七五四	一四	三三·〇	环食	西比利亚	《志》云在胃
永始	元	九	丁巳晦	一六	一一	一	一七一五八八四	一六	三·三	偏食		谷永曰京师知之,四国不见
	二	二	乙酉晦	一五	三	二九	一七一六〇三二	九	五九·二	环食	新疆,蒙古	谷永曰四方皆见,京师阴蔽
	三	一	己卯晦	一四	三	一八	一七一六三八六	一五	一二·四	环食	菲律宾	
	四	七	辛未晦	一三	八	三一	一七一六九一八	八	五二·八	环食	西比利亚	郑兴曰顷年日食多 在晦,月行疾也

续表

史纪日食				西历			儒略周日	合朔		类别	所经地带	备考
帝号年号	年	月	日	年	月	日		时	分			
元延	元	一	己亥朔	一二	一	二六	一七一七〇六六	九	五一・六	偏食		刘向云今三年连比食
哀帝元寿	元	一	辛丑朔	二	二	五	一七二〇七二八	九	四一・八	全环	长江流域	《志》云不尽如钩，《李寻传》曰太白昼经天
	二	四	壬辰晦	一	六	二〇	一七二一二二九	一八	四二・三	偏食		《志》作三月，误
平帝元始	元	五	丁巳朔	后一	六	一〇	一七二一五八四	一一	五〇・七	全食	西南至东北	《志》云在井
	二	九	戊申晦	二	一一	二三	一七二二一一五	一〇	二三・〇	全环	长江以北	《志》云既
	元	二	壬申晦	一四	四	一八	一七二六二七九	八	一五・六	偏食		莽用丑正，故《传》作三月
	三	六	戊子晦	一六	八	二一	一七二七一三五	一一	五五・三	环食	长江以南	莽用丑正，故《传》作七月
光武建武	元	一	庚午朔	二五	二	一七	一七三〇二三七	六	四五・二	偏食		
	二	一	甲子朔	二六	二	六	一七三〇五九一	一五	三九・二	环食	西南至东北	《志》云在危八度
	三	五	乙卯晦	二七	七	二二	一七三一一二二	九	四一・七	全食	南海，东海	《志》云在柳十四度
	六	九	丙寅晦	三〇	一一	一四	一七三二三三三	八	四九・四	全食	西南	《志》云在尾八度
	七	三	癸亥晦	三一	五	一〇	一七三二五一〇	一〇	二一・一	环食	西南至东北	《志》云在毕五度
	九	七	丁酉	三三	九	一二	一七三三三六六	一八	五・二	环食	新疆至四川	当作七月己卯晦
	一一	六	癸丑	三五	八	二二	一七三四〇七五	三	八・八	全食	西半球	当作六月戊辰晦
	一一	一二	辛亥	三六	一	一八	一七三四二二三	一六	一八・七	偏食		当作十一月丙申晦
	一六	三	辛丑晦	四〇	四	三〇	一七三五七八八	六	二〇・五	环食	西比利亚北	《志》云在昴七度
	一七	二	乙未晦	四一	四	一九	一七三六一四二	一三	一五・二	环食	云南，两广	《志》云在胃九度
	二二	五	乙未晦	四六	七	二二	一七三八〇六二	一〇	二五・四	全食	蒙古西北	《志》云在柳七度

续表

史纪日食				西历			儒略周日	合朔		类别	所经地带	备考
帝号年号	年	月	日	年	月	日		时	分			
光武建武	二五	三	戊申晦	四七	五	二〇	一七三九〇九五	一六	五一·四	环食	黄河流域	《志》云在毕十五度
	二六	二	戊子	五〇	四	一〇	一七三九四二〇	一一	四二·九	偏食		当作二月癸酉晦
	二九	二	丁巳朔	五三	三	九	一七四〇四八四	九	五〇·六	全食	澳洲	《志》云在壁
	三一	五	癸酉晦	五五	七	一三	一七四一三四〇	一〇	一·五	全食	西比利亚	《志》云在柳五度
中元	元	一一	甲子晦	五六	一二	二五	一七四一八七一	一二	四三·四	全食	东海	《志》云在斗二十八度
明帝永平	三	八	壬申晦	六〇	一〇	一三	一七四三二五九	一四	四六·四	环食	西藏至广东	《志》云在氐三度
	四	八	丙寅晦	六一	一〇	二	一七四三六一三	一四	五〇·七	偏食		(注十)
	五	二	乙未朔	六二	二	二八	一七四三七六二	七	三七·〇	环食	长江以南	《古今注》云京师候者不觉，河南以闻
	六	六	庚辰晦	六三	八	一三	一七四四二九三	一	一八·二	全食	西半球	当作丙戌晦，《古今注》云雒阳候者不觉
	八	一〇	壬寅晦	六五	一二	一六	一七四五一四九	一一	六·三	全食	新疆至福建	《志》云在斗十一度
	一三	一〇	甲辰晦	七〇	九	二三	一七四六八九一	一〇	二八·三	环食	西北至东南	《志》云在尾十七度(注十一)
	一六	五	戊午晦	七三	七	二三	一七四七九二五	一七	三〇·七	全食	西北至广东	《志》云在柳十五度
	一八	一一	甲辰晦	七五	一二	二六	一七四八八一一	一二	四〇·九	偏食		《志》云在斗二十一度
章帝建初	五	二	庚辰朔	八〇	三	一〇	一七五〇三四七	一五	二〇·四	环食	蒙古西北	《志》云在壁八度
	六	六	辛未晦	八一	八	二三	一七五〇八七八	九	一六·三	全食	南洋群岛	《志》云在翼六度
元和	元	八	乙未晦	八四	一二	一六	一七五二〇八九	一一	三八·二	全食	南洋群岛	(注十二)
和帝永元	二	二	二日壬午	九〇	三	二〇	一七五四〇〇九	八	四·〇	偏食		《志》云在奎八度，史官不见，涿郡以闻

续表

史纪日食				西历			儒略周日	合朔		类别	所经地带	备考
帝号年号	年	月	日	年	月	日		时	分			
和帝永元	四	六	戊戌朔	九二	七	二三	一七五四八六五	一一	五七·七	环食	菲律宾	《志》云在星三度
	七	四	辛亥朔	九五	五	二二	一七五五八九八	一〇	四四·三	全食	西南至东北	《志》云在觜觿
	一二	七	辛亥朔	一〇〇	八	二三	一七五七八一八	九	三九·九	全食	蒙古	《志》云在翼八度
	一五	四	甲子晦	一〇三	六	二二	一七五八八五一	一二	二三·二	环食	长江南岸	《志》云在井二十二度
安帝永初	元	三	二日癸酉	一〇七	四	一一	一七六〇二四〇	八	三一·二	全环	南洋群岛	《志》云在胃二度
	三	七	己丑朔	一〇九	八	一四	一七六一〇九六	八	四三·六	全食	西比利亚	《古今注》作三月，不合
	五	一	庚辰朔	一一一	一	二七	一七六一六二七	一四	三九·〇	全食	西南至东北	《志》云在虚八度
	七	四	丙申晦	一一三	六	一	一七六二四八三	一七	五二·七	全食	西北至四川	《志》云在井一度
元初	元	三	癸卯	一一四	五	二二	一七六二八三八	九	四·九	全食	澳洲	当作四月辛卯朔
	元	一〇	戊子朔	一一四	一一	一五	一七六三〇一五	一四	三一·一	环食	暹罗，安南	《志》云在尾十度
	二	一〇	癸未朔	一一五	一一	五	一七六三三七〇	一四	五二·八	偏食		《律历志》云十月日蚀是
	三	三	二日辛亥	一一六	三	三一	一七六三五一七	六	一六·八	环食	辽宁	《志》云在娄五度(注十三)
	四	二	乙巳朔	一一七	三	二一	一七六三八七二	一〇	四四·九	环食	南洋	《志》云在奎九度，史官不见，七郡以闻
	五	八	丙申朔	一一八	九	三	一七六四四〇三	一七	三八·四	全食	暹罗	《志》云在翼十八度，史官不见，张掖以闻
	六	一二	戊午朔	一二〇	一	一八	一七六四九〇五	一三	二六·四	全食	长江流域	《志》云几尽，地如昏状，在女十一度
永宁	元	七	乙酉朔	一二〇	七	一三	一七六五〇八二	一七	四一·二	环食	印度洋	(注十四)
延光	三	九	庚申晦	一二四	一〇	二五	一七六六六四七	一〇	三〇·八	环食	黄河流域	

续表

史纪日食				西历			儒略周日	合朔		类别	所经地带	备考
帝号年号	年	月	日	年	月	日		时	分			
延光	四	三	戊午朔	一二五	四	二一	一七六六八二五	一六	四七·七	全环	蒙古	《志》云在胃十二度(注十五)
顺帝永建	二	七	甲戌朔	一二七	八	二五	一七六七六八一	一六	二九·二	全食	西北至东南	《志》云在翼九度
阳嘉	四	闰八	丁亥朔	一三五	九	二五	一七七〇六三四	一〇	〇·八	全食	南洋群岛	《志》云在角五度，史官不见，零陵以闻
永和	三	一二	戊戌朔	一三九	一	一八	一七七一八四五	一四	八·五	全食	南洋群岛	《志》云在女十一度，史官不见，会稽以闻
	五	五	己丑晦	一四〇	七	二	一七七二三七六	九	二五·八	全食	新疆，蒙古	《志》云在井三十三度，
	六	九	辛亥晦	一四一	一一	一六	一七七二八七八	一四	三六·〇	环食	蒙古西北	《志》云在尾十一度
桓帝建和	元	一	辛亥朔	一四七	二	一八	一七七四七九八	七	二六·六	全食	菲律宾	《志》云在室三度，史官不见，郡国以闻
	三	四	丁卯晦	一四九	六	二三	一七七五六五四	八	一五·六	全食	蒙古	《志》云在井二十三度
元嘉	二	七	二日庚辰	一五二	一〇	一五	一七七六八六四	二	四四·八	全食	堪察加东	当作八月丁丑晦，《志》云广陵以闻
永兴	二	九	丁卯朔	一五四	九	二五	一七七七五七四	九	五六·二	全食	黄河流域	《志》云在角五度
	二	一二	甲子晦	一五五	二	一九	一七七七七二一	一六	三八·七	偏食		(注十六)
永寿	三	闰五	庚辰晦	一五七	七	二四	一七七八六〇七	八	三二·八	环食	南洋群岛	《志》云在七星二度，史官不见，郡国以闻
延熹	元	五	甲戌晦	一五八	七	一三	一七七八九六一	一六	三九·四	全食	黄河以南	《志》云在柳七度
	八	一	丙申晦	一六五	二	二八	一七八一三八三	一五	三八·五	全食	黄河流域	《志》云在室十三度
	九	一	辛卯朔	一六六	二	一八	一七八一七三八	七	五九·九	偏食		《志》云在室三度，史官不见，郡国以闻

续表

史纪日食				西历			儒略周日	合朔		类别	所经地带	备考
帝号年号	年	月	日	年	月	日		时	分			
永康	元	五	壬子晦	一六七	七	四	一七八二二三九	一五	三二·〇	全食	黄河以北	《志》云在鬼一度
灵帝建宁	元	五	丁未朔	一六八	六	二三	一七八二五九四	七	二八·二	全食	南洋群岛	
	元	一〇	甲辰晦	一六八	一二	一七	一七八二七七一	一四	四二·八	环食	长江流域	
	二	一〇	戊戌晦	一六九	一二	六	一七八三一二五	一五	四五·六	偏食		《志》云右扶风以闻
	三	三	丙寅晦	一七〇	五	三	一七八三二七三	三	三四·〇	偏食		《志》云梁国以闻
	四	三	辛酉朔	一七一	四	二三	一七八三六二八	七	九·二	环食	南洋群岛	
熹平	二	二	癸酉朔	一七三	三	三一	一七八四三三六	一二	三〇·九	偏食		当作二月己酉晦
	二	一二	癸酉晦	一七四	二	一九	一七八四六六一	一四	五六·〇	全食	南洋群岛	当作十二月甲戌晦
	六	一〇	癸丑朔	一七七	一二	八	一七八六〇四九	八	四八·一	环食		当作十一月壬午朔，《志》云赵相以闻
光和	元	二	辛亥朔	一七八	六	四	一七八六二二七	〇	三五·〇	全食	西半球	当作五月庚辰朔
	元	一〇	丙子晦	一七八	一一	二七	一七八六四〇三	一一	三六·四	环食	澳洲北	《志》云在箕四度(注十七)
	二	四	甲戌朔	一七九	五	二四	一七八六五八一	一二	五五·二	环食	黄河流域	
	四	九	庚寅朔	一八一	九	二六	一七八七四三七	一六	二八·〇	环食	辽宁	《志》云在角六度
中平	三	五	壬辰晦	一八六	七	四	一七八九一七九	一四	五九·八	全食	暹罗，安南	
	六	四	丙午朔	一八九	五	三	一七九〇二一三	一三	四一·四	环食	黄河流域	
献帝初平	四	一	甲寅朔	一九三	二	一九	一七九一六〇一	一五	四二·一	全食	两广	《志》云在室四度(注十八)
兴平	元	六	乙巳晦	一九四	八	四	一七九二一三二	七	二六·三	全食	山，陕，新疆	
建安	五	九	庚午朔	二〇〇	九	二六	一七九四三七七	八	一三·〇	环食	长城以北	

续表

史纪日食				西历			儒略周日	合朔		类别	所经地带	备考
帝号年号	年	月	日	年	月	日		时	分			
建安	六	七	甲子晦	二〇一	九	一五	一七九四七三一	九	一五·七	环食	菲律宾	(注十九)
	一三	一〇	癸未朔	二〇八	一〇	二七	一七九七三三〇	一一	一五·〇	全环	黄河以南	《志》云在尾十二度
	一五	二	乙巳朔	二一〇	三	一三	一七九七八三二	一	一九·二	全食	长城以北	
	一七	六	庚寅晦	二一二	八	一四	一七九八七一七	一五	二·五	全食	长江流域	
	二一	五	己亥朔	二一六	六	三	一八〇〇一〇六	六	五七·八	环食	甘肃,新疆	
	二四	二	壬子晦	二一九	四	二	一八〇一一三九	一五	三一·六	全食	黄河流域	

(注一)案《汉书·高帝本纪》,三年十一月癸卯晦,日有食之,《五行志》同。张文虎云:“比月频食,误也,荀《纪》只书前食,以今《癸卯元术》上考十一月甲戌朔(《颛顼术》同,《殷历》乙亥),太阴交周初宫十度八分十四秒,入食限。”查是年十一月,并无日食,史必有误。况比月而食,中国一次见,一次必不能再见。《春秋》书比食者,凡二,《汉志》于高帝、文帝三年均书比食,而皆不入食限,足证传写之误,非由于预推也。

(注二)案《文帝本纪》,三年十一月丁卯晦,日有食之。张文虎云:“案史于‘十月丁酉晦,日有食之’下,即书十一月诏遣列侯之国及丞相勃免,无‘丁卯晦,日有食之’之文,班书误衍。癸卯元术十一月丁酉朔,太阴交周五宫二十五度五分五十七秒入食限,古卯,卯字。形近易乱,后人莫定,遂两存之。《五行志》亦承其误。”查十一月晦,并无日食,张氏谓班书误衍,是也,且文帝三年十一月为丙寅晦,丁卯乃十二月朔。

(注三)案《文帝本纪》后四年夏四月丙寅晦,日有食之,张文虎云:“四月丁亥朔,无丙寅,《五行志》作丙辰是也,《癸卯元术》五月丙辰朔。(《颛顼术》同,《殷历》丁巳)太阴交周初宫七度十八分三十秒入食限。”查是年日食,过西比利亚,当在五月乙酉晦,以西历及儒略周日推之,均合,《汉纪》四月丙寅晦误,张推五月丙辰朔亦非。

(注四)案《景帝本纪》四年十月戊戌晦,日有食之。张文虎云:“十月不当书于七月之后(汉初以十月为岁首。武帝太初以前,《汉书》每年先纪冬十月,后书春夏秋,故张氏云然)。此条《五行志》无,荀《纪》亦无,《癸卯元术》八月甲辰朔(《颛顼术》《殷历》并为乙巳,《二十史朔闰考》同),太阴交周五宫十八度三十六分四十三秒入食限。疑本作七月甲辰朔。”查十月无日食,史必有误。案八月乙巳朔,甲辰为七月晦。惟在七月癸卯先晦一日。有日偏食。爰据张氏之意补入之。但合朔在下午九时后,中国不能见也。

(注五)案李天经《古今交食考》,推得定朔在午初一刻四十六秒,食甚在巳正初刻十分三十二秒,应食七分四十余秒,《五行志》云几尽,是也。李氏复推为十月戊戌朔,与汉历差一日。但汉历九月戊戌晦不误,与《殷历》相合。

(注六)案景帝中四年十月戊午,日有食之。《本纪》不言晦朔,《五行志》无,张文虎云:“此即上年‘戊戌晦,日有食之’之误衍也。《癸卯元术》十月戊戌朔。太阴交周初宫十度十四分三十七秒入食限。当移上年所书于此年首,云冬十月戊戌朔,日有食之。而当时以为九月晦,书于上年,又重出于此,误戌为午。何舛误至此。”案上年九月戊戌晦,日食既尽,与是年十月朔,仅差一日,必为衍误。且十月朔为己亥,十月晦为己卯,皆不值戊午。戊午后戊戌二十日，亦不值晦朔，必无日食之理。据张氏所推，戊戌为十月朔，三年末日之食，应在四年之元日，但《汉志》三年九月戊戌晦，与《殷历》相合，非如元旦避食而移前也。

（注七）案《五行志》刘向云："日中时食从东北，过半。晡时复。"郑世子朱载堉《古今交食考》云："日食必起自西，理无从东起者，疑有脱文故也，当作从西北向东北，食过半。过半谓六七分以上。"并推得初亏在午正一刻，食甚在未初三刻，复圆在申初初刻，应食九分四十九秒。

（注八）案《五行志》云："不尽如钩，在亢二度。晡时食从西北，日下晡时复。"朱载堉所推食甚在未正二刻，复圆在申正初刻，应食九分半有余，与《志》相合。

（注九）案《五行志》云："不尽如钩。刘向云日蚤食时，从西北亏起。"李氏《交食考》云："定朔在巳正二刻九分四十四秒，食甚在巳初三刻四分二十一秒，应食九分半有余。《志》云不尽如钩，吻与法合。初亏在辰正初刻十一分，正刘向所谓蚤食时也。上下千百年，而食分时刻，一一不爽如此，则此日之推步为何如哉。"

（注十）案朱氏《交食考》所推初亏在未初二刻，食甚在未正二刻，复圆在申初二刻，应食二分七十一秒。《古今注》云："日食时加未。"与法相合。

（注十一）案《明帝本纪》永平十三年冬十月壬辰晦。《志》言甲辰晦。《古今注》作闰八月。查是年闰七月，应作闰七月甲辰晦。

（注十二）案元和元年八月无日食，且八月晦为癸未，而非乙未，此史误也。惟是年十月壬午晦，有日全食，当在箕尾间。《志》言史官不见，他官以闻，日在氐四度，亦不合。

（注十三）案《五行志》云："史官不见，辽宁以闻。"查此次环食，正过辽宁，所见较亲，宜有以报闻也。又案是日当作庚戌朔，非二日也。

（注十四）案永宁元年七月朔无日食，当在五月乙卯晦，有日环食，经印度洋。《志》言史官不见，酒泉以闻者，足证彼地所见较亲也。

（注十五）案《志》云："陇西、酒泉、朔方各以状上，史官不觉。"盖此次全环食，经蒙古西北。故陇西、酒泉、朔方西北诸郡，所见食分自较洛阳为多，宜各以状上也。李氏《交食考》所推食甚在申正一刻十分，洛阳应见食三分八十四秒，并云："时在申刻，已非夜食可比。食及三分，亦不得借口不救。三方各以状上，而史官不觉，汉之历法可知矣。"

（注十六）《后汉书·黄琬传》："琬字子琰，少失父，早而辩慧。祖父琼为魏郡太守。建和九年正月日食，京师不见，而琼以状闻，太后诏问所食多少，琼思其对而未知所况。琬年七岁，在傍曰'何不言日蚀之余，如月之初'。琼大惊，即以其言应诏，而深奇爱之。"查建和四年改元和平，五年又改元嘉，七年再改永兴，九年复改永寿。《传》云建和九年正月日食，是在永寿元年，正月为乙未朔，惟此次日食实在上一日，即建和八年十二月甲子晦，当作永兴二年也。

（注十七）《卢植传》云："日蚀自巳过午，既蚀之后，云雾暧晻。"

（注十八）案袁宏《汉纪》云："未蚀八刻，太史令王立奏曰：'日晷过度，无有变也。'于是朝臣皆贺。帝密令尚书候焉，未晡一刻而蚀。"

（注十九）案《献帝纪》云："建安六年春三月丁卯朔，日有蚀之。"《五行志》作十月癸未朔，皆未合。当在七月甲子晦，有环食经菲律宾，中原可以望见。

五　魏晋日食考

三国时蜀承东汉之后，沿用《四分历》，吴用《乾象历》，魏初亦用《四分》，比吴历或有后一日者。继改用《景初历》，与吴历相符，而比蜀历或有先一日者矣。故三国之晦朔，互有出入，不能一致。然各国皆有史官，各有专历，而日食独载于魏纪者，陈寿以私意削之也。魏纪日食在晦者有七，晋更名《泰始历》，日食在晦者仍有二，而不书晦朔者有九，史失之也。案《晋书·天文志》，合魏晋两朝一百九十八年，起于魏黄初二年，讫于晋元熙元年，所书日食凡八十有一，又有载在本纪而未经列入《天文志》者凡二，合之共得八十有三，其间年月不符，查无日食者有三，必系传写之误。江永云："检《晋书·天文志》与《帝纪》及《宋书·五行志》，言魏晋两朝日食，其日月参差者，非可数计也。"查魏晋日食，日月参差者固甚多，而中国不可见者亦不少。想李淳风撰《晋书·天文志》，已有推算附入，或者黄初以后，始课日食疏密，当时已能预推，亦未可知，但无明文可证，未敢悬断也。

魏晋日食表

史纪日食				西历			儒略周日	合朔		类别	所经地带	备考
帝号年号	年	月	日	年	月	日		时	分			
魏文帝黄初	二	六	戊辰晦	二二一	八	五	一八〇一九九五	一三	五八·〇	全食	东三省	(注一)
	三	一	丙寅晦	二二二	一	三〇	一八〇二一七八	一五	五·八	环食	菲律宾西南	
	三	一一	庚申晦	二二三	一	九	一八〇二五二七	一四	三五·七	环食	长江流域	(注二)
	五	一一	戊寅晦	二二四	七	四	一八〇三〇五七	一一	五一·七	偏食		(注三)
明帝太和	五	一一	戊戌晦	二三二	一	一〇	一八〇五六〇五	九	二·八	环食	西比利亚东北	
	六	一一	戊辰晦	二三二	一二	二九	一八〇六一五九	一三	二·一	环食	菲律宾	当作十一月壬辰晦
青龙	元	闰五	庚寅晦	二三三	六	二五	一八〇六三三七	九	三〇·六	环食	南洋群岛	当作庚寅朔
齐芳王正始	元	七	戊申朔	二四〇	八	五	一八〇八九三五	一四	一·四	全食	长江流域	
	三	四	戊戌朔	二四二	六	一五	一八〇九六一四	六	三六·三	偏食		当作五月丁卯朔
	四	五	丁丑朔	二四三	六	五	一八〇九九六九	八	五五·四	环食	新疆,蒙古	当作壬戌朔
	五	四	丙辰朔	二四四	五	二四	一八一〇三二三	一〇	一二·五	环食	菲律宾东	
	六	四	壬子朔	二四五	五	一三	一八一〇六七七	一七	一一·四	全食	印度洋南	当作三月庚戌晦
	六	一〇	戊申晦	二四五	一一	七	一八一〇八五五	一二	三六·〇	偏食		
	八	二	庚午朔	二四七	三	二四	一八一一三五七	一五	五九·二	全食	长江流域	
	九	一	乙未朔	二四八	九	四	一八一一八八七	六	四二·〇	全食	日本东南	当作七月庚申晦
嘉平	一	二	己未	二四九	三	二	一八一二〇六六	一一	八·六	偏食		己未为二月二日,吴历为朔
高贵乡公甘露	四	七	戊子朔	二五九	八	六	一八一五八七五	一四	一三·四	全食	印度洋	

续表

史纪日食				西历			儒略周日	合朔		类别	所经地带	备考
帝号年号	年	月	日	年	月	日		时	分			
高贵乡公甘露	五	一	乙酉朔	二六〇	一	三〇	一八一六〇五二	九	三·九	偏食		
元帝景元	二	五	丁未朔	二六一	六	一五	一八一六五五四	一五	一六·九	环食	蒙古西北	
	三	一一	己亥朔	二六二	一一	二九	一八一七〇八六	一三	一三·八	全环	南洋群岛	
晋武帝泰始	二	七	丙午晦	二六六	九	一六	一八一八四七三	一四	四六·一	全食	南洋群岛	
	二	一〇	丙午朔	二六六	一一	一五	一八一八五三三					无日食
	七	一〇	丁丑朔	二七一	一一	二〇	一八二〇三六四	一〇	三二·二	偏食		
	八	一〇	辛未朔	二七二	一一	八	一八二〇七一八	一六	二·四	环食	南洋群岛	
	九	四	戊辰朔	二七三	五	四	一八二〇八九五	一四	二九·一	全食	长江流域	
	九	七	丁酉朔	二七三	一〇	二八	一八二一〇七二	一五	四七·三	环食	澳洲西南	当作十月乙丑朔
	一〇	一	乙未	二七四	一	二六	一八二一一六一					吴历一月朔,无日食
	一〇	三	癸亥	二七四	四	二四	一八二一二五〇	七	四五·〇	全食	新疆,蒙古	吴历三月朔
咸宁	元	七	甲申晦	二七五	九	七	一八二一七五一	一三	三五·五	偏食		
	三	一	丙子朔	二七七	二	二〇	一八二二二八三	一三	三一·一	环食	西南至东北	
	四	一	庚午朔	二七八	二	九	一八二二六三七	一七	四·八	偏食		
太康	四	三	辛丑朔	二八三	四	一四	一八二四五二七	七	二八·九	全食	南洋群岛	当作庚子朔
	七	一	甲寅朔	二八六	二	一一	一八二五五六一	八	三二·三	偏食		
	八	一	戊申朔	二八七	一	三一	一八二五九一五	一四	一·九	环食	长江以南	
	九	七	壬申朔	二八八	七	一六	一八二六四四七	八	四五·九	环食	青海至河北	当作六月庚子朔

续表

史纪日食				西历			儒略周日	合朔		类别	所经地带	备考
帝号年号	年	月	日	年	月	日		时	分			
太康	九	六	庚子朔	二八八	七	一六	一八二六四四七	八	四五·九	环食	黄河以北	
永熙	元	四	庚申	二九〇	五	二六	一八二七一二六	六	一三·〇	全食	太平洋北	当作五月己未朔
惠帝元康	九	一一	甲子朔	二九九	一二	一〇	一八三〇六一一	一三	二八·六	偏食		
永康	元	一	己卯	三〇〇	二	七	一八三〇六七〇					当作癸亥朔，无日食
	元	四	辛卯朔	三〇〇	六	三	一八三〇七八七	七	一八·七	偏食		当作四月庚申晦
永宁	元	闰三	丙戌朔	三〇一	四	二五	一八三一一一三	一五	二·二	全食	黄河以北	
光熙	元	一	戊子朔	三〇六	一	三一	一八三二八五五	一〇	五九·六	全食	澳洲南	
	元	七	乙酉朔	三〇六	七	二七	一八三三〇三二	一五	二二·四	环食	黄河流域	
	元	一二	壬午朔	三〇七	七	一六	一八三三三八六	一六	二一·三	偏食		当作永嘉元年 五月己卯晦
怀帝永嘉	元	一一	戊申	三〇七	一二	一二	一八三三五三五	五	四二·二	偏食		戊申为十一月二日
	二	一	丙子朔	三〇八	六	五	一八三三七一一	一三	二五·七	全食	南洋群岛	当作五月甲辰朔
	三	一〇	丙申朔	三〇九	一一	一九	一八三四二四三	七	四三·九	环食	南洋群岛	
愍帝建兴	四	六	丁巳朔	三一六	七	六	一八三六六六四	一二	四四·四	环食	长江流域	
	四	一二	甲申朔	三一六	一二	三一	一八三六八四二	一五	一三·六	环食	长江以南	当作乙卯朔
	五	五	丙子	三一七	六	二五	一八三七〇一八	二一	三五·九	全食	西半球	当作五月辛亥晦
	五	一一	丙子	三一七	一二	二〇	一八三七一九六	二一	四四·三	偏食		当作十一月乙酉朔
元帝大兴	元	四	丁丑朔	三一八	六	一五	一八三七三七三	一二	四五·一	偏食		当作五月丙午朔
	三	一一	癸巳朔	三二〇	一〇	一八	一八三八二二九	一五	五二·六	全食	菲律宾	当作八月壬戌晦

续表

史纪日食				西历			儒略周日	合朔		类别	所经地带	备考
帝号年号	年	月	日	年	月	日		时	分			
成帝咸和	二	五	甲申朔	三二七	六	六	一八四〇六五一	一二	五七·九	全食	两广	
	六	三	壬戌朔	三三一	三	二五	一八四二〇三九	一一	一一·七	环食	菲律宾东北	当作二月壬辰朔
	九	一〇	乙未朔	三三四	七	一七	一八四三二四九	一九	三三·八	环食	印度洋	当作五月壬晦寅
延康	元	一二	甲午朔	三三五	一二	三一	一八四三七八一	七	五七·六	偏食		
	七	二	甲子朔	三四一	三	四	一八四五六七一	一四	六·六	全环	黄河流域	《本纪》作甲午，误
	八	一	乙未朔	三四二	二	二二	一八四六〇二六	三	四八·四	全食	太平洋南	《本纪》作己未，是
穆帝永和	二	四	己酉	三四六	六	六	一八四七五九一	一三	三三·五	全食	蒙古西南	当作五月甲子朔
	七	一	丁酉朔	三五一	二	一三	一八四九三〇四	三	七·二	全食		
	八	一	辛卯朔	三五二	二	二	一八四九六五八	一七	一七·八	全食	印度洋	
	一二	一〇	癸巳朔	三五六	一一	九	一八五一四〇〇	九	一三·六	全食	广西	
升平	四	八	辛丑朔	三六〇	八	二八	一八五二七八八	一一	五四·六	环食	长江以南	《志》云日蚀既在角
哀帝隆和	元	三	甲寅朔	三六二	七	八	一八五三四六七	一一	二〇·三	全食	南大洋	当作六月庚申朔
	元	一二	戊午朔	三六三	一	二	一八五三六四五	八	四八·二	环食	两广	
海西公太和	三	三	丁巳朔	三六八	四	四	一八五五五六四	七	二三·〇	环食	河南	《本纪》作正月，误
	五	七	癸酉朔	三七〇	八	八	一八五六四二〇	九	三五·九	环食	蒙古	
孝武帝宁康	三	一〇	癸酉朔	三七五	一一	一〇	一八五八三四〇	九	三三·九	全食	蒙古	
太元	元	一一	己巳朔	三七六	九	三〇	一八五八六六五	一一	五九·五	偏食		当作九月戊戌朔
	四	闰一二	己酉朔	三八〇	一	二四	一八五九八七六	一三	二三·六	偏食		《本纪》作十二月，《志》作闰月，是

续表

史纪日食				西历			儒略周日	合朔		类别	所经地带	备考
帝号年号	年	月	日	年	月	日		时	分			
太元	六	六	庚子朔	三八一	七	八	一八六〇四〇七	一一	二八·二	全食	南洋群岛	
	九	一〇	辛亥朔	三八四	一〇	三一	一八六一六一八	八	三三·三	全食	东三省	
	一七	五	丁卯朔	三九二	六	七	一八六四三九四	一四	一〇·四	环食	长江以南	
	二〇	三	庚辰朔	三九五	四	六	一八六五四二七	一三	七·六	全食	黄河以北	
安帝隆安	四	六	庚辰朔	四〇〇	七	八	一八六七三四七	一一	三八·九	全食	黄河长江间	
元兴	二	四	癸巳朔	四〇三	五	七	一八六八三八〇	一四	二九·八	环食	两广	
义熙	三	七	戊戌朔	四〇七	八	一九	一八六九九四五	一〇	四九·九	全食	南洋群岛	
	九	七	戊戌朔	四一三	一〇	一一	一八七二一九〇	九	五一·二	环食	澳洲	当作九月癸亥朔，北魏天赐二年
	一〇	九	丁巳朔	四一四	九	三〇	一八七二五四四	九	四七·六	环食	四川，云南	
	一一	七	辛亥晦	四一五	九	一九	一八七二八九八	一一	二二·五	环食	蒙古	《魏书》作八月晦，误
	一三	一	甲戌朔	四一七	二	三	一八七三四〇一	八	二七·六	环食	菲律宾	
恭帝元熙	元	一一	丁亥朔	四一九	一二	三	一八七四四三四	一〇	二五·〇	偏食		

（注一）《元史·历志》云："蜀章武元年辛丑（黄初二年四月丙午，蜀改元章武）六月戊辰晦，食时加未。"以《授时》《大明》二历推之，食甚均在未三刻。

（注二）《元史·历志》云："《授时历》食甚申二刻，《大明历》食甚申三刻，《授时》亲，《大明》次亲。"

（注三）案黄初五年十一月并无日食，且晦非戊寅而为戊申，疑必有误，如为十月己卯晦之全食，则中国不能见，当为六月壬子朔之偏食始合矣。

六 南北朝日食考

南北朝之日食，纪载最为纷歧，考订颇费周折。李延寿撰《南史》《北史》而不作诸志，南朝自宋武帝永初元年，至陈后主祯明二年，北朝自魏明帝泰常五年，至隋文帝开皇八年，其间一百六十九年。《南史》所书日食凡三十六，而《北史》所书乃七十九，年岁相符者仅得二十七。尚有年合而月不合者，有月合而日不合者，抵牾疏漏，自不能免。郑渔仲《天文略》所载日食，录自《隋书·天文志》，以梁武帝天监十年，上接晋恭帝元熙元年。然《隋志》南止及梁陈而不及宋齐，北止及齐周而不及元魏。宋、齐、魏之日食，固无由考见，即梁、陈两代日食有十四，而《隋志》仅书其四，亦未详尽。马端临《象纬考》搜集两朝帝纪中所载日食，南宋、齐、梁、陈，北魏、周、齐、隋，分别纪录，去其重复者，共得八十有七。今复考诸《南史》《北史》及《宋书》《南齐书》《梁书》《陈书》《魏书》《周书》《北齐书》《隋书》诸书，比较核对，统以南朝纪年为次第，凡日食一百有九。始知马氏尚多遗漏，惟两朝日食，中国不可见者约占三分之一，想皆由推算而得，非尽经实测也，其余日月不符及干支误书者，亦复不少。虽此等误处，后世史家皆有之，但不如两朝之多耳。

南北朝日食表

史纪日食				西历			儒略周日	合朔		类别	所经地带	备考
帝号年号	年	月	日	年	月	日		时	分			
宋营阳王景平	二	二	己卯朔	四二四	三	一六	一八七五九九九	四	一五・六	全食	澳洲东南	当作壬辰朔
文帝元嘉	四	六	癸卯朔	四二七	七	一〇	一八七七二一〇	一八	一二・三	全食	堪察加	
	五	五	壬辰朔	四二八	六	二八	一八七七五六四	三	三九・六	环食	太平洋中	当作六月丁酉朔
	五	一一	乙未朔	四二八	一二	二三	一八七七七四二	二〇	三六・六	全食	阿拉伯	
	六	一一	己丑朔	四二九	一二	一二	一八七八〇九六	一二	一八・五	全食	黄河流域	（注一）
	一一	一	己未朔	四三四	二	二六	一八七九六三二	一三	二〇・〇	偏食	阿拉伯	当作二月二日乙丑
	一四	一	乙未朔	四三七	一	二二	一八八〇六九四	一九	四一・〇	环食	南大洋	当作十三年十二月丁未晦
	一五	一一	丁卯朔	四三八	一二	三	一八八一三七四	一一	六・三	全食	长江流域	
	一七	四	戊午朔	四四〇	五	一七	一八八一九〇五	一二	二一・五	全食	西南至东北	
	一九	八	甲戌朔	四四二	九	二〇	一八八二七六一	一五	三五・九	环食	长江黄河间	当作七月甲戌晦
	二二	六	戊子朔	四四五	七	二〇	一八八三七九五	一	三〇・五	偏食		
	二三	六	癸未朔	四四六	七	一〇	一八八四一五〇	一〇	二六・二	环食	长江流域	
	二六	四	丙申朔	四四九	五	八	一八八五一八三	一一	一九・九	全食	黄河流域	
	二六	六	庚寅朔	四四九	一一	一	一八八五三六〇	一	四一・〇	环食	西半球	当作十一月癸巳朔
	三〇	七	辛丑朔	四五三	八	二〇	一八八六七四八	一八	二五・七	全食	印度洋南	
孝武帝孝建	元	七	丙申朔	四五四	八	一〇	一八八七一〇三	一〇	六・七	全食	长江以南	
大明	四	九	庚申朔	四六〇	一〇	一	一八八九三四七	二三	三一・一	环食	非洲西岸	

续表

史纪日食				西历			儒略周日	合朔		类别	所经地带	备考
帝号年号	年	月	日	年	月	日		时	分			
大明	五	二	壬子朔	四六一	三	二七	一八八九五二四	七	三一·五	环食	澳洲北岸	当作三月丁巳朔
	五	九	甲寅朔	四六一	九	二〇	一八八九七〇一	一〇	四九·五	全食	西藏,安南	
	六	二	壬子朔	四六二	三	一七	一八八九八七九	一一	四八·三	环食	亚洲西端	
明帝泰始	三	一〇	己卯朔	四六七	一一	一三	一八九一九四六	九	四三·四	环食	澳洲南	
	四	四	丙子朔	四六八	五	八	一八九二一二三	一〇	五四·〇	全食	菲律宾东北	当作五月丙子朔
	四	一〇	癸酉朔	四六八	一一	一	一八九二三〇〇	九	一·六	环食	暹罗,安南	《魏书》作乙卯,误
	五	四	丙子朔	四六九	四	二七	一八九二四七七	三	五七·九	全食	西半球	当作庚午朔
	五	一〇	丁卯朔	四六九	一〇	二一	一八九二六五四	一一	八·八	环食	黄河流域	《魏书》作癸酉,误
	六	一〇	丁酉朔	四七〇	九	一一	一八九二九七九	九	五二·九	偏食		当作八月壬辰朔
	七	一二	癸卯晦	四七二	二	二五	一八九三五一一	六	五二·五	环食	澳洲东南	当作次年二月甲申朔
后废帝元徽	元	一二	癸卯朔	四七四	一	四	一八九四一九〇	一三	五·六	偏食		
	二	一	癸酉朔	四七四	二	三	一八九四二二〇	二三	五八·〇	环食	澳洲东北	
	三	一二	癸卯朔	四七五	一二	一四	一八九四八九九	一七	二八·一	环食	南洋群岛	当作十一月壬辰朔
	四	一	癸酉朔	四七六	六	八	一八九五〇七六	二	四〇·五	全食	西半球	当作五月己丑朔
升明	元	一〇	辛亥朔	四七七	一〇	二三	一八九五五七八	三	二七·八	偏食		
	二	二	乙酉晦	四七八	四	一八	一八九五七五五	三	二八·三	全食	西半球	当作三月戊申朔
	二	九	乙巳朔	四七八	一〇	一二	一八九五九三二	七	三六·四	环食	亚洲东北角	
	三	三	癸卯朔	四七九	四	八	一八九六一一〇	一四	五〇·一	环食	长江以南	

续表

史纪日食				西历			儒略周日	合朔		类别	所经地带	备考
帝号年号	年	月	日	年	月	日		时	分			
齐高帝建元	二	九	甲午朔	四八〇	九	二〇	一八九六六四一	一一	三・九	全食	南大洋	《魏书》作七月朔，误
	三	七	己未朔	四八一	八	一一	一八九六九六六	一六	九・五	偏食		
武帝永明	元	一二	乙巳朔	四八四	一	一四	一八九七八五二	一四	五三・三	全食	蒙古	
	六	二	辛亥朔	四八八	三	二七	一八九九三八八	一一	四四・九	偏食		当作三月二日辛巳
	七	二	乙亥朔	四八九	三	一八	一八九九七四二	一三	五五・一	环食	黄河以北	《魏志》云十五分蚀八
	八	二	己巳朔	四九〇	三	七	一九〇〇〇九六	一四	一六・六	环食	南洋群岛	《魏志》云未时日十五分蚀一
	九	一	癸亥晦	四九一	二	二四	一九〇〇四五〇	一九	五三・一	环食	印度洋	
	一〇	一〇	二日癸未	四九三	一	四	一九〇一一三〇	一三	四二・三	全食	菲律宾	(注二)
	一一	六	庚辰朔	四九三	六	三〇	一九〇一三〇七	二三	五五・二	环食	西半球	
明帝建武	元	五	甲戌朔	四九四	六	一九	一九〇一六六一	八	五二・〇	全食	西南至东北	(注三)
	三	九	庚寅晦	四九六	一〇	二二	一九〇二五一七	一五	五〇・六	全食	黄河长江间	
永元	元	一	丙申朔	四九九	二	二六	一九〇三三七四	九	五五・五	偏食		当作二月丁未朔
	元	七	己亥朔	四九九	九	二一	一九〇三五八一	一〇	五六・四	偏食		当作闰八月甲戌朔
	二	一	丙申朔	五〇〇	二	一五	一九〇三七二八	一七	三三・〇	全环	非洲东南	
	二	七	己亥朔	五〇〇	八	一一	一九〇三九〇六	七	五・四	环食	蒙古西南	
	三	七	癸巳朔	五〇一	七	三一	一九〇四二六〇	八	一七・一	环食	菲律宾东南	
梁武帝天监	元	六	丁巳朔	五〇二	七	二〇	一九〇四六一四	九	五八・九	环食	南大洋	当作丁亥朔
	五	三	丙寅朔	五〇六	四	九	一九〇五九七三	一八	五三・〇	偏食		

续表

史纪日食				西历			儒略周日	合朔		类别	所经地带	备考
帝号年号	年	月	日	年	月	日		时	分			
梁武帝天监	七	八	壬子朔	五〇八	九	一一	一九〇六八五九	九	二六·三	全食	缅甸,安南	
	八	八	丙午朔	五〇九	八	三一	一九〇七二一三	一八	四·四	环食	黄河以北	
	一〇	一二	壬戌朔	五一二	一	五	一九〇八〇七〇	一〇	三五·一	环食	南洋群岛	当在十二月二日癸酉
	一一	五	己未晦	五一二	六	二九	一九〇八二四六	一七	七·一	全食	西藏至广西	《魏书》云十五分蚀九
	一二	五	甲寅朔	五一三	六	一七	一九〇八六〇一	九	六·八	偏食		《魏书》云京师不见,恒州以闻
	一五	三	戊辰朔	五一六	四	八	一九〇九六三五	八	二八·五	环食	长江黄河间	
	一六	一	辛巳朔	五一七	三	八	一九〇九九五九	一七	二五·三	偏食		当作二月壬辰朔
	一八	一	辛巳朔	五一九	二	一五	一九一〇六六八	一五	五四·三	全食	长江以南	
普通	元	一	乙亥朔	五二〇	二	五	一九一一〇二三	八	一〇·九	全食	江苏	当作一月二日丙子
	二	五	丁酉朔	五二一	六	二〇	一九一一五二四	一八	三二·二	偏食		当作丁酉晦
	三	五	壬辰朔	五二二	六	一〇	一九一一八七九	九	二三·四	全食	长江以南	
	三	一一	己丑朔	五二二	一二	四	一九一二〇五六	九	一〇·〇	环食	南洋群岛	《魏志》云蚀从西南角起,定相两州表闻
	四	一一	癸未朔	五二三	一一	二三	一九一二四一〇	一二	五·〇	环食	长江流域	《魏志》云日从地下蚀出,亏从西南角起
中大通	元	一〇	己酉朔	五二九	一	二五	一九一四三〇〇	七	四·六	全食	台湾东南	(注四)
	三	六	己亥朔	五三一	六	三〇	一九一五一八六	一六	三六·二	全食	台湾东	
	四	一〇	辛酉朔	五三二	一一	一三	一九一五六八八	八	四〇·六	环食	西比利亚东部	
	五	四	己未朔	五三三	五	一〇	一九一五八六六	一一	五五·三	环食	菲律宾	(注五)

续表

史纪日食				西历			儒略周日	合朔		类别	所经地带	备考
帝号年号	年	月	日	年	月	日		时	分			
中大通	六	四	癸丑朔	五三四	四	二九	一九一六二二〇	一五	五・五	环食	西比利亚北部	
大同	四	一	辛酉朔	五三八	二	一五	一九一七六〇八	一六	三九・三	全食	西比利亚西部	
	六	闰五	丁丑朔	五四〇	六	二〇	一九一八四六四	一六	五二・五	全食	西北至东南	
太清	元	一	己亥朔	五四七	二	六	一九二〇八八六	一五	三六・六	全食	西南至东北	(注六)
陈武帝永定	三	五	丙辰朔	五五九	六	二一	一九二五四〇四	一六	四九・六	全食	印度洋	当作丁巳朔
陈文帝天嘉	二	四	丙子朔	五六一	四	三〇	一九二六〇八三	一六	五七・三	环食	西比利亚	
	二	一〇	甲戌朔	五六一	一〇	二四	一九二六二六〇	二〇	二三・三	全食	南大洋	当作癸酉朔
	三	九	壬辰朔	五六二	一〇	一四	一九二六六一五	九	四八・一	全环	南洋群岛	当作戊辰朔
	四	三	己丑朔	五六三	四	九	一九二六七九二	二	三一・四	全食	西半球	
	五	二	庚寅朔	五六四	二	二八	一九二七一一七	八	二・〇	偏食		
	五	八	丁亥朔	五六四	八	二三	一九二七二九四	二三	五七・五	偏食	西半球	
	六	七	辛巳朔	五六五	八	一二	一九二七六四八	三	五九・四	环食	西半球	
	七	一	己卯朔	五六六	二	六	一九二七八二六	一一	三一・〇	环食	澳洲	己卯为一月二日
废帝光大	元	一	癸酉朔	五六七	一	二六	一九二八一八〇	一五	三八・九	环食	南大洋	
	元	一一	戊戌朔	五六七	一二	一七	一九二八五〇五	二〇	三・九	偏食		
	二	一一	壬辰朔	五六八	一二	五	一九二八八五九	一	四九・五	环食	西半球	
宣帝太建	二	一〇	辛巳朔	五七〇	一一	一四	一九二九五六八	六	一二・七	全食	澳洲	
	三	四	戊寅朔	五七一	五	一〇	一九二九七四五	五	六・六	偏食		《隋书》作甲寅，误
	四	三	癸卯朔	五七二	三	三〇	一九三〇〇七〇	一	七・〇	全食	西半球	

续表

史纪日食				西历			儒略周日	合朔		类别	所经地带	备考
帝号年号	年	月	日	年	月	日		时	分			
宣帝太建	四	九	庚子朔	五七二	九	二三	一九三〇二四七	一二	六·五	环食	西比利亚	
	六	二	壬辰	五七四	三	九	一九三〇七七九	九	九·六	全食	长江以南	壬辰为二月二日
	七	二	丙戌朔	五七五	二	二六	一九三一一三三	二二	一八·七	偏食	西半球	
	七	一二	辛亥朔	五七六	一	一七	一九三一四五八	一〇	七·六	环食	南大洋	
	八	六	戊申朔	五七六	七	一二	一九三一六三五	七	五四·三	全食	西藏	（注七）
	九	一二	己亥朔	五七七	一二	二五	一九三二一六六	一三	三二·二	环食	黄河流域	
	一一	四	壬戌朔	五七九	五	一一	一九三二六六八	二三	二六·八	环食	亚洲西北	《周书》云有司奏言蚀，过时不蚀
	一二	一〇	甲寅朔	五八〇	一〇	二四	一九三三二〇〇	一八	八·四	环食	印度洋	
隋文帝开皇	三	二	己巳朔	五八三	二	二八	一九三四〇五七	八	一四·〇	全食	长江流域	当作二月二日庚午
	三	八	丁卯朔	五八三	八	二四	一九三四二三四	一一	二一·〇	环食	印度	
	四	一	甲子朔	五八四	二	一七	一九三四四一一	一九	三二·六	环食	印度洋北	
	五	一	戊午朔	五八五	二	五	一九三四七六五	二三	二六·二	环食	西半球	
	七	五	乙亥朔	五八七	六	一二	一九三五六二二	八	八·九	环食	澳洲	当作五月二日乙亥
	一一	二	辛巳	五九一	三	三一	一九三七〇一〇	〇	二九·七	全食	西半球	当作三月癸未朔
	一二	二	壬申朔	五九二	三	一九	一九三七三六四	一七	一一·四	全食	蒙古北	当作丁丑朔
	一二	七	癸酉晦	五九二	九	一一	一九三七五四〇	二一	五九·四	环食	西半球	
	一三	七	戊辰朔	五九三	八	三	一九三七八六六	二二	二九·九	偏食	西半球	当作己亥朔
	一四	七	癸巳朔	五九四	七	二三	一九三八二二〇	一五	三一·四	全食	西北至东南	（注八）

续表

史纪日食				西历			儒略周日	合朔		类别	所经地带	备考
帝号年号	年	月	日	年	月	日		时	分			
仁寿	元	二	乙卯朔	六〇一	三	一〇	一九四〇六四二	一六	一九・八	全食	黄河以北	
炀帝大业	一二	五	丙辰朔	六一六	五	二一	一九四六一九三	一四	五八・六	环食	长江黄河间	

（注一）《宋书・天文志》云:“不尽如钩,星昼见。”《元史・历志・授时历》所推止,食六分九十六秒,《新法历书・学历小辩》云:“南宋都于金陵,郭历造于燕中,相去二千里。北极出地差八度,日食分数,宜有异同。其云‘不尽如钩’,当在九分左右,而极差八度,时在十一月,则食差当得二分弱。郭历推得七分弱,非密合而何。”案此次日食起于蒙古西北,经新疆、甘肃、陕西、山西,沿黄河流域,过河南、山东,越朝鲜、日本而至堪察加,金陵所见,当得九分左右。

（注二）《南齐书・天文志》云:“永明十年十月二日癸未,日蚀加时在午之半度,到未初见日始蚀,亏起西北角,蚀十分之四。申时光色复还。”案是年十月二日非癸未,亦无日食。癸未乃十二月朔,有日全食,起于阿拉伯,经安南、菲律宾,而至日本东南太平洋。南齐都金陵,以历推之,合朔在未初三刻,初亏在未初,食甚在未正,复圆在申初,所见食分均在四分以上,《志》言与法相合,可知十月二日,为十二月之误。

（注三）《南齐书・天文志》云:“隆昌元年五月甲戌合朔,巳时日蚀三分之一,午时光复还。”查郁林王隆昌元年七月丁酉,海陵王改元为延兴,十月癸亥,明帝改元为建武。

（注四）《魏书・天象志》云:“孝庄帝永安二年十月己酉朔,日从地下蚀出,十五分蚀七,亏从西南起。”案永安二年为梁武帝中大通元年,十月己酉朔,并无日食,惟是年一月癸丑朔,日全食,合朔在上午七时余,经台湾东南,合朔食分,与《志》言相合。

（注五）《元史・历志》以《授时》《大明》二历推之,初亏均在午四刻。

（注六）《魏志》云:“日蚀从西南角起。”《元史・历志》云:“《授时历》食甚申一刻,《大明历》食甚申三刻,《大明》亲,《授时》次亲。”

（注七）《元史・历志》云:“食于卯甲间,《授时历》食甚卯二刻,《大明历》食甚卯四刻,《授时》次亲,《大明》疏远。”郑世子《历学新说》云:“寅末卯初是名曰甲。卯甲间者,谓卯初之后,卯正之前也。”并以新法推之,谓:“日食七分九十六秒,日未出已食一分六十一秒,日已出见食六分三十五秒,初亏寅正一刻,食甚卯初二刻,复圆卯正三刻。”李天经《古今交食考》云:“陈宣帝太建八年,即周建德五年,齐后主武平七年,丙申岁,周书六月戊申日食,齐载六月戊申朔太阳初亏。刘孝孙言食于卯时,张孟宾言食于甲时,郑元伟、董峻言食于辰时,宋景业言食于巳时,至日食乃于卯甲之间,陈无。今以法考之,陈都金陵,定朔在辰初二刻八分三十三秒,食甚卯正初刻二分二十四秒,应食七分十六秒。夫食及七分而不载,陈历之疏可知,食甚于卯正,应亏于卯初之先,齐人之言卯者为近,而言辰者远,言巳者则愈远矣。”

（注八）案刘晖驳张胄元《大业历》曰:“是日依历时加巳食,食十五分之十二半强,候至未后三刻,日乃食,亏起西北,食半许,入云不见,食顷暂见,犹未复生,因即云障。”李天经曰:“今以法依西安府考之,是日癸巳朔,申初二刻十二分食甚,未正三刻十三分初亏,应见食九分三十五秒,与刘晖未后三刻日乃食,少顷犹未复生之语,最相符合。”

七 唐代日食考

《唐书·天文志》曰："凡著纪二百八十九年，日食九十三，朔九十一，晦二日。"但《志》所载日食，则在晦者有二，在二日者有一。所谓晦二日者，语意不明，恐有阙文。案唐历始用定朔，故日食尚有一日之先后，惟《天文志》日食之后，必纪以所在宿度，颇见整齐，纪载亦较明确。如长安二年，开元十七年，天宝十三年，上元二年之日食，或言既，或言几既，或言不尽如钩，或言大星皆见，皆为中原所见之全食。然亦有中国不可见者，非尽经实测也。开成五年之日食，但言黑气来触，而不知其为日食，开元十二年七月之日食，载在《大衍历议》，今皆补入之。又查《旧唐书·天文志》，尚有八次日食，为《新志》所不载者，合之共得日食一百有三。

唐代日食表

史纪日食				西历			儒略周日	合朔		类别	所经地带	备考
帝号年号	年	月	日	年	月	日		时	分			
唐高祖武德	元	一〇	壬申朔	六一八	一〇	二四	一九四七〇七九	一六	一六·九	偏食		在氐五度
	四	八	丙戌朔	六二一	八	二三	一九四八一一三	七	九·〇	全食	蒙古北部	在星四度
	六	一二	壬寅朔	六二三	一二	二七	一九四八九六九	一七	四·八	全食	南洋群岛	在斗十六度
	九	一〇	丙辰朔	六二六	一〇	二六	一九五〇〇〇三	一一	一四·〇	环食	西比利亚	在氐七度
太宗贞观	元	闰三	癸丑朔	六二七	四	二一	一九五〇一八〇	一六	四·一	全食	菲律宾	在胃九度
	元	九	庚戌朔	六二七	一〇	一五	一九五〇三五七	一〇	三八·三	环食	新疆,广西	在亢五度
	二	三	戊申朔	六二八	四	一〇	一九五〇五三五	八	四九·七	全食	黄海,东海	在娄十一度
	三	八	己巳朔	六二九	八	二四	一九五一〇三六	一四	六·二	偏食		在翼五度
	四	一	丁卯朔	六三〇	二	一八	一九五一二一四	九	一一·四	环食	澳州南岸	在虚四度
	四	七	甲子朔	六三〇	八	一四	一九五一三〇一	六	五九·四	全食	西比利亚西部	在张十四度
	六	一	乙卯朔	六三二	一	二七	一九五一九二二	一四	四二·八	环食	西藏,蒙古	在虚九度
	八	五	辛未朔	六三四	六	一	一九五二七七八	二一	四三·二	环食	阿拉伯	在参七度
	九	闰四	丙寅朔	六三五	五	二二	一九五三一三三	七	四七·〇	全食	澳洲南部	在室九度
	一一	三	丙戌朔	六三七	四	一	一九五三八一三	八	三·〇	全食	黄河流域	在娄三度
	一二	闰二	庚辰朔	六三八	三	二一	一九五四一六七	一八	三六·九	环食	印度	在奎九度
	一三	八	辛未朔	六三九	九	三	一九五四六九八	一五	一〇·三	全食	新疆至广东	在翼十四度
	一七	六	己卯朔	六四三	六	二二	一九五六〇八六	七	三二·二	环食	西比利亚西端	在井十六度

续表

史纪日食				西历			儒略周日	合朔		类别	所经地带	备考
帝号年号	年	月	日	年	月	日		时	分			
太宗贞观	一八	一〇	辛丑朔	六四四	一一	五	一九五六五八八	一九	九·七	环食	西藏之西	在房三度
	二〇	闰三	癸巳朔	六四六	四	二一	一九五七一二〇	一六	二七·五	全食	蒙古	在胃九度
	二二	八	己酉朔	六四八	八	二四	一九五七九七六	一四	五三·一	全食	西北至东南	在翼五度
高宗显庆	五	六	庚午朔	六六〇	七	一三	一九六二三一七	一二	一·三	环食	长江以南	在柳五度
龙朔	元	五	甲子晦	六六一	七	二	一九六二六七一	一四	一三·五	环食	北冰洋	在井二十七度
麟德	二	闰三	癸酉	六六五	四	二一	一九六四〇六〇	一一	五七·二	偏食		在胃九度,癸酉,系二日
乾封	二	八	己酉朔	六六七	八	二五	一九六四九一六	一三	二〇·八	全食	暹罗,安南	在翼六度,当作己丑朔
总章	二	六	戊申朔	六六九	七	四	一九六五五九五	七	二八·八	偏食		在井二十九度
咸亨	元	六	壬寅朔	六七〇	六	二三	一九六五九四九	一一	一六·四	环食	蒙古	在井十八度
	二	一一	甲午朔	六七一	一二	七	一九六六四八一	一六	五三·八	环食	黄河西北	在箕九度
	三	一一	戊子朔	六七二	一一	二五	一九六六八三五	一六	九·〇	偏食		在尾十度
	五	三	辛亥朔	六七四	四	一二	一九六七三三八	九	八·五	环食	南洋群岛	在娄十三度
上元	二	九	壬寅朔	六七五	九	二五	一九六七八六九	七	三七·八	全食	黑龙江	
永隆	元	四	乙巳朔	六八〇	六	二	一九六九五八一	二一	四八·三	偏食		当作五月甲戌朔
	元	一一	壬申朔	六八〇	一一	二七	一九六九七五九	一一	一三·四	环食	蒙古东北	在尾十六度(注一)
开耀	元	一〇	丙寅朔	六八一	一一	一六	一九七〇一一三	一〇	二四·〇	环食	西藏东南	在尾四度(注二)
永淳	元	四	甲子朔	六八二	五	一三	一九七〇二九一	七	二三·〇	全食	南洋群岛东南	在毕五度
	元	一〇	庚申朔	六八二	一一	五	一九七〇四六七	一四	六·三	环食	南大洋	在房三度

续表

史纪日食				西历			儒略周日	合朔		类别	所经地带	备考
帝号年号	年	月	日	年	月	日		时	分			
武后垂拱	二	二	辛未朔	六八六	二	二八	一九七一六七八	一五	三·五	全环	新疆,蒙古	在室十五度
	四	六	丁亥朔	六八八	七	三	一九七二五三四	一八	八·四	环食	蒙古至湖南	在井二十七度
天授	二	四	壬寅朔	六九一	五	四	一九七三五六九	六	一五·八	全食	蒙古西北部	在昴七度(注三)
如意	元	四	丙申朔	六九二	四	二二	一九七三九二三	一六	一一·二	环食	长江以南	在胃十一度
长寿	二	九	丁亥朔	六九三	一〇	五	一九七四四五四	一六	二·一	全食	菲律宾	在角十度
延载	元	九	壬午朔	六九四	九	二五	一九七四八〇九	六	四七·三	偏食		在轸八度
证圣	元	二	己酉朔	六九五	二	一九	一九七四九五六	一三	八·六	全食	蒙古	在室五度
圣历	三	五	己酉朔	七〇〇	五	二三	一九七六八七六	一四	四二·八	全食	长江黄河间	在毕十五度(注四)
长安	二	九	乙丑朔	七〇二	九	二六	一九七七七三二	一五	一七·〇	全食	西北至东南	几既,在角初度
	三	三	壬戌朔	七〇三	三	二二	一九七七九〇九	一五	一一·九	环食	菲律宾	在奎十度(注五)
	三	九	庚寅朔	七〇三	九	一六	一九七八〇八七	四	五三·五	全食	日本之东	在亢七度,当作八月庚申朔
中宗神龙	三	六	丁卯朔	七〇七	七	四	一九七九四七四	一二	五一·七	全环	暹罗,安南	在井二十八度,即景龙元年
景龙	元	一二	乙丑朔	七〇七	一二	二九	一九七九六五二	九	九·八	环食	江西,福建	在斗二十一度(注六)
元宗先天	元	九	丁卯朔	七一二	一〇	五	一九八一三九四	一四	五八·六	偏食		在角十度,《旧志》并载二月,衍,误
开元	三	七	庚申朔	七一五	八	四	一九八二四二七	一〇	五三·四	环食	蒙古	在张四度,当作庚辰朔
	七	五	己丑朔	七一九	五	二四	一九八三八一六	八	五二·六	偏食		在毕十五度
	九	九	乙巳朔	七二一	九	二六	一九八四六七二	一二	五〇·七	全环	南洋群岛	在轸十八度(注七)

续表

史纪日食				西历			儒略周日	合朔		类别	所经地带	备考
帝号年号	年	月	日	年	月	日		时	分			
开元	一二	七	戊午朔	七二四	七	二五	一九八五七〇五	八	八·九	环食	北冰洋	(注八)
	一二	闰一二	丙辰朔	七二五	一	一九	一九八五八八三	一三	五六·三	环食	澳洲	在虚初度
	一三	一二	庚戌朔	七二六	一	八	一九八六二三七	一七	一二·八	环食	新疆	(注九)
	一七	一〇	戊午朔	七二九	一〇	二七	一九八七六二五	九	一二·九	全食	甘肃至福建	不尽如钩,在氐九度
	二〇	二	甲戌朔	七三二	三	一	一九八八四八一	二〇	四一·八	全食	阿拉伯	在室十度
		八	辛未朔	七三二	八	二五	一九八八六五八	一四	五五·七	环食	澳洲	在翼七度
	二一	七	乙丑朔	七三三	八	一四	一九八九〇一二	一八	二·九	环食	暹罗,安南	在张十五度
	二二	一二	戊子朔	七三四	一二	三〇	一九八九五一五	一一	二五·三	环食	蒙古	在斗十三度
	二三	闰	壬午朔	七三五	一二	一九	一九八九八六九	一〇	四九·五	环食	南洋群岛	在斗十一度
	二六	九	丙申朔	七三八	一〇	一八	一九九〇九〇三	八	一〇·八	全食	亚洲东北角	在亢九度
	二八	三	丁亥朔	七四〇	四	一	一九九一四三四	一四	二一·二	全食	新疆,蒙古	在翼三度
天宝	元	七	癸卯朔	七四二	八	五	一九九二二九〇	一五	二〇·五	环食	蒙古	在张五度
	五	五	壬子朔	七四六	五	二五	一九九三六七九	一二	三四·五	环食	新疆,蒙古	在娄十六度
	一三	六	乙丑朔	七五四	六	二五	一九九六六三二	一二	二七·三	全食	江西,福建	几既,在井十九度
肃宗至德	元	一〇	辛巳朔	七五六	一〇	二八	一九九七四八八	一六	四六·九	全食	蒙古至山西	既,在氐十度
上元	二	七	癸未朔	七六一	八	五	一九九九二三〇	一一	二一·三	全食	长江流域	既,大星皆见,在张四度
代宗大历	三	三	乙巳朔	七六八	三	二三	二〇〇一六五二	一二	五八·一	全食	广东沿海	在奎十一度
	一〇	一〇	辛酉朔	七七五	一〇	二九	二〇〇四四二八	一三	二二·六	环食	蒙古东部	在氐十一度

续表

史纪日食				西历			儒略周日	合朔		类别	所经地带	备考
帝号年号	年	月	日	年	月	日		时	分			
代宗大历	一三		甲戌	七七八	八	二七	二〇〇五四六一	六	九·六	环食	北美	(注十)
	一四	七	戊辰朔	七七九	八	一六	二〇〇五八一五	一九	四·四	全食	印度洋	在张四度
	一四	一二	丙寅晦	七八〇	二	一〇	二〇〇五九九三	一六	四一·四	环食	西比利亚西部	在危十二度
德宗贞元	二	八	辛巳朔	七八六	九	二八	二〇〇八四一四	一二	四一·五	环食	南洋，澳洲	在轸八度，当作九月丁亥朔
	三	八	庚巳朔	七八七	九	一六	二〇〇八七六八	一六	二九·五	环食	南洋群岛	在轸八度
	五	一	甲辰朔	七八九	一	三一	二〇〇九二七一	一一	四·〇	环食	西比利亚南部	在室六度
	六	一	戊戌朔	七九〇	一	二〇	二〇〇九六二五	一一	八·二	环食	南洋群岛	《旧志》云合蚀不蚀
	七	六	庚寅朔	七九一	七	六	二〇一〇一五七	一一	五二·八	环食	西比利亚	《旧志》云阴云不见
	八	一一	壬子朔	七九二	一一	一九	二〇一〇六五九	一〇	一二·八	全食	澳洲	在尾六度(注十一)
	一〇	四	癸卯朔	七九四	五	四	二〇一一一九〇	一二	四五·四	全食	长江流域	(注十二)
	一二	八	己未朔	七九六	九	六	二〇一二〇四六	一三	四八·八	偏食		在翼十八度
	一七	五	壬戌朔	八〇一	六	一五	二〇一三七八九	九	三七·六	环食	印度洋东	在井十度
宪宗元和	三	七	辛巳朔	八〇八	七	二七	二〇一六三八八	一〇	一三·六	全食	南洋群岛	在星七度
	一〇	八	己亥朔	八一五	九	七	二〇一八九八六	一〇	五五·一	全食	长江流域	在翼十八度
	一三	六	癸丑朔	八一八	七	七	二〇二〇〇二〇	一四	五七·二	环食	蒙古东北	在鬼一度
穆宗长庆	二	四	辛酉朔	八二二	四	二五	二〇二一四〇八	一二	二七·〇	全食	云南至山西	在胃十三度
	三	九	壬子朔	八二三	一〇	八	二〇二一九三九	八	一八·四	环食	山东	在角十二度
文宗太和	八	二	壬午朔	八三四	三	一四	二〇二五七四九	一四	五一·四	环食	西藏，蒙古	在奎二度

续表

史纪日食				西历			儒略周日	合朔		类别	所经地带	备考
帝号年号	年	月	日	年	月	日		时	分			
开成	元	一	辛丑朔	八三六	一	二二	二〇二六四二八	七	五〇·五	全环	那威西北	在虚三度
	五	一〇	癸卯朔	八三六	一〇	二九	二〇二八一七〇	一一	五三·三	环食	澳洲东南	(注十三)
武宗会昌	三	二	庚申朔	八四三	三	五	二〇二九〇二七	九	三三·六	偏食		在壁一度
	四	二	甲寅朔	八四四	二	二二	二〇二九三八一	一〇	四〇·六	环食	南洋群岛	在室七度
	五	七	丙午朔	八四五	八	七	二〇二九九一三	八	一九·四	环食	新疆	在张七度
	六	一二	戊辰朔	八四六	一二	二二	二〇三〇四一五	一二	三八·一	全食	察哈尔,黑龙江	在斗十四度
宣宗大中	二	五	己未朔	八四八	六	五	二〇三〇九四六	一〇	四二·六	全食	南洋群岛	在参九度
	八	一	丙戌朔	八五四	二	一	二〇三三〇一三	一六	一八·八	全食	澳洲东南	在危二度
懿宗咸通	四	七	辛卯朔	八六三	八	一八	二〇三六四九八	一五	一八·五	环食	新疆至广东	在张十七度
僖宗乾符	三	九	乙亥朔	八七六	五	二七	二〇四一一六四	一一	七·九	全食	黄河流域	在轸十四度,当作五月丁丑朔
	四	四	壬申朔	八七七	五	一七	二〇四一五一九	三	三·五	偏食		在毕三度
	六	四	庚申朔	八七九	三	二六	二〇四二一九七	二三	四八·一	偏食		在胃八度,当作二月庚寅晦
文德	元	三	戊戌朔	八八八	四	一五	二〇四五五〇五	一〇	〇·八	环食	长江南岸	在胃一度
昭宗天祐	元	一〇	辛卯朔	九〇四	一一	一〇	二〇五一五五八	一四	五九·九	偏食		在心三度
	三	四	癸未朔	九〇六	四	二六	二〇五二〇九〇	一八	一五·六	环食	西藏,青海	在胃十二度

(注一)《元史·历志》云:“永隆元年庚辰十一月壬申朔食,巳四刻甚。”
(注二)《元史·历志》云:“开耀元年辛巳十月丙寅朔食,巳初甚。”
(注三)《元史·历志》云:“嗣圣八年辛卯四月壬寅朔食,卯二刻甚。”案嗣圣八年即天授二年。

（注四）《元史·历志》云："嗣圣十七年庚子五月己酉朔食，申初甚。"案嗣圣十七年即圣历三年。

（注五）《元史·历志》云："嗣圣十九年壬寅九月乙丑朔食，申三刻甚。"案嗣圣十九年即长安三年，《旧元书·天文志》作九月庚寅朔，不合。

（注六）《元史·历志》云："景龙元年丁未六月丁卯朔食，午正甚。"

（注七）《元史·历志》云："开元九年辛酉九月乙巳朔食，午正三刻甚。"《旧志》作五月，误。

（注八）《唐书·历志·大衍·日蚀议》云："开元十二年七月戊午朔，于数当蚀半强，自交趾至于朔方，候之不蚀。"案是日环食，起于俄属欧亚交界处，直穿北冰洋，而纵贯美洲南北，朔方不能望见，交趾更无论矣，宜乎候之不食。

（注九）《唐书》云："开元十三年乙丑岁，天正南至，东封礼毕，（原注云是年封泰山）还次梁宋，史官言十二月庚戌朔，日当食，帝乃彻膳素服以俟，卒不食。"《大衍历议》云："是月入交二度弱，当食十五分之十三，而阳光自若，纤毫无变。"《新法历书》云："以法推之，是日定朔申正初刻三分，初亏地平已近，且日光闪烁，每每先食而后见，谓之纤毫无变，宜也，惜当日历官见不及此，徒留彻膳素服一案，以来后世之指摘耳。"

（注十）案甲戌为是年八月朔，《旧唐·天文志》不书月，系史之阙文，《旧志》云："有司奏合蚀不蚀。"盖此次环食经北美洲，中国自不可见，有司奏不蚀宜也。

（注十一）《旧唐书·天文志》云："据历合蚀八分，今退蚀三分。"案此次全食经澳洲，中原望之，至多不过三分，此唐历预推未合，而实测无误也。

（注十二）《旧唐书·天文志》云："巳正后刻蚀之既，未正后刻复满。"此次全食经长江流域，又时在中午，宜所见较亲，不知《新志》何以未经列入。

（注十三）案《唐书·天文志》云："开成五年十月癸卯，日旁有黑气来触。"未言日食，亦不书朔，《旧志》不载。查是日确有环食，经澳洲东南，中原望之，不及一分，时在近午，阳光正盛，不易觉察，故《新志》但云黑气来触，此唐历失之预推，而得之目验者也，然则读史者可不慎哉。

八　五代日食考

五代纷乱，测天之器散佚，享国日浅，测候凌乱。历法或行于民间，或藏于私家，或止用于他国。其法多不可考，惟《调元》不用上元，钦天自成一家，为五代之善历，而行之亦近四五年。考《旧五代史》自梁乾化元年迄周显德二年，计四十五年，所载日食凡二十。《契丹国志》及《辽史》日食，为《五代史》所不载者有六。合之凡二十有六，多为中原所能望见，足证当时实录，尚未散失。惟显德三年之日食，中国不可见，想得诸预推而未经实验者也。

五代日食表

史纪日食				西历			儒略周日	合朔		类别	所经地带	备考
帝号年号	年	月	日	年	月	日		时	分			
梁太祖乾化	元	一	丙戌朔	九一一	二	二	二〇五三八三三	一二	六·〇	偏食		《司天考》作开平四年十二月,误
少帝龙德	元	六	乙卯朔	九二一	七	八	二〇五七六四二	九	一九·一	全食	黄河流域	《辽史》神册六年
	三	一〇	辛未朔	九二三	一一	一一	二〇五八四九八	一三	四三·四	全食	菲律宾南	即同光元年
唐庄宗同光	三	四	癸亥朔	九二五	四	二六	二〇五九〇三〇	二	四四·六	环食	西比利亚	
明帝天成	元	八	乙酉朔	九二六	九	一〇	二〇五九五三二	八	一·〇	偏食		
	二	二	壬午朔	九二七	三	六	二〇五九七〇九	一七	九·八	全食	南洋群岛	《契丹志》天显二年
	二	八	己卯朔	九二七	八	三〇	二〇五九八八六	八	五·二	环食	蒙古	
	三	二	丁丑朔	九二八	二	二四	二〇六〇〇六四	九	二·六	全食	南洋群岛	《五代史》作五月,误(注一)
	四	六	戊戌朔	九二九	七	九	二〇六〇五六五	一六	七·九	全食	西比利亚	《司天考》作癸丑,误
长兴	元	六	癸巳朔	九三〇	六	二九	二〇六〇九二〇	九	二九·七	全食	西比利亚北部	
	二	一一	甲申朔	九三一	一二	一二	二〇六一四五一	一〇	四九·三	环食	南洋群岛	
晋高祖天福	二	一	乙卯二日	九三七	二	一四	二〇六三三四二	七	三二·九	偏食		(注二)
	三	一	戊申朔	九三八	二	三	二〇六三六九六	一六	三五·四	环食	云南至湖南	当在一月二日己酉
	四	七	庚子朔	九三九	七	一九	二〇六四二二七	一六	五四·三	全食	长江流域	
	五	一一	壬辰朔	九四〇	一二	二	二〇六四七二九	八	一八·六	偏食		《司天考》作丁丑,误
	七	四	甲寅朔	九四二	五	一八	二〇六五二六一	七	六一·七	环食	澳洲北部	
	八	四	戊申朔	九四三	五	七	二〇六五六一五	九	三五·五	环食	西藏,蒙古	

续表

史纪日食				西历			儒略周日	合朔		类别	所经地带	备考
帝号年号	年	月	日	年	月	日		时	分			
少帝开运	元	九	庚午朔	九四四	九	二〇	二〇六六一一七	一五	一七・三	偏食		
	二	八	甲子朔	九四五	九	九	二〇六六四七一	一五	一五・二	环食	新疆,西藏	
	三	二	壬戌朔	九四六	三	六	二〇六六六四九	一七	一三・〇	全食	新疆,蒙古	
汉隐帝乾祐	元	六	戊寅朔	九四八	七	九	二〇六七五〇五	一六	五八・〇	全食	蒙古	
	二	六	癸酉朔	九四九	六	二九	二〇六七八六〇	七	四八・六	全食	安南,暹罗	
	三	一一	甲子朔	九五〇	一二	一二	二〇六八三九一	八	三六・九	全食	西比利亚东部	
周太祖广顺	二	四	丙戌朔	九五二	四	二七	二〇六八八九三	六	三四・五	环食	台湾以东	
世宗显德	二	二	庚子朔	九五五	二	二五	二〇六九九二七	一五	四五・一	偏食		《辽史》应历五年
	三	一二	戊子晦	九五七	二	二	二〇七〇六三五	二	九・五	环食	西半球	《司天考》作癸酉,误

（注一）后唐天成三年之日食,应在二月,揆之《辽史》,年月相符。丁丑本为二月之朔,益信无疑,《五代史》作五月,必系传写之误。

（注二）《旧五代史・天文志》云:"是日太阳亏,十分内食三分,在尾宿十七度,日出东方,以带食三分,渐生,至卯时复满。"

九　宋代日食考

宋代日食皆由太史局先期预推，司天监临时实测，故《宋史·天文志》常有验之不食及阴云不见之说。当时以为人君之修德，足以挽回天变，幸免大祸，或有进谀辞而称贺，或仍主罢晏而惕励。廷臣之奏议纷纭，各执一见，大旨皆无关于天文历法也。惟太史局能预推食分之多寡及日食之时刻，实较前代为详。且当时监官推算未密，测验不合，常有罚俸降级之处分，故历法渐见进步，日食无不在朔矣。今复考诸《契丹国志》及《辽史》《金史》两史日食，有《宋史》所未载者，均补录之。自建隆元年起至宝祐元年止，凡二百六十三年，共得日食一百五十二，其间验之不食及阴云不见者甚多。宝祐元年以后，尚有八次日食，因载在《元史·天文志》，故录入元代日食表，以免重出。

宋代日食表

史纪日食				西历			儒略周日	合朔		类别	所经地带	备考
帝号年号	年	月	朔	年	月	日		时	分			
宋太祖建隆	元	五	己亥	九六〇	五	二八	二〇七一八四六	一三	四一·四	环食	云南,广西	
	二	四	癸巳	九六一	五	一七	二〇七二二〇〇	一六	二二·八	环食	西比利亚	
乾德	三	二	壬寅	九六五	三	六	二〇七三五八九	一一	五六·四	偏食		史言验之不食(注一)
	五	六	戊午	九六七	七	一〇	二〇七四四四五	一四	五七·六	全食	西藏	
开宝	元	一二	己酉	九六八	一二	二二	二〇七四九七六	一七	三〇·一	全食	西比利亚西部	
	三	四	辛未	九七〇	五	八	二〇七五四七八	一三	三四·一	环食	西比利亚	《志》作辛酉,误,《本纪》不误
	四	一〇	癸亥	九七一	一〇	二二	二〇七六〇一〇	一一	四四·九	环食	南洋群岛	
	五	九	丁巳	九七二	一〇	一〇	二〇七六三六四	一一	一四·七	环食	西比利亚东北	
	七	二	庚辰	九七四	二	二五	二〇七六八六七	八	一九·七	环食	菲律宾东南	《纪》《志》均作三月,误
	八	七	辛未	九七五	八	一〇	二〇七七三九八	八	一二·八	全食	长江流域	
太宗太平兴国	二	一一	丁亥	九七七	一二	一三	二〇七八二五四	一六	二一·一	全食	广东	史言既。《辽·景宗纪》云司天台奏当蚀不亏
	六	九	乙未	九八一	一〇	一	二〇七九六四二	六	五·五	环食	西比利亚东部	
	七	三	癸巳	九八二	三	二八	二〇七九八二〇	九	六·八	全食	南洋群岛	
	八	二	戊子	九八三	三	一七	二〇八〇一七四	一九	三三·四	偏食		当在一月丁亥晦
雍熙	二	一二	庚子	九八六	一	一三	二〇八一二〇七	一二	三六·六	全食	南洋群岛	
	三	六	戊戌	九八六	七	一〇	二〇八一三八五	七	三三·三	环食	澳洲东	
淳化	二	闰二	辛未	九九一	三	一九	二〇八三〇九八	七	四二·七	偏食		

续表

史纪日食				西历			儒略周日	合朔		类别	所经地带	备考
帝号年号	年	月	朔	年	月	日		时	分			
雍熙	三	二	乙丑	九九二	三	七	二〇八三四五二	一五	五六・八	环食	黄河流域	
	四	二	己未	九九三	二	二四	二〇八三八〇六	一七	一七・三	环食	南洋群岛	
	四	八	丙辰	九九三	八	二〇	二〇八三九八三	一六	一・〇	全食	南洋群岛	
	五	七	辛亥	九九四	八	一〇	二〇八四三三八	六	五七・二	偏食		辽景宗统和十二年
	五	一二	戊寅	九九五	一	四	二〇八四四八五	一〇	二八・二	偏食		史言阴云不见
至道	三	五	甲子	九九七	六	八	二〇八五三七一	七	五五・〇	环食	台湾东	辽统和十五年
真宗咸平	元	五	戊午	九九八	五	二八	二〇八五七二五	一六	二五・七	偏食		
	元	一〇	丙戌	九九八	一〇	二三	二〇八五八七三	一三	五五・七	偏食		
	二	九	庚辰	九九九	一〇	一二	二〇八六二二七	一三	四五・六	环食	黄河流域	
	三	三	戊寅	一〇〇〇	四	七	二〇八六四〇五	一六	五〇・一	全食	长江流域	
	五	七	甲午	一〇〇二	八	一一	二〇八七二一六	一五	四四・一	偏食		
景德	元	一二	庚辰	一〇〇五	一	一三	二〇八八一四七	一一	九・九	全食	蒙古	
	三	五	壬寅	一〇〇六	五	三〇	二〇八八六四九	三	二七・一	环食	日本东北	史言云阴不见
	四	五	丙申	一〇〇七	五	一九	二〇八九〇〇三	一五	五一・二	全食	菲律宾	
	四	一〇	甲午	一〇〇七	一一	一三	二〇八九一八一	三	三一・三	全食	澳洲之南	史言云阴不见
大中祥符	二	三	丙辰	一〇〇九	三	二九	二〇八九六八三	一五	二七・〇	偏食		史言阴雨不见
	五	八	丙申	一〇一二	八	二〇	二〇九〇九二三	一四	二八・二	全食	西半球	《纪》云当蚀不见
	六	一二	戊午	一〇一四	一	四	二〇九一四二五	一〇	八・〇	全食	安南，菲律宾	
	七	一二	癸丑	一〇一四	一二	二五	二〇九一七七九	一	三八・三	全食	西半球	史言验之不食（注二）

续表

史纪日食				西历			儒略周日	合朔		类别	所经地带	备考
帝号年号	年	月	朔	年	月	日		时	分			
大中祥符	八	六	己酉	一〇一五	六	一九	二〇九一九五六	一二	四二·一	环食	新疆,蒙古	
天禧	三	三	戊午	一〇一九	四	八	二〇九三三四五	一〇	一六·四	环食	蒙古西端	
	四	九	己酉	一〇二〇	九	二〇	二〇九三八七六	八	二七·九	偏食		《辽史》作七月庚戌朔,误
	五	七	甲戌	一〇二一	八	一一	二〇九四二〇一	一二	三九·八	全食	长城以北	史言当食既,测验及四分止
仁宗乾兴	元	七	甲子	一〇二二	八	一	二〇九四五五六	一八	五九·二	环食	印度,南洋	史言几尽。当作己巳
天圣	二	五	丁亥	一〇二四	六	九	二〇九五二三四	一〇	二三·二	环食	北冰洋	史言候之不食(注三)
	四	一〇	甲戌	一〇二六	一一	一二	二〇九六一二〇	一〇	四五·七	环食	西比利亚	当作癸酉
	六	三	丙申	一〇二八	三	二九	二〇九六六二三	六	三九·九	环食	菲律宾东南	
	七	八	丁亥	一〇二九	九	一一	二〇九七一五四	七	五八·一	全食	江西,福建	
明道	二	六	甲午	一〇三三	六	二九	二〇九八五四一	一九	三二·五	环食	缅甸西北	
景祐	三	四	己酉	一〇三六	四	二九	二〇九九五七五	七	五一·六	全食	澳洲北部	(注四)
宝元	元	一	戊戌	一〇三八	三	八	二一〇〇二五四	二	三三·〇	偏食		(注五)
	元	六	戊子	一〇三八	九	一	二一〇〇四三一	七	二一·四	偏食		当作七月甲子晦
康定	元	一	丙辰	一〇四〇	二	一五	二一〇〇九六三	一三	四九·六	全食	菲律宾	
庆历	二	六	壬申	一〇四二	六	二〇	二一〇一八一九	一七	二一·〇	环食	堪察加	(注六)
	三	五	丁卯	一〇四三	六	一〇	二一〇二一七四	六	三四·八	全食	菲律宾南	
	四	一一	戊午	一〇四四	一一	二二	二一〇二七〇五	一八	四四·〇	环食	蒙古西北	(注七)

续表

史纪日食				西历			儒略周日	合朔		类别	所经地带	备考
帝号年号	年	月	朔	年	月	日		时	分			
庆历	五	四	丁亥	一〇四五	四	二〇	二一〇二八五四	六	二七·六	偏食		史言云阴不见
	六	三	辛巳	一〇四六	四	九	二一〇三二〇八	一三	四五·九	环食	蒙古	史言食四分半,申三刻复
皇祐	元	一	甲午	一〇四九	二	五	二一〇四二四一	一二	一三·〇	偏食		史言食一分,午正食甚
	四	一一	壬寅	一〇五二	一一	二四	二一〇五六二九	一三	三六·八	偏食		史言食二分弱,申正一刻复
	五	一〇	丙申	一〇五三	一一	一三	二一〇五九八三	一三	三七·一	环食	云南,两广	史言午正一刻食至四分半
至和	元	四	甲午	一〇五四	五	一〇	二一〇六一六一	一五	一一·七	全食	中国之南	(注八)
嘉祐	元	八	庚戌	一〇五六	九	一二	二一〇七〇一七	一五	二〇·一	偏食		史言食二分
	三	八	己亥	一〇五八	八	二二	二一〇七七二六	八	四三·九	环食	暹罗,安南	史言食三分半
	四	一	丙申	一〇五九	二	一五	二一〇七九〇三	一三	四·〇	全食	西比利亚	史言食三分余,未初三刻复
	六	六	壬子	一〇六一	六	二〇	二一〇八七五九	一三	五六·四	全食	新疆至广东	史言未初刻食四分,入云不见
英宗治平	三	九	壬子	一〇六六	九	二二	二一一〇六七六	一三	三九·七	环食	蒙古至辽宁	《契丹志》道宗咸雍二年
神宗熙宁	元	一	甲戌	一〇六八	二	六	二一一一一八一	一二	二〇·六	全食	东海	
	二	七	乙丑	一〇六九	七	二一	二一一一七一二	九	二七·四	环食	云南至福建	太史言当食八分。是日阴云,不及定分
	六	四	甲戌	一〇七三	五	一〇	二一一三一〇一	七	一二·八	环食	广东,福建	
	八	八	庚寅	一〇七五	九	一三	二一一三九五七	一一	八·一	环食	蒙古	史言阴云不见

续表

史纪日食				西历			儒略周日	合朔		类别	所经地带	备考
帝号年号	年	月	朔	年	月	日		时	分			
元丰	元	六	癸卯	一〇七八	七	一二	二一一四九九〇	七	二六·四	偏食		太史言当食。验之不食（注九）
	三	一一	己丑	一〇八〇	一二	一四	二一一五八七六	一一	六·五	环食	黄河流域	太史言食六分。不及所食分数
	四	一一	癸未	一〇八一	一二	三	二一一六二三〇	一五	五一·九	偏食		史言验之不食
	五	四	壬子	一〇八二	五	一	二一一六三七九	三	三二·二	环食	太平洋	史言阴云不见
	六	九	癸卯	一〇八三	一〇	一四	二一一六九一〇	八	四八·四	全食	安南，菲律宾	
哲宗元祐	二	七	庚戌	一〇八七	八	一	二一一八二九七	一六	三四·五	全食	苏门答拉	史言阴云不见
	六	五	己未	一〇九一	五	二一	二一一九六八六	一三	五七·一	环食	西比利亚	
	九	三	壬申	一〇九四	三	一九	二一二〇七一九	一四	三·六	全食	台湾东南	（注十）
绍圣	二	二	丁卯	一〇九五	三	九	二一二一〇七四	五	四四·九	全食	日本东南	史言验之不食
	四	六	癸未	一〇九七	七	一二	二一二一九三〇	四	四七·五	全食	日本之东	史言阴云不见
元符	二	一〇	甲寅	一〇九九	一一	一五	二一二二七八六	一〇	四四·七	偏食		当作十月己亥朔
	三	四	丁酉	一一〇〇	五	一一	二一二二九六四	一〇	一三·八	环食	蒙古北部	
徽宗建中靖国	元	四	辛卯	一一〇一	四	三〇	二一二三三一八	一一	五·九	环食	菲律宾	
崇宁	五	七	庚寅	一一〇六	八	一	二一二五二三七	一二	三四·二	全食	西比利亚北	史言当蚀不亏
大观	元	一一	壬子	一一〇七	一二	一六	二一二五七三九	一四	一八·三	环食	长江流域	
	二	五	庚戌	一一〇八	六	一一	二一二五九一七	一二	四二·四	全食	菲律宾东南	
	四	九	丙寅	一一一〇	一〇	一五	二一二六七七五	一五	五九·一	偏食		

续表

史纪日食				西历			儒略周日	合朔		类别	所经地带	备考
帝号年号	年	月	朔	年	月	日		时	分			
大观	五	三	庚寅	一一一一	四	一〇	二一二六九五〇	一〇	三七·八	环食	印度,南洋	当作二月癸亥朔
政和	三	三	壬子	一一一三	三	一九	二一二七六五九	一三	五三·八	全食	西比利亚北部	
	五	七	戊辰	一一一五	七	二三	二一二八五一五	一二	一八·五	全食	黄河以北	
重和	元	五	壬午	一一一八	五	二二	二一二九五四九	一六	四九·五	环食	亚洲北部	
宣和	元	四	丙子	一一一九	五	一一	二一二九九〇三	一七	三八·七	环食	缅甸,暹罗	
	二	一〇	戊辰	一一二〇	一〇	二四	二一三〇四三五	一三	五三·八	环食	黄河、长河间	《金史》太祖天辅四年
	四	二	庚寅	一一二二	三	一〇	二一三〇九〇七	一三	三二·六	全食	黄河流域	《辽史》天祚帝保大三年
	五	八	辛巳	一一二三	八	二三	二一三一四六八	七	一三·二	全环	菲律宾东南	史言阴云不见
高宗建炎	三	九	丙午	一一二九	一〇	一五	二一三三七一三	一〇	三八·四	环食	蒙古北	《宋志》作七月,误
绍兴	五	一	乙巳	一一三五	一	一六	二一三五六三二	一一	三一·二	环食	西藏至河北	《金史》天会十三年
	七	二	癸巳	一一三七	一一	一五	二一三六六六六	一〇	三七·二	全食	南洋群岛	当作闰十月己未朔
	一〇	七	癸卯	一一四〇	九	一三	二一三七六九九	八	四〇·八	环食	澳洲之南	《金史》天眷三年。当作八月壬申朔
	一三	一二	癸未	一一四四	一	七	二一三八九一〇	六	五一·二	环食	日本东南	史言阴云不见
	一五	六	乙亥	一一四五	六	二二	二一三九四四二	九	四六·八	环食	长江流域	
	一七	一〇	辛卯	一一四七	一〇	二六	二一四〇二九八	一八	四二·〇	环食	印度东北	
	一八	四	戊子	一一四八	四	二〇	二一四〇四七五	一三	一五·八	全食	菲律宾	
	一九	三	癸未	一一四九	四	一〇	二一四〇八三〇	七	四九·四	全食	加罗林群岛	

续表

史纪日食				西历			儒略周日	合朔		类别	所经地带	备考
帝号年号	年	月	朔	年	月	日		时	分			
绍兴	二四	五	癸丑	一一五四	六	一三	二一四二七二〇	七	四九·〇	偏食		
	二五	五	丁未	一一五五	六	二	二一四三〇七四	六	三四·三	环食	菲律宾东南	
	二八	三	辛酉	一一五八	四	一	二一四四一〇八	七	四〇·九	全食	拉多伦群岛	
	三〇	八	丙午	一一六〇	九	二	二一四四九九三	一一	五二·三	全食	蒙古北部	史言当食不食
	三一	一	甲戌	一一六一	一	二八	二一四五一四一	一三	二九·六	偏食		
	三二	一	戊辰	一一六二	一	一七	二一四五四九五	一五	三·八	环食	黄河流域	《授时历》初亏申一刻
孝宗隆兴	元	六	庚申	一一六三	七	三	二一四六〇二七	一六	二〇·七	环食	西北至东南	
	二	六	甲寅	一一六四	六	二一	二一四六三八一	一七	二五·三	偏食		
乾道	三	四	戊辰	一一六七	四	二一	二一四七四一五	一三	三六·二	全食	蒙古西北	《金史》世宗大定三年(注十一)
	五	八	甲申	一一六九	八	二四	二一四八二七一	一一	二八·四	全食	西比利亚	《志》云日蚀在翼
	九	五	午辰	一一七三	六	一二	二一四九六五九	一三	〇·一	环食	蒙古至山东	《志》云日蚀在井(注十二)
淳熙	元	一一	甲申	一一七四	一一	二六	二一五〇一九一	一四	五六·四	环食	长江流域	《志》云日蚀在尾(注十三)
	三	三	丙午	一一七六	四	一一	二一五〇六九三	一三	三三·一	全食	西比利亚	
	四	九	丁酉	一一七七	九	二四	二一五一二二四	六	二一·六	全食	澳洲东北	
	一〇	一一	壬戌	一一八三	一一	一七	二一五三四六九	一一	四·八	环食	蒙古至山东	《授时历》食甚巳正二刻
	一五	八	甲子	一一八八	八	二四	二一五五二一一	一二	一四·二	全食	南洋群岛	
	一六	二	辛酉	一一八九	二	一七	二一五五三八八	一一	一八·〇	环食	黄河流域	
宁宗庆元	元	三	丙戌	一一九五	四	一二	二一五七六三三	一二	一八·五	全食	南洋群岛	《大明历》亏初午初二刻

续表

史纪日食				西历			儒略周日	合朔		类别	所经地带	备考
帝号年号	年	月	朔	年	月	日		时	分			
宁宗庆元	四	一	己亥	一一九八	二	八	二一五八六六六	七	一五·五	环食	东海	
	五	一	癸巳	一一九九	一	二八	二一五九〇二〇	一六	四六·五	全食	暹罗,安南	
	六	六	乙酉	一二〇〇	七	一三	二一五九五五二	六	一六·九	环食	西比利亚西部	太史言夜食不见
	六	一一	癸丑	一二〇〇	一二	八	二一五九七〇〇	一〇	五六·七	偏食		
嘉泰	二	五	甲辰	一二〇二	五	二三	二一六〇二三一	一一	四·三九	全食	南洋群岛	（注十四）
	三	四	己亥	一二〇三	五	一三	二一六〇五八六	四	五三·二	全食	加罗林岛东南	
开禧	二	二	壬子	一二〇六	三	一一	二一六一六一九	一七	三三·八	环食	云南西南	太史言不见亏分
嘉定	三	六	丁巳	一二一〇	六	二三	二一六三一八四	七	二·七	全环	澳洲北	
	三	一二	乙卯	一二一〇	一二	一八	二一六三三六二	七	四九·三	环食	日本	
	四	六	辛巳	一二一一	六	一二	二一六三五三八	一九	二二·〇	全食	非洲南	当作四月辛卯朔
	四	一一	己酉	一二一一	一二	七	二一六三七一六	一〇	三六·一	偏食		
	五	九	壬戌	一二一二	一〇	二六	二一六四〇四〇	一五	二三·二	环食	南大洋	当作十月癸酉朔
	七	九	壬戌	一二一四	一〇	五	二一六四七四九	一二	二四·二	全食	新疆至福建	
	九	二	甲申	一二一六	二	一九	二一六五二五一	一五	一二·〇	环食	蒙古	
	九	闰七	壬午	一二一六	八	一五	二一六五四二九	七	二三·七	环食	澳洲	《金史》宣宗贞祐四年
	一〇	七	丙子	一二一七	八	四	二一六五七八三	一二	一四·〇	环食	南海岛	
	一一	七	庚午	一二一八	七	二四	二一六六一三七	一二	四八·九	环食	西比利亚北部	史言食一分
	一四	五	甲申	一二二一	五	二三	二一六七一七一	一二	二四·五	全食	热河,辽宁	

续表

史纪日食				西历			儒略周日	合朔		类别	所经地带	备考
帝号年号	年	月	朔	年	月	日		时	分			
嘉定	一六	九	庚子	一二二三	九	二六	二一六八〇二七	一一	四五·一	全食	西北利亚西部	
理宗宝庆	三	六	戊申	一二二七	七	一五	二一六九四一五	八	二七·六	环食	蒙古北	
绍定	元	六	壬寅	一二二八	七	三	二一六九七六九	一三	五九·六	全环	南洋群岛	
	元	一二	庚子	一二二八	一二	二八	二一六九九四七	一六	一三·九	环食	新疆西北	《金史》哀宗正大五年
	六	九	壬寅	一二三三	一〇	五	二一七一六八九	一三	八·六	偏食		
端平	二	二	甲子	一二三五	二	一九	二一七二一九一	九	三四·〇	全食	南洋群岛	
嘉熙	元	一二	戊寅	一二三七	一二	一九	二一七三二二五	一三	五八·八	全食	西半球	
淳祐	二	九	庚辰	一二四二	九	二六	二一七四九六七	一二	一七·九	全食	云南，两广	
	三	三	丁丑	一二四三	三	二二	二一七五一四四	一〇	二·一	环食	长江流域	
	五	七	癸巳	一二四五	七	二五	二一七六〇〇〇	一五	五·七	环食	黄河流域	
	六	一	辛卯	一二四六	一	一九	二一七六一七八	一五	四·八	全食	非洲南	
	九	四	壬寅	一二四九	五	一四	二一七七三八九	一〇	二三·一	全食	长江以南	
	一二	二	乙卯	一二五二	三	一二	二一七八四二一	六	四四·四	环食	辽宁	
宝祐	一	二	己酉	一二五三	三	一	二一七八七七六	一七	四六·九	全食	广东西南	

（注一）《宋史·天文志》云："验之不食。"《新法历书》李天经《古今交食考》云："是日合朔巳正三刻十二分二十九秒，食止二分五十四秒，想当日历官或推时太蚤，至期不验，遂谓不食。一当食时又或片云掩蔽，而所食无几，倏忽已过，误而不觉耳。且食不及三分不救，与不食同，是未可知。"《元史·历志》谓"当食不食，日度失行"者，实未合也。

（注二）《宋志》云："验之不食。"《通鉴纲目》云："司天监奏日食不应，群臣表贺。"《古今交食考》云："定朔在子正三刻六分，则食在夜，误推在昼，司天氏之过也，乃不罪推步者，而辄纷纷称贺，宋人之欺罔也甚矣。"案此次全食起于南太平洋，经阿根廷而至大西洋，中国不可见，自应验之不食。

（注三）案《宋史》，历官于汴京推得午时日食五分，至期不食，中书奉表贺。乃诸家推算皆云当食，以《授时》推之亦然。徐光启云：“考此地此月，日在午正前十刻，即巳初二刻合朔，非午时也，诸家成法皆推为当食，然是三分之一，非五分也。”查此次环食经亚洲西北、北冰洋而向东北，在汴京不能见食，史言至期不食，是也。《续通志》云：“若从汴京以东数千里，则渐见食，至东北万余里外，则全见食。”其说至当。

（注四）《宋史》：“殿中丞王立言当食二分半，候之不食。”《古今交食考》推得是日定朔辰初一刻三分三十八秒，并谓候之不食是，日食二分半之说不合。

（注五）史言：“食六分申一刻便复。”案日食当在一月丁卯晦，《宋史·天文志》作戊戌朔，不合。

（注六）史言：“食五分，至酉六刻带二分入浊不见。”案《宋志》作癸酉，误。

（注七）《宋志》云：“当食不食。”《古今交食考》：“推得是月戊午朔，误推戊申朔。其日定朔酉正一刻三分三十七秒，其为夜食无疑。”

（注八）史言：“食九分余，阙于西南，申正一刻甚。”《礼志》云：“至申乃见蚀九分之余。”

（注九）《古今交食考》云：“太史言日当食，验之不食。议者云是日卯时日食，史云验之不食，而《纲目》载食，想当时原食也。今以法考之，是日在辰初初刻十一分四十一秒，虽食甚应卯初三刻十二分二十五秒，尚余视距四十四分五十二秒，其验之不食宜矣，又安所谓当时原食哉。”

（注十）史言：“阴云不见，初亏至未时三刻，云间见日西南已食一分余，六刻食甚，至七分有云，不见复圆。”

（注十一）《古今交食考》云：“宋乾道三年即金大定七年，金书四月戊晨朔日食，宋无。金主避正殿减膳，伐鼓应天门，百官各于本司庭立，明复乃止。依法推得是日定朔未初一刻五分，未正初刻四分三十九秒食甚，得食四分四十秒，夫食在日中，已非夜食不见者比，见食四分四十秒，又非三分以下不救之类。而乃当食失推，致令河北独专其美，何哉？富弼曰，万一契丹行之，岂不为朝廷羞，其即此日之谓也。”

（注十二）《宋史·律历志》云：“今岁（乾道九年）五月朔太阳交食，本局官生瞻视到天道日食四分半，亏初西北五时五刻半，食甚正北未初二刻，复满东北申初一刻。后令永叔等五人各言五月朔日食分数，并亏初、食甚、复圆时刻，皆不同。并现行《乾道历》比之，五月朔天道日食多算二分少强，亏初少算四刻半，食甚少算三刻，复满少算二刻以上。又考《乾道历》比之，《崇天》《纪元》《统元》三历，日食亏初时刻为近，较之《乾道》日食亏初时刻为不及。”

（注十三）程大昌《演繁露》云：“淳熙丙申三月，予为少蓬太史局言朔日巳时，日食西北隅，食至一分半而复，已而日行加巳，呼请台官，即道山下，以盈贮油，对日景候之。时既及巳，云忽骤起，少选云退，则日轮西北角微有亏阙，约其所欠，殆不及一分。盖食已而复，非不及一分半也，其年某人忘其名，使虏自北而回，正当食时，其行适及河北，自北望之，则日轮亏及十分之二，是太史之言固不能精，亦不全谬也。”案是年日全食经俄属西比利亚，北方所见食分，自多于南方，南宋都临安，在河北之南二千余里，其差自显，足证太史之言无误，程氏之说亦有据也。

（注十四）《宋史·律历志》：“太史言日食甚，草泽赵大猷言午初三刻，日食三分，验之午初一刻起，未初刻复，如大猷言。”《古今交食考》推得定朔午初二刻七分三十五秒，午初二刻食甚，应见食分二三十秒，大猷所推较亲。

一〇 元代日食考

《明史·天文志》曰："谈天之家，测天之器，往往后胜于前。"此不易之论也。元代学者辈出，制器渐精，如许衡、王珣、郭守敬等，创简仪、仰仪、窥几、景符之属，昼夜测验，不差晷刻，前此所未有也。《元史·历志》曰："历法疏密，验在交食。"郭守敬去虚立之元，凭实测之度，造《授时历》，破古来治历之习，开后世新法之源。《授时历议》推究《书》《诗》日食二事，春秋日食三十七事及三国以来日食三十五事，颇见确当。清初梅文鼎治此历，极为推崇。西人汤若望亦尊之以为中国第谷，则推算当代日食，自宜精密无误。然《元史·天文志》所载日食，中国不可见者约占十分之一。惟大德三年八月之日食，载明至期不食，其他并无说明，何疏漏至此。或者明修《元史》，宋濂辈急于编纂，仅六阅月而告成，为期过促，不免有乖误阙漏之处，非测天者之不加注意也。如世祖至元二十九年之日食，《天文志》独能说明环食之象，可见元代实录，未尝无确当之纪载，殆为作史者之任意删削，致多掠美耳。

元代日食表

史纪日食				西历			儒略周日	合朔		类别	所经地带	备考
帝号年号	年	月	朔	年	月	日		时	分			
世祖中统	元	三	戊辰	一二六〇	四	一二	二一八一三七五	一四	三五·七	环食	菲律宾	(注一)
	二	三	壬戌	一二六一	四	一	二一八一七二九	一七	二二·二	环食	西比利亚西北	
至元	二	一	辛未	一二六五	一	一九	二一八三一一八	八	五一·四	环食	广东,福建	
	四	五	丁亥	一二六七	五	二五	二一八三九七四	一七	三一·五	全食	广州湾	
	五	一〇	戊寅	一二六八	一一	六	二一八四五〇五	一四	七·三	全食	菲律宾	
	七	三	庚子	一二七〇	三	二三	二一八五〇〇七	一四	一九·七	环食	西比利亚北部	
	八	八	壬辰	一二七一	九	六	二一八五五三九	八	五七·〇	环食	南洋群岛	
	九	八	丙戌	一二七二	八	二五	二一八五八九三	九	六·八	环食	蒙古北	
	一二	六	庚子	一二七五	六	二五	二一八六九二七	一〇	四六·八	全食	南海沿岸	(注二)
	一四	一〇	丙辰	一二七七	一〇	二八	二一八七七八三	一三	一二·五	全食	黄河流域	(注三)
	一九	六	己丑	一二八二	二	一〇	二一八九一六九	八	三·三	全食	澳洲	当作一月壬戌朔
	一九	七	戊午	一二八二	八	五	二一八九五二五	一一	二一·〇	全环	云南,两广	
	二四	一〇	戊午	一二八七	一一	七	二一九一四四五	一四	四五·一	偏食		
	二六	三	庚辰	一二八九	三	二三	二一九一九四七	九	五二·二	全食	南洋群岛	
	二七	八	辛未	一二九〇	九	五	二一九二四七八	一六	一〇·八	环食	长江流域	
	二九	一	甲午	一二九二	一	二一	二一九二九八一	一二	三五·三	环食	黄河北岸	《志》云日体如金环然
	三一	六	庚辰	一二九四	六	二五	二一九三八六七	九	七·八	全食	蒙古北	
成宗大德	元	四	癸巳	一二九七	四	二三	二一九四九〇〇	七	四四·〇	环食	菲律宾东南	

续表

史纪日食				西历			儒略周日	合朔		类别	所经地带	备考
帝号年号	年	月	朔	年	月	日		时	分			
成宗大德	三	八	己酉	一二九九	八	二七	二一九五七五六	一一	四五·八	环食	西半球	(注四)
	四	二	丁未	一三〇〇	二	二一	二一九五九三四	一六	二〇·七	全食	南洋至台湾	
	六	六	癸亥	一三〇二	二	二六	二一九六七九〇	一八	一〇·七	偏食		
	七	闰五	戊子	一三〇三	六	一六	二一九七一四五	七	三六·一	全环	四川	当作戊午
	八	五	癸未	一三〇四	六	四	二一九七四九九	一四	一·三	环食	南洋群岛	当作壬子
仁宗皇庆	元	六	乙丑	一三一二	七	五	二二〇〇四五二	一六	一五·一	全食	西比利亚	
延祐	二	四	戊寅	一三一五	五	四	二二〇一四八七	一四	四七·四	环食	长城以北	
	五	二	癸巳	一三一八	三	四	二二〇二五二〇	四	二九·三	全食	西半球	
	六	二	丁亥	一三一九	二	二一	二二〇二八七四	八	五五·二	环食	东南沿海	
	七	一	辛巳	一三二〇	二	一〇	二二〇三二二八	一〇	一七·五	偏食		
英宗至治	元	六	癸卯	一三二一	六	二六	二二〇三七三〇	一四	三四·八	全环	西北至东南	
	二	一一	甲午	一三二二	一二	九	二二〇四二六一	一六	三七·二	全食	云南至湖北	
泰定帝泰定	四	九	丙申	一三二七	九	一六	二二〇六〇〇三	一二	四·七	偏食		
文宗天历	二	七	丙辰	一三二九	七	二七	二二〇六六八三	九	一四·〇	全食	南洋群岛	
至顺	二	六	甲辰	一三三一	七	六	二二〇七三九二	六	五三·五	偏食		当作乙巳
	二	一一	壬申	一三三一	一一	三〇	二二〇七五三九	一五	三三·九	全食	长城以北	
顺帝元统	二	四	戊午	一三三四	五	四	二二〇八四二五	九	三七·五	偏食		
至元	二	八	甲戌	一三三六	九	六	二二〇九二八一	九	五二·九	全环	新疆至浙江	

续表

史纪日食				西历			儒略周日	合朔		类别	所经地带	备考
帝号年号	年	月	朔	年	月	日		时	分			
至元	三	二	壬申	一三三七	三	三	二二〇九四五九	一六	三八·〇	环食	西比利亚西南	
	四	八	癸亥	一三三八	八	一六	二二〇九九九〇	一七	三·七	偏食		
至正	二	八	庚子	一三四二	五	五	二二一一三四八	一九	四〇·三	偏食		当作四月辛丑朔
	二	一〇	己亥	一三四二	一〇	三〇	二二一一五二六	一三	〇·五	环食	西半球	
	三	四	丙申	一三四三	四	二五	二二一一七〇三	九	一〇·一	全食	菲律宾	
	四	九	丁亥	一三四四	一〇	七	二二一二二三四	一四	二一·五	环食	安南,菲律宾	
	五	九	壬午	一三四五	九	二六	二二一二五八八	一九	五四·四	偏食		当作辛巳
	六	二	庚戌	一三四六	二	二二	二二一二七三七	一二	一三·〇	环食	蒙古北	
	七	一	甲辰	一三四七	二	一一	二二一三〇九一	一二	一五·〇	环食	南洋群岛	
	八	七	丙申	一三四八	七	二七	二二一三六二三	六	三三·七	全环	黑龙江	
	九	一一	戊午	一三四九	一二	一一	二二一四一二五	〇	二七·七	全食	西半球	
	一〇	一一	壬子	一三五〇	一一	三〇	二二一四四七九	一五	二一·七	全食	南洋群岛	
	一一	五	己酉	一三五一	五	二六	二二一四六五六	四	四四·九	全食	西半球	
	一二	四	癸卯	一三五二	五	一四	二二一五〇一〇	一七	三·六	全食	西半球	
	一三	九	乙丑	一三五三	九	二九	二二一五五一三	九	五一·二	偏食		
	一四	三	癸亥	一三五四	三	二五	二二一五六九〇	一六	一八·一	全食	菲律宾	
	一七	一	丙子	一三五七	一	二一	二二一六七二三	九	二六·七	环食	西半球	
	一八	六	戊辰	一三五八	七	七	二二一七二五五	九	三二·二	环食	南洋群岛	

续表

史纪日食				西历			儒略周日	合朔		类别	所经地带	备考
帝号年号	年	月	朔	年	月	日		时	分			
至正	一八	一二	乙丑	一三五八	一二	三一	二二一七四三二	一〇	二四·四	全食	南洋群岛	
	二〇	五	丁丑	一三六〇	五	一六	二二一七九三四	二	四九·二	偏食		当作丁亥
	二一	四	辛巳	一三六一	五	五	二二一八二八八	一六	四四·六	全食	长江流域	
	二四	八	壬辰	一三六四	一	二八	二二一九四九九	七	四四·三	全食	澳洲之南	
	二六	七	辛巳	一三六六	八	七	二二二〇二〇八	一三	四七·六	全环	长江、黄河间	
	二七	六	丙午	一三六七	六	二八	二二二〇五三三	五	一〇·七	偏食		
	二七	一二	癸卯	一三六七	一二	二二	二二二〇七一〇	九	二一·二	全食	黑龙江，吉林	

（注一）《元史·历志》云："中统元年庚申，三月戊辰朔食，申正二刻甚。《授时历》食甚申正一刻，《大明历》食甚申初三刻，《授时》亲，《大明》疏。"案是年日食《元史·天文志》未载，《宋史》亦无。

（注二）《宋史·天文志》云："德祐元年（元至元十二年）六月庚子朔，日有食之既，星见，鸡惊皆归。"

（注三）《元史·历志》云："午正初刻亏初，未初一刻食甚，未正二刻复满。"

（注四）《元史·天文志》云："太史言巳时日食二分有奇，至期不食。"案此次环食，中国本不可见，宜乎至期不食。

一一　明代日食考

明代推算日食，初用中法，继用回回法，后用西法。自利玛窦、徐光启任台官后，悉用西法，其法载在《新法历书·交食历指》，约分为二：一曰加时早晚，预推日食三限之时刻也；一曰食分深浅，预定日体被掩之分秒也，有南北、东西、高下三差，初亏、食甚、复圆三限及泛时、用时、真时三时，布算甚详，故日食之早晚，食分之深浅，皆得而求之。但《明史·天文志》所载日食仅一百有二，日食时刻，食分多寡，皆略而不录。查《大政纪》及《昭代典则》所载日食，尚有四十三，未经列入《明志》，虽其间中国不可见者甚多，固皆由先期预推未经实验者也。然中国可得见者亦不少，不知《明史》何以漏列。且《明史》所载日食，亦有中国不可见者，亦非尽经实测也，惟永乐元年二月及天顺八年四月两次日食，《明史》载明当食不食，其他皆未说明，不免疏漏。至正德九年八月之日食，《明史·历志》，纪之独详，查当时全食，由西南经广东、福建而入海，《志》言郑善夫云："台官报食八分六十七秒，而闽广之地，遂至食既。"足证当时之实验，亦颇精确，惜皆零星纪录，未可多得耳。

明代日食表

史纪日食				西历			儒略周日	合朔		类别	所经地带	备考
帝号年号	年	月	朔	年	月	日		时	分			
太祖洪武	元	六	庚子	一三六八	六	一六	二二二〇八八七	六	二·二	环食	澳洲东南	
	二	五	甲午	一三六九	六	五	二二二一二四一	一一	四一·八	全环	长江以南	
	四	九	庚戌	一三七一	一〇	九	二二二二〇九七	一七	三三·七	偏食		
	六	三	癸卯	一三七三	三	二五	二二二二六三〇	七	三三·一	环食	菲律宾东北	
	七	二	丁酉	一三七四	三	一四	二二二二九八四	八	三六·一	偏食		
	八	七	己未	一三七五	七	二九	二二二三四八六	一一	三三·四	环食	西比利亚	
	九	七	癸丑	一三七六	七	一七	二二二三八四〇	一六	四·三	环食	澳洲东北	
	一〇	一二	乙巳	一三七七	一二	三一	二二二四三七二	一〇	四〇·〇	偏食		
	一一	一二	乙巳	一三七八	一一	二一	二二二四六九七	七	一五·八	环食	南大洋	当作十月庚午朔
	一四	一〇	壬子	一三八一	一〇	一八	二二二五七五九	一二	二·五	偏食		
	一六	八	壬申	一三八三	八	二九	二二二六四三九	八	一七·〇	全食	南洋群岛	
	一九	一二	癸未	一三八六	一二	二二	二二二七六五〇	八	四九·八	全环	菲律宾	
	二一	五	甲戌	一三八八	六	五	二二二八一八一	七	四九·二	全食	蒙古	
	二二	九	丙寅	一三八九	一〇	一九	二二二八六八二	一	二五·七	偏食		当作九月乙未晦
	二三	九	庚寅	一三九〇	一〇	九	二二二九二三七	九	四八·〇	全环	蒙古至河北	
	二四	三	戊子	一三九一	四	五	二二二九二一五	一四	四五·五	环食	蒙古	
	二六	七	甲辰	一三九三	八	八	二二三〇〇七一	一八	三八·四	环食	新疆,甘,陕	

续表

史纪日食				西历			儒略周日	合朔		类别	所经地带	备考
帝号年号	年	月	朔	年	月	日		时	分			
太祖洪武	三〇	五	壬子	一三九七	五	二七	二二三一四五九	七	四四·二	全食	云南至江苏	
惠帝建文	二	三	丙寅	一四〇〇	三	二六	二二三二四九三	一〇	二五·〇	环食	欧洲俄属	
永乐	元	二	戊申	一四〇三	二	二一	二二三三五五五	二二	三五·二	偏食		《大政纪》云当蚀不蚀
	四	六	己未	一四〇六	六	一六	二二三四七六六	一五	一一·四	全食	蒙古北	
	五	一〇	辛巳	一四〇七	一〇	三一	二二三五二六八	九	二六·四	偏食		
	六	四	己卯	一四〇八	四	二六	二二三五四四六	一四	五一·四	全环	菲律宾南	
	六	一〇	乙亥	一四〇八	一〇	一九	二二三五六二二	一八	五·二	全环	印度洋	
	七	九	庚午	一四〇九	一〇	九	二二三五九七七	八	四二·九	全食	菲律宾东南	
	一一	一	辛巳	一四一三	二	一	二二三七一八八	一二	四四·一	全食	长江流域	
	一二	一	丙子	一四一四	一	二二	二二三七五四三	四	四·八	偏食		
	一二	六	丙寅	一四一四	六	一七	二二三七六九〇	〇	九·六	偏食		
	一二	一一	甲午	一四一四	一二	一二	二二三七八六七	二一	四三·一	环食	南大洋	当作十一月庚子朔
	一三	五	丁酉	一四一五	六	七	二二三八〇四四	一五	一〇·三	全食	蒙古至河北	
	一四	五	壬辰	一四一六	五	二七	二二三八三九九	八	三三·〇	全食	南洋群岛	
	一五	四	丁巳	一四一七	五	一六	二二三八七五三	二三	三九·三	环食	西半球	
	一五	一〇	癸未	一四一七	一一	九	二二三八九三〇	四	四四·三	偏食		
	一八	八	丁酉	一四二〇	九	八	二二三九九六四	一一	五九·九	环食	黄河、长江间	

续表

史纪日食				西历			儒略周日	合朔		类别	所经地带	备考
帝号年号	年	月	朔	年	月	日		时	分			
永乐	一九	八	辛卯	一四二一	八	二八	二二四〇三一八	一六	四六・二	偏食		
	二〇	一	己未	一四二二	一	二三	二二四〇四六六	一一	五〇・四	全食	西比利亚南部	
	二一	六	庚戌	一四二三	七	八	二二四〇九九七	八	四一・六	全食	菲律宾东南	
仁宗洪熙	元	一〇	丙寅	一四二五	一一	一〇	二二四一八五三	一七	三四・七	偏食		
宣宗宣德	五	八	己巳	一四三〇	八	一九	二二四三五九六	一二	四・五	环食	长江以北	史言阴雨不见
	七	一	辛酉	一四三二	二	二	二二四四一二八	一二	三九・五	偏食		
	一〇	一一	戊辰	一四三五	一一	二〇	二二四五五一五	一三	一五・四	偏食		
英宗正统	四	八	丙子	一四三九	九	八	二二四六九〇三	二三	五〇・八	偏食		
	五	一	甲辰	一四四〇	二	三	二二四七〇五一	二〇	三一・四	全食	西半球	
	六	一	己亥	一四四一	一	二三	二二四七四〇六	一〇	四四・九	全环	南洋群岛	史言当食不见
	六	七	丙申	一四四一	七	一八	二二四七五八二	一五	四八・九	全食	南洋群岛	当作乙未朔
	七	六	庚寅	一四四二	七	八	二二四七九三七	七	五九・二	全食	朝鲜东北	
	八	六	甲申	一四四三	六	二七	二二四八二九一	二三	一七・四	偏食		
	八	一一	壬子	一四四三	一一	二二	二二四八四三九	一	四九・八	偏食	南洋群岛	
	九	一〇	丙午	一四四四	一一	一〇	二二四八七九三	一一	一・九	全环	新疆至广东	
	一〇	四	甲辰	一四四五	五	七	二二四八九七一	一一	二七・一	环食	广西至江苏	
	一一	四	癸亥	一四四六	四	二六	二二四九三二五	一二	一六・二	偏食		当作戊戌朔

续表

史纪日食				西历			儒略周日	合朔		类别	所经地带	备考
帝号年号	年	月	朔	年	月	日		时	分			
英宗正统	一二	八	庚申	一四四七	九	一〇	二二四九八二七	一六	二四·六	偏食		
	一三	二	丁巳	一四四八	三	五	二二五〇〇〇四	一三	四一·三	全食	澳洲	
	二	六	戊辰	一四五一	六	二九	二二五一二一五	六	二·二	全食	西比利亚	史言当食不见
	三	一一	己未	一四五二	一二	一一	二二五一七四六	一四	三〇·五	环食	南洋群岛	
	五	四	壬午	一四五四	四	二八	二二五二二四九	七	九·六	偏食		
	六	四	丙子	一四五五	四	一七	二二五二六〇三	七	三三·六	环食	菲律宾	
英宗天顺	二	二	庚寅	一四五八	二	一四	二二五三六三七	七	五·五	全食	堪察加东北	
	四	七	乙亥	一四六〇	七	一八	二二五四五二二	一三	二七·三	全食	蒙古至河北	
	五	一一	丁酉	一四六一	一二	二	二二五五〇二四	一〇	九·五	偏食		
	七	五	己丑	一四六三	五	一八	二二五五五五六	一八	六·二	环食	西藏,云南	
	八	四	癸未	一四六四	五	六	二二五五九一〇	一八	五三·二	环食	西半球	史言当食不见
宪宗成化	三	二	丁酉	一四六七	三	六	二二五六九四四	一四	九·八	全食	长江流域	
	四	二	壬辰	一四六八	二	二四	二二五七二九九	七	二五·九	偏食		
	四	八	戊子	一四六八	八	一八	二二五七四七五	八	一三·七	偏食		《大政纪》作十二月,误
	五	六	癸丑	一四六九	七	九	二二五七八〇〇	一三	三〇·八	全食	黑龙江	
	六	六	戊申	一四七〇	六	二九	二二五八一五五	六	四九·四	全食	菲律宾东南	
	九	四	辛酉	一四七三	四	二七	二二五九一八八	一四	一九·九	环食	长城以北	

续表

史纪日食				西历			儒略周日	合朔		类别	所经地带	备考
帝号年号	年	月	朔	年	月	日		时	分			
宪宗成化	一〇	九	癸丑	一四七四	一〇	一一	二二五九七二〇	一一	一一·四	环食	西藏,云南	
	一一	九	丁未	一四七五	九	三〇	二二六〇〇七四	一四	二三·〇	偏食		
	一二	二	乙亥	一四七六	二	二五	二二六〇二二二	一三	三二·一	全食	北冰洋西南	
	一八	五	己巳	一四八二	五	一八	二二六二四九六	一	二五·三	环食	西半球	
	二〇	九	乙酉	一四八四	九	二〇	二二六三三五二	九	八·一	环食	蒙古至河北	
	二一	八	己卯	一四八五	九	九	二二六三七〇六	九	三二·六	环食	南洋群岛	
	二二	二	丁丑	一四八六	三	六	二二六三八八四	一三	三六·一	偏食		
孝宗弘治	元	六	癸巳	一四八八	七	九	二二六四七四〇	一四	一四·七	全食	西藏,云南	
	二	一二	甲申	一四八九	一二	二二	二二六五二七一	一五	一〇·七	环食	西比利亚西北	
	七	三	己卯	一四九四	三	七	二二六六八〇七	二三	五〇·七	全食	西半球	当作二月庚申朔
	八	二	乙卯	一四九五	二	二五	二二六七一六二	一一	四四·六	全环	菲律宾	
	一一	闰一一	壬戌	一四九八	一二	一三	二二六八五四九	一三	六·九	全食	南洋群岛	
	一三	五	甲寅	一五〇〇	五	二八	二二六九〇八一	七	五四·〇	环食	青海至黑龙江	
	一四	九	丙子	一五〇一	一〇	一二	二二六九五八三	一五	一二·〇	偏食		
	一五	五	壬申	一五〇二	四	七	二二六九七六〇	一三	四一·七	全食	南洋群岛	当作三月癸酉朔
	一五	九	庚午	一五〇二	一〇	一	二二六九九三七	一六	二六·四	环食	南洋群岛	
武宗正德	元	一	辛巳	一五〇六	一	二四	二二七一一四八	三	四九·一	环食	澳洲	《大政纪》作三月,误

续表

史纪日食				西历			儒略周日	合朔		类别	所经地带	备考
帝号年号	年	月	朔	年	月	日		时	分			
武宗正德	二	一	乙亥	一五〇七	一	一三	二二七一五〇二	一五	一九·三	环食	菲律宾东南	
	九	八	辛卯	一五一四	八	二〇	二二七四二七八	一二	二四·〇	全食	广东，福建	见上考语
	一〇	一二	癸丑	一五一六	一	四	二二七四七八〇	一一	二二·二	偏食		
	一二	六	乙巳	一五一七	六	一九	二二七五三一二	一三	三六·四	偏食		
	一三	五	己亥	一五一八	六	八	二二七五六六六	一四	二〇·三	环食	西比利亚西北	
	一五	三	己丑	一五二〇	四	一七	二二七六三四五	二一	二八·〇	全食	西半球	
	一六	三	癸丑	一五二一	四	七	二二七六七〇〇	一四	二四·八	全食	西藏至江苏	
世宗嘉靖	四	闰二	乙丑	一五二六	一	一三	二二七八四四二	八	二八·八	全食	黑龙江	
	五	五	癸未	一五二六	六	一〇	二二七八五九〇	九	一三·三	偏食		
	六	五	丁丑	一五二七	五	三〇	二二七八九四四	一〇	一一·〇	环食	西比利亚	
	七	五	辛未	一五二八	五	一八	二二七九二九八	一六	一八·〇	全环	南洋群岛	
	八	一〇	癸亥	一五二九	一一	一	二二七九八三〇	一三	一二·八	环食	西比利亚	
	一九	三	癸巳	一五四〇	四	七	二二八三六四〇	一三	一一·八	全食	欧洲	
		七	庚寅	一五四〇	九	三〇	二二八三八一六	一四	五九·二	环食	亚洲西北	
	二一	七	己酉	一五四二	八	一一	二二八四四九六	一二	四五·〇	全食	安徽，浙江	
	二二	一	丙午	一五四三	二	四	二二八四六七三	七	三八·四	环食	澳洲北部	
	二四	五	壬戌	一五四五	六	九	二二八五五二九	一六	四四·〇	环食	西比利亚南部	

续表

史纪日食				西历			儒略周日	合朔		类别	所经地带	备考
帝号年号	年	月	朔	年	月	日		时	分			
世宗嘉靖	二七	三	丙子	一五四八	四	八	二二八六五六三	二一	五六·六	偏食		
	二八	三	辛未	一五四九	三	二九	二二八六九一八	一一	二二·九	全环	长江以南	
	三二	一	戊寅	一五五三	一	一四	二二八八三〇五	一五	二〇·九	全食	云南至浙江	史言阴云不见
	三四	一一	壬辰	一五五五	一一	一四	二二八九三三九	一五	一·八	偏食		
	三五	一〇	丙戌	一五五六	一一	二	二二八九六九三	一五	一二·三	环食	南洋群岛	
	四〇	二	辛卯	一五六一	二	一四	二二九一二五八	一五	三九·八	环食	西南至东北	
	四三	五	壬寅	一五六四	六	九	二二九二四六九	六	二二·九	环食	太平洋	
	四五	四	壬戌	一五六六	四	二〇	二二九三一四九	七	四二·〇	偏食		
穆宗隆庆	四	一	乙巳	一五七〇	二	五	二二九四五三六	一二	一八·六	偏食		
	六	六	乙卯	一五七二	七	一〇	二二九五四二二	九	四五·三	环食	西藏至江苏	(注一)
神宗万历	元	六	己酉	一五七三	六	二九	二二九五七七六	一五	一三·四	偏食		
	三	四	己巳	一五七五	五	一〇	二二九六四五六	一三	三三·五	全食	云南至广东	(注二)
	四	八	辛酉	一五七六	一〇	二二	二二九六九八七	七	一八·七	全环	澳洲东南	当作十月庚申朔
	五	闰八	乙酉	一五七七	九	一二	二二九七三一二	一二	一·二	偏食		史言阴云不见
	八	二	辛未	一五八〇	二	一五	二二九八一九八	九	五九·四	全食	西藏	
	一〇	六	丁亥	一五八二	六	二〇	二二九九〇五四	一三	二六·三	全食	四川至广东	
	一一	一一	己卯	一五八三	一二	一四	二二九九五八六	一二	五七·八	环食	蒙古	(注三)

续表

史纪日食				西历			儒略周日	合朔		类别	所经地带	备考
帝号年号	年	月	朔	年	月	日		时	分			
神宗万历	一五	九	丁亥	一五八七	一〇	二	二三〇〇九七四	一二	五六·八	全食	蒙古北	史言阴云不见
	一七	一	己酉	一五八九	二	一五	二三〇一四七六	八	三六·三	全食	菲律宾	
	一八	七	庚子	一五九〇	七	三一	二三〇二〇〇七	一六	二〇·一	环食	长江以南	
	二一	一〇	辛巳	一五九三	一一	二二	二三〇三二一九	七	五一·四	环食	菲律宾东南	史言日蚀二分
	二二	四	己酉	一五九四	五	二〇	二三〇三三九六	一一	二八·八	全食	蒙古西北	(注四)
	二四	闰八	乙丑	一五九六	九	二二	二三〇四二五二	一一	五九·五	全食	黄河流域	(注五)
	二五	六	庚申	一五九七	三	一八	二三〇四四二九	七	二二·七	环食	澳洲	当作二月壬戌朔
	三一	四	丁亥	一六〇三	五	一一	二三〇六六七四	九	三六·八	全环	四川,甘肃	(注六)
	三二	四	辛巳	一六〇四	四	二九	二三〇七〇二八	一五	七·五	偏食		
	三五	二	甲午	一六〇七	二	二六	二三〇八〇六一	一七	四·六	全食	西藏至甘肃	(注七)
	三七	一二	戊申	一六〇九	一二	二六	二三〇九〇九五	一五	二七·一	全食	西比利亚	《明史》作十一月,不合
	三八	一一	壬寅	一六一〇	一二	一五	二三〇九四四九	一四	五八·二	偏食	黄河流域	(注八)
	四〇	五	甲午	一六一二	五	三〇	二三〇九九八一	一八	四〇·七	偏食		魏文魁云测候不食
	四三	三	丁未	一六一五	三	二九	二三一一〇一四	一五	三·八	环食	菲律宾	
	四四	三	辛未	一六一六	九	一一	二三一一五四六	九	五四·〇	环食	印度洋	当作八月己亥朔
	四五	七	癸亥	一六一七	八	一	二三一一八七〇	一九	一四·九	偏食		(注九)
熹宗天启	元	四	壬申	一六二一	五	二一	二三一三二五九	一六	四四·九	环食	蒙古北	(注十)

续表

史纪日食				西历			儒略周日	合朔		类别	所经地带	备考
帝号年号	年	月	朔	年	月	日		时	分			
熹宗天启	四	二	乙酉	一六二四	三	一九	二三一四二九二	一二	二六·三	偏食		
	六	七	辛未	一六二六	八	二二	二三一五一七八	五	四九·七	环食	菲律宾东南	史言阴云不见
怀宗崇祯	二	五	乙酉	一六二九	六	二一	二三一六二一二	一一	五六·四	全环	菲律宾	(注十一)
	四	一〇	辛丑	一六三一	一〇	二五	二三一七〇六八	一二	五〇·六	偏食		(注十二)
	七	三	丁亥	一六三四	三	二九	二三一七九五四	一〇	三二·九	全食	西比利亚	
	一〇	一	辛丑	一六三七	一	二六	二三一八九八八	一二	四九·七	环食	南洋群岛	
	一三	一〇	戊申	一六四〇	一一	一三	二三二〇三七五	二二	一一·二	全食	非洲西南	
	一四	一〇	癸卯	一六四一	一一	三	二三二〇七三〇	一三	四六·九	全食	新疆至山东	
	一六	二	乙丑	一六四三	三	二〇	二三二一二三二	九	四一·七	全食	长江流域	

（注一）李天经《古今交食考》:“台官候得初亏卯正三刻,复圆巳初三刻,约食八分。《大统》推得见食八分二十一秒,初亏卯初二刻,食甚辰初初刻,复圆辰正二刻。今以法考之,是日定朔巳初一刻十四分,食甚辰正初刻一分五十八秒,初亏卯正三刻,复圆巳初二刻。”

（注二）《古今交食考》云:“台官候得初亏未初二刻,复圆申初三刻,约食有六分余。《大统》报初亏未初一刻,食甚未正一刻,复圆申初二刻,见食六分六十秒。今以法考之,定朔未初一刻四分四十三秒,食甚未正一刻一分二十四秒,初亏未初一刻十分十九秒,复圆申初一刻二十五秒,乃台官谓候得申初三刻,恐食甚既在未正一刻,而亏复间当不悬远至此。”

（注三）《古今交食考》云:“台官候得初亏午初三刻,食甚未初二刻,复圆未正二刻,约食九分余。《大统》推得初亏午初二刻,食甚未初初刻,复圆未正二刻,食九分六十七秒。今以法考之,定朔午正二刻九分四十秒,食甚未初初刻一分十五秒,应食九分三十一秒,吻与测合。其初亏则在午初二刻七分七秒,与测较亲,复圆为未正三刻一分,似与测远矣。”

（注四）《古今交食考》云:“台官候得初亏巳初四刻,食甚巳正四刻,复圆午初四刻,约食三分余。《大统》推得初亏巳初三刻,食甚巳正三刻,复圆午初三刻,食三分九十一秒。今以法考之,定朔午初初刻八分三十七秒,巳正四刻内食甚,与所测合,应食三分十八秒,与测密切。”

（注五）《明纪事本末》,万历二十四年,按察司佥事刑云路奏,《大统历》刻差宜改,有云:“历法疏密,验在交食,自昔记之矣。乃今年闰八月朔,日有食之,《大统》推初亏巳正二刻,食几既,而臣候初亏巳正一刻,食止七分余。”案《大统》所推应食九分八十六秒,《赵志游传》曰:“食九分余。”与《大统》密合。查此次日全食,经黄河流域,赵志游在河北所见,应得九分余,刑云路在南京所见,故止七分余。《古今交食考》云:“台官候得初亏巳正二刻，食甚午初四刻，复圆午正四刻，约食八分余。以法考之，定朔午正初刻四分三十三秒，食甚午初二刻内，应食九分四十六秒，与《大统》算合，初亏午正三刻(与测疏远)，复圆午正四刻，与测密合。”

(注六)《古今交食考》云：“台官候得见食八分余，初亏辰初二刻，食甚辰正三刻，复圆巳初三刻。依《大统》算，初亏食甚皆先天三刻，复圆先天一刻余。今以法考之，定朔巳初一刻外六分，应辰正三刻内四分食甚，辰初二刻内二分初亏，巳初三刻内十四分复圆，俱与测合，应食八分八十秒，《大统》推九分六十二秒，似未合天。”案此次全环食，经四川、甘肃，沿长城之北，过绥远、察哈尔、热河、黑龙江，而向东北，河北所见，当在八分以上，《交食考》所推，与实测均密合。

(注七)《古今交食考》云：“台官推得初亏酉初三刻，候至日入，未见亏食。今以法考之，是日太阳实躔娵訾宫七度三十二分，顺天府昼长四十四刻，日入酉初二刻末。虽定朔应申正二刻七分，然时差近地平最大，以加时得食甚酉正一刻九分，初亏酉初一刻十分，此时日虽未入，相去无几，而阳光闪烁，微秒难窥，该台不见亏食宜也。”

(注八)《古今交食考》云：“《大统》推得初亏未正一刻，食甚申初三刻，复圆酉初初刻。台官实测得初亏未正三刻，食甚申正初刻，至申正四刻日已入，未见复圆。查应天府是日日入申正四刻，若顺天则在申正二刻五分，是复圆时日已入三刻有奇，不见复圆宜也。”案合朔在未正三刻之后，初亏、食甚与所测密合，复圆当在日入之后。

(注九)《古今交食考》云：“《大统》推酉正二刻日未入，见食八十九秒，候至其时，日体全明不亏。”案合朔在下午七时后，已近戌初一刻，日入已久，初亏亦不能见。

(注十)《古今交食考》云：“《大统》推得见食四分，初亏申正三刻，食甚酉正初刻，复圆戌初初刻，日已入，未见复，八十秒。台官实测得初亏酉初一刻，复圆在天，钦天监罚俸三月。今以法考之，定朔在申正一刻十四分，应酉正初刻八分食甚，酉初初刻八分有奇初亏，俱与天密合。应戌初初刻十分复圆，查表得是日日入戌初初刻十二分，即复圆后已二分，因无带食分。”案本表所推合朔在申初三刻弱，河北观测复圆，恰在日入之前，钦天监测算稍忽，遂致罚俸。

(注十一)《明纪事本末》：“崇祯二年以五月己酉朔日食时刻不验，九月设局，命徐光启督修历法。”《历学小辩》言：“独二年五月朔日食，监推三分二十四秒，初亏巳正三刻；回回科推五分五十二秒，初亏午初三刻，临期实候，得食止二分，初亏巳正四刻，与本部所据新法密合。”此驳斥魏文魁而发也。

(注十二)《历学小辩》云：“今年十月朔，监推日食二分六十四秒，初亏未初一刻，本局新法推食二分有奇，初亏午正一刻。”《续通志》云：“新法预推顺天见食二分十二秒，应天以南不食，大漠以北食既，例以京师见食三分不救护。”徐光启率监臣于密室中斜开一隙，置窥筒远镜以测亏圆，日体分数图板以定食分，测得食甚分数不及二分。光启言：“食分未合原推，因太阳光大，能减月魄，必食及四五分以上，乃得与原推相合。然此洞用密室窥筒，故能得此分数，倘止凭目力，或水盆照映，则眩耀不定，恐少尚不止此也。”

一二　清代日食考

清初推算日食，大旨用直接算法，其法载在《历象考成》，以平三角法直接计算某地之日食也。算数虽繁，极为精详，故乾隆《文献通考》所载日食，必纪以所在宿度及食分多寡，并列举初亏、食甚、复圆三限时刻，颇为翔实。惟只及乾隆五十年为止，五十年以后四次日食，载在《清史稿·天文志》，乾隆以后，无从查考。钦天监之纪录，荡然无存，致百余年之天文实录，遽尔中断，为深可惜。予尝搜考各省通志及各府县志，并同治以后《申报》所载日食，但皆零星纪载，毫无系统。本编目的，原为考证史志日食，凡正史所不载者，只得阙而不论。故依据《皇朝文献通考》以乾隆为止，原为三限时刻，均为北平平时，今仅取食甚一项，其他食分及所在宿度，均照录于备考项下，以便参考云尔。

清代日食表

年号	史纪日食					西历			儒略周日	合朔		类别	所经地带	备考				
	中历			食甚										食分		所在宿		
	年	月	朔	时	分	年	月	日		时	分			分	秒	宿	度	分
顺治	元	八	丙辰	一二	一七	一六四四	九	一	二三二一七六三	一二	四五・八	环食	菲律宾	二	四八	张	八	一八
	二	一二	己卯	八		一六四六	一	一七	二三二二二六四	七	四三・六	偏食		一		斗		
	五	五	乙丑	六	五二	一六四八	六	二一	二三二三一五二	八	四八・五	全环	云南至河北	九	一二	觜	一一	七
	七	一〇	辛巳	一二	一	一六五〇	一〇	二五	二三二四〇〇八	一二	一四・六	全食	新疆至江苏	七	四二	亢	二	一五
	一四	五	癸卯	五	九	一六五七	六	一二	二三二六四三〇	六	四二・四	环食	西比利亚西部	六	三七	觜	二	一二
	一五	五	丁酉	一一	三九	一六五八	六	一	二三二六七八四	一一	一〇・七	环食	台湾南	四	二五	毕	六	五七
康熙	三	一二	戊午	一六	三七	一六六五	一	一六	二三二九二〇五	一五	三・九	环食	云南至河北	八	五四	斗	二一	二〇
	五	六	庚戌	一六	四一	一六六六	七	二	二三二九七三七	一五	四七・九	全环	黄河流域	九	四七	井	九	四五
	八	四	癸亥	一四	四二	一六六九	四	三〇	二三三〇七七〇	一三	二六・〇	全环	安南,菲律宾	五	二九	娄	一一	
	一〇	八	己卯	一七	七	一六七一	九	三	二三三一六二六	一六	八・三	偏食		一	五九	张	九	二九
	一五	五	壬午	一八	一五	一六七六	六	一一	二三三三三六九	一七	四〇・〇	环食	缅甸西北	一		觜		
	二〇	八	辛巳	九	二二	一六八一	九	一二	二三三五二八八	一〇	四一・〇	全环	西比利亚	三	四九	翼	〇	二三
	二四	一一	丁巳	一六	四四	一六八五	一一	二六	二三三六八二四	一四	四二・三	偏食		二	一九	心	一	二二
	二七	四	癸卯	九	一九	一六八八	四	三〇	二三三七七一〇	一〇	四・〇	全食	西南至东北	九	四九	娄	一〇	五九
	二九	八	己未	七	三五	一六九〇	九	三	二三三八五六六	九	一一・七	全食	西比利亚	二	四四	张	九	二〇

续表

年号	史纪日食					西历			儒略周日	合朔		类别	所经地带	备考				
	中历			食甚										食分		所在宿		
	年	月	朔	时	分	年	月	日		时	分			分	秒	宿	度	分
康熙	三〇	二	丁巳	一三	二〇	一六九一	二	二八	二三三八七四四	一二	四〇・七	环食	南洋群岛东北	三	二一	危	一〇	五二
	三一	一	辛亥	一三	一四	一六九二	二	一七	二三三九〇九八	一二	三八・四	环食	西比利亚西部	五	一七	虚	九	二四
	三四	一一	己未	一六	五一	一六九五	一二	六	二三四〇六三三	一五	三〇・七	全食	黄河流域	八	三三	尾	三	二六
	三六	闰三	辛巳	九	三	一六九七	四	二一	二三四〇九八八	九	四三・四	全食	黄河流域	一〇	二二	娄	一	五七
	四三	一一	丁酉	一三	四六	一七〇四	一一	二七	二三四三七六四	一三	二七・五	全环	长江以南	四	三七	心	一	二六
	四五	四	戊子	一九	一三	一七〇六	五	一二	二三四四二九五	一七	四二・〇	全食	蒙古北	六	二三	胃	八	一八
	四七	八	甲辰	一七	四八	一七〇八	九	一四	二三四五一五一	一六	五三・八	全食	新疆至福建	五	一九	翼	一	二四
	四八	八	己亥	六	五九	一七〇九	九	四	二三四五五〇六	八	三四・〇	全食	云南,两广	四	五四	张	九	二六
	五一	六	癸丑	四	三一	一七一二	七	四	二三四六五四〇	六	三〇・九	全食	浙江,海外	五	四一	井	一〇	二三
	五四	四	丙寅	一九	二	一七一五	五	三	二三四七五七三	一七	三〇・七	全食	西比利亚南部	六	一二	娄	一二	一九
	五八	一	甲戌	一六	二〇	一七一九	二	一九	二三四八九六一	一四	四五・六	环食	新疆,蒙古	七	〇	危	〇	四七
	五九	七	丙寅	一二	一二	一七二〇	八	四	二三四九四九三	一二	四一・五	环食	长江流域	七	二	柳	五	一六
	六〇	闰六	庚申	一七	五九	一七二一	七	二四	二三四九八四七	一七	二〇・〇	偏食		四	二	井	二九	四二
雍正	八	六	戊戌	一二	四六	一七三〇	七	一五	二三五三一二五	一二	五五・二	环食	黄河流域	九	二二	井	二〇	二四
	九	一二	庚寅	七	二五	一七三一	一二	二九	二三五三六五七	八	五五・三	全环	河南,江苏	九	一一	斗	〇	二六

续表

史纪日食						西历			儒略周日	合朔		类别	所经地带	备考				
年号	中历			食甚										食分		所在宿		
	年	月	朔	时	分	年	月	日		时	分			分	秒	宿	度	分
雍正	一三	九	丁酉	八	五九	一七三五	一〇	一六	二三五五〇四四	一〇	一七·七	全环	黄河以北	八	二	角	二	五
乾隆	七	五	己未	七	三七	一七四二	六	三	二三五七四六六	八	四五·八	全食	长江流域	七	四	毕	七	一七
	一〇	三	癸酉	一一	四六	一七四五	四	二	二三五八五〇〇	一一	一〇·五	环食	南洋群岛	一	一〇	壁	六	四九
	一一	三	丁卯	一一	五	一七四六	三	二二	二三五八八五四	一一	一二·四	环食	西藏至蒙古	六	五七	室	一一	二三
	一二	七	己丑	一八	四〇	一七四七	八	六	二三五九三五六	一六	四七·八	偏食		二	二一	柳	六	三三
	一六	五	丁酉	七	二九	一七五一	五	二五	二三六〇七四四	八	四八·二	全食	西比利亚南部	四	四一	昴	七	三七
	二三	一二	癸丑	一六	二〇	一七五八	一二	三〇	二三六三五二〇	一五	一三·三	环食	长江流域	八	五一	斗	一	五一
	二五	五	甲辰	一七	二七	一七六〇	六	一三	二三六四〇五一	一六	一二·八	全食	黄河以北	九	四二	参	一	一七
	二七	九	庚申	一七	二八	一七六二	一〇	一七	二三六四九〇七	一六	五二·九	全食	新疆至广东	五	四〇	角	三	二六
	二八	九	乙卯	六	一八	一七六三	一〇	七	二三六五二六二	八	三八·四	全食	安徽,江苏	七	七	轸	六	一
	三四	五	壬午	一七	四七	一七六九	六	四	二三六七三二九	一六	二〇·四	全食	西比利亚	三	三五	毕	八	三八
	三五	五	丁丑	八	二六	一七七〇	五	二五	二三六七六八四	九	二九·三	全食	菲律宾	三	五三	昴	七	三四
	三八	三	庚寅	一四	四〇	一七七三	三	二三	二三六八七一七	一三	二七·九	环食	西比利亚南部	四	一二	室	一二	三七
	三九	八	壬午	八	一二	一七七四	九	六	二三六九二四九	九	五七·九	环食	南洋群岛	三	五一	张	一〇	五三
	四〇	八	丙子	一二	五二	一七七五	八	二六	二三六九六〇三	一三	九·五	环食	西比利亚	四	三三	张	〇	六

续表

年号	史纪日食					西历			儒略周日	合朔		类别	所经地带	备考				
	中历			食甚										食分		所在宿		
	年	月	朔	时	分	年	月	日		时	分			分	秒	宿	度	分
乾隆		一二	甲辰	一〇	二〇	一七七六	一	二一	二三六九七五一	一〇	五〇·五	偏食		一	四七	斗	二三	四三
	四九	七	甲寅	六	一四	一七八四	八	一六	二三七二八八一	八	二三·九	环食	西比利亚西北	一	五五	柳	一六	二一
	五〇	七	戊申	七	四三	一七八五	八	五	二三七三二三五	九	三八·九	环食	安南,菲律宾	四	一七	柳	五	三四
	五一	一	丙午	一〇		一七八六	一	三〇	二三七三五八九	一六	五六·四	全环	长江以南	七		女		
	五三	五	壬戌	一七		一七八八	六	四	二三七四二六九	一六	五七·四	全食	安南西北	三	三〇	毕		
	五四	一〇	癸丑	一〇		一七八九	一一	一七	二三七四八〇〇	一一	一四·八	全食	新疆至广东	五		氐		
	六〇	一	甲申	六		一七九五	一	二一	二三七六六九一	八	二二·二	环食	山东东南	九		斗		

结 论

我国日食之纪载有二千余年之历史，治历者得之以验历法之疏密，步天者得之以测月行之迟疾，读史者得之以考史传之年月，其用至广而其效亦甚宏也。推算交食之法，见于史者以汉《三统历》为最古，《三统》以一百三十五月为月食周期。西法之最古者为迦拉底人（Chaldeans）所创之交食周（Saros），以二百二十三月为周期，上推往古，下验来兹，莫不以此法为根据。近世美天文家牛考慕（Simon Newcomb）更立新法，以三百五十八月为周期，而适合于中西古法二者之和数，亦甚奇也。今先论三种周期之疏密，而后以我史之纪载证明之。

（一）《三统历》周期

一三五朔望月　　三九八六·六二九四日　约一一通常年少三一日

一一·五交食年　三九八六·一三〇四日

《三统历》以一百三十五月有二十三交为法，一年两交，等于一一·五交食年。观上列二数，相差甚微，则一三五朔望月之后，日月复同返于黄白二道之交点，而交食复起，故以此为周期也。惟一周之后，见食之地与前期大不相同。因一三五朔望月之后，地球自转三九八六·六二九四周，其余数·六二九四，约等于全周三分之二弱，地球约转二二七度，则所见日食，已在原地之西二二七度，且一三五朔望月约等一四四·六八最卑月（一最卑月为二七·五五四五五日），则月距最卑点比前期日食时有一九日之差，故距地之位置前后不同，月影投地之大小亦不同，而日食情形因之而异。又因交食年有·五之余数，适相差一交，故前期日食在升交点者，一周之后，必在降交点矣。二周之后复返于升交点，惟二周二七〇朔望月，约二二通常年少六二日，此时日食西移约四五四度，去其全周三六〇度，尚移西九四度，则原地或得望见。兹择《春秋》《汉书》日食，合于《三统历》二周期者，摘录于下。

襄公二十四年七月	西元前五四九年六月一九日
昭公十五年六月	五二七年四月一八日
定公五年三月	五〇五年二月一六日
汉永元十五年四月晦	西元后一〇三年六月二二日
延光四年三月朔	一二五年四月二一日
建和元年正月朔	一四七年二月一八日
建宁元年十月晦	一六八年一二月一七日

他如僖公十二年三月与文公元年二月，汉景帝中六年七月晦与武帝元狩元年五月晦，阳朔元年二月晦与元寿元年正月朔，建武七年三月晦与二十九年二月朔，永平十三年七月晦与永元四年六月朔，所书日食，相距皆二七〇朔望月。又《史记·六国表》周安王五年与烈王元年之日食，亦正合二周期，可见《三统》之数甚合，不过日食非同样耳。

（二）迦拉底周期

二二三朔望月	六五八五·三二一一日	约一八通常年又一一·三日或一〇·三日
一九交食年	六五八五·七八〇九日	

迦拉底周期二二三朔望月约等于一九交食年，则一周之后，合朔时日月复同返于黄白交点，又等于二四七交食月（六五八五·三五七二日）。于是日月地三者约在一直线上而日食复起矣，且约等于二三九最

卑月（六五八五五·三九四日），则月之距地，与前期日食时大略相同，而日之距地亦相差无几。故月影投地之大小，前后相似，而起同样之日食，由是循环相生，推求甚易。惟见食之地前后不同，因二二三朔望月后，地球转至六五八五·三二一一周，其余数约近全周三分之一，则见食之地约移西一二〇度，必三周之后，五四通常年又三三日，日食所经之路，将绕地一周而复返于同经度处，惟南北有移易，不能恰返原地耳。兹将《诗经》、《春秋》及《汉书》日食，适合于三周或六周者，录之于后。

周幽王六年十月	西元前七七六年九月六日
鲁庄公二十六年十二月	六六八年一一月一〇日
襄公十四年二月	五五九年一月一四日
定公五年三月	五〇五年二月六日

前三次合于六周，后一次合于三周，再将《汉书》日食之合于三周者录后。

汉五凤四年四月朔	西元前五四年五月九日
元始元年五月朔	后一年六月一〇日
建武三十一年五月晦	五五年七月一三日
永初三年七月朔	一〇九年八月一四日

他如惠帝七年正月朔与武帝元光元年二月朔，高后七年正月晦与武帝元朔二年二月晦之日食，皆合于三周，亦无庸计数悉也。

（三）牛考慕周期

三五八朔望月	一〇五七一·九五日	约二九通常年少二〇·三日
三〇·五交食年	一〇五七一·九一日	

牛考慕周期适等于前两周期之和数，牛氏创此法，是否见过《三统历》，未敢悬断。牛氏所以取三五八朔望月，因与三〇·五交食年极

为密近，则一周之后，日食必复起，且其时地球自转一〇五七一周，又全周百分之九十五，所差仅十八度。即所见日食，在原地之东不过十八度。惟交食年亦有·五之余数，前后日食之在升降交点者，亦适相反，且三五八朔望月等于三八三·六七三最卑月，其余数·六七三约等于一八日，则一周之后，月之距地，与前期日食时略有不同，而日食情形因之稍异。必在三周之后，八七年少六一日，约等于一一六九·〇一九最卑月，其余数甚微，则月之距地与前期日食时相似，而生同样之日食。牛氏复欲使前后日食，起于同日，乃取十八周约等于五二一通常年，则同样之日食，复见于同日。惟尚有微差，或有一日之上下。兹择春秋以后日食，有合于此长期者，录之于后。

鲁昭公二十一年七月	西元前五二一年六月一〇日
汉元始元年五月	后一年六月一〇日
梁普通三年五月	五二二年六月一〇日
宋庆历三年五月	一〇四三年六月一〇日
明嘉靖四十年五月	一五六四年六月九日
鲁桓公三年七月	西元前七〇九年七月一七日
汉惠帝七年五月	一八八年七月一七日
晋咸和九年五月	后三三四年七月一七日

他如鲁庄公三十年九月，汉景帝后元年七月，皆在西历八月二八日；成公十六年六月，汉五凤四年四月，皆在西历五月九日；宋泰始四年五月，则在西历五月八日；其间皆相距五二一年。查史志日食合于此长周期，而见于同月同日者，不可胜数。惟《春秋》用周正，比夏正后二月，西历在一五八二年一〇月一五日后，改用《格勒哥里历》，与《儒略历》有十余日之差，检阅时宜注意也。

查迦拉底周期，十八年又十一日或十日，日食循环一周，前后相似，今以过去及未来二周日食，列表于后，以便参考。

年	月	日	交点	日食	正午见食地
一九一四	二	二五	升	环食	
	八	二一	降	全食	那威北境
一九一五	二	一四	升	环食	澳洲伯斯
	八	一〇	降	环食	檀香山
一九一六	二	三	升	全食	委内瑞拉
	七	三〇	降	环食	新金山
	一二	二四	升	偏食	
一九一七	一	二三	升	偏食	
	六	一九	降	偏食	
	七	一九	降	偏食	
	一二	一四	升	环食	近南极
一九一八	六	八	降	全食	檀香山北
	一二	三	升	环食	阿根廷
一九一九	五	二九	降	全食	苏丹
	一一	二二	升	环食	圭亚那
一九二〇	五	一八	降	偏食	
	一一	一〇	升	偏食	
一九二一	四	八	降	环食	欧洲北角
	一〇	一	升	全食	格陵兰东北
一九二二	三	二八	降	环食	苏丹
	九	二一	升	全食	爪哇
一九二三	三	一七	降	环食	好望角西南
	九	一〇	升	全食	美国西部
一九二四	三	五	降	偏食	
	七	三一	升	偏食	
	八	三〇	升	偏食	
一九二五	一	二四	降	全食	纽芬兰
	七	二〇	升	环食	南太平洋
一九二六	一	一四	降	全食	加哥斯群岛
	七	九	升	环食	檀香山

续表

年	月	日	交点	日食	正午见食地
一九二七	一	三	降	全环	南太平洋
	六	二九	升	全食	台摩尔半岛
	一二	二四	降	偏食	
一九二八	五	一九	升	偏食	
	六	一七	升	偏食	
	一一	一二	降	偏食	
一九二九	五	九	升	全食	苏门答拉
	一一	一	降	环食	几内亚南
一九三〇	四	二八	升	全环	美国西部
	一〇	二一	降	全食	南太平洋
一九三一	四	一八	升	偏食	
	九	一二	降	偏食	
	一〇	一一	降	偏食	
一九三二	三	七	升	环食	
	八	三	降	全食	加拿大北
一九三三	二	二四	升	环食	非洲东南
	八	二一	降	环食	缅甸
一九三四	二	一四	升	全食	太平洋
	八	一〇	降	环食	印度洋
一九三五	一	五	升	偏食	
	二	三	升	偏食	
	六	三〇	降	偏食	
	七	三〇	降	偏食	
	一二	二五	升	环食	
一九三六	六	一九	降	全食	外蒙古北境
	一二	二	升	环食	南太平洋
一九三七	六	六	降	全食	檀香山东南
	一二	二	升	环食	檀香山西南
一九三八	五	二九	降	全食	南佐治亚岛

续表

年	月	日	交点	日食	正午见食地
	一一	二二	升	偏食	
一九三九	四	一九	降	环食	北美格伦得地
	一〇	一八	升	全食	
一九四〇	四	七	降	环食	墨西哥之西
	一〇	一	升	全食	亚森森岛
一九四一	三	二七	降	环食	南太平洋
	九	二一	升	全食	武昌
一九四二	三	一六	降	偏食	
	八	一二	升	偏食	
	九	一〇	升	偏食	
一九四三	二	四	降	全食	阿拉斯加南
	八	一	升	环食	澳洲西南
一九四四	一	二五	降	全食	巴西
	七	二〇	升	环食	缅甸
一九四五	一	一四	降	环食	南大洋
	七	九	升	全食	格陵兰东岸
一九四六	一	三	降	偏食	
	五	三〇	升	偏食	
	六	二九	升	偏食	
	一一	二三	降	偏食	
一九四七	五	二〇	升	全食	巴西北境
	一一	一二	降	环食	太平洋
一九四八	五	九	升	全环	日本北
	一一	一	降	全食	圣保尔岛
一九四九	四	二八	升	偏食	
	一〇	二一	降	偏食	

《三统历》周期约一一年退一月，则一周之后，日食复起。例如一九一四年八月二一日之全食，在一九二五年七月二〇日复见，惟前者为全食而后者为环食，一在降交，一在升交。再历一周，在一九三六年六

月一九日再见，而复为全食。更历一周，在一九四七年五月二〇日复见，而仍为全食。故前后二周中之日食不同，而或有或无也。

牛考慕周期约二九年退二〇日，一九一四年八月二一日之全食，于一九四三年八月一日复见，则为环食，而升降交点，亦适相反。因牛氏周期等于《三统历》及迦拉底二数之和，故前后二周中之日食，其不同之情形，亦犹《三统历》周期也。

《三统历》八周期一〇八〇朔望月，约八七年又四月，而牛考慕三周期一〇七四朔望月，约八七年少二月，两者相差六月。而周期所值，各起日食，可无疑焉。今择《汉书》日食为例，其合于《三统历》八周者如下。

汉建武二十九年二月朔　　西元后五三年三月九日
永和五年五月晦　　一四〇年七月二日
永平五年二月朔　　六二年二月二八日
建和二年四月晦　　一四九年六月二三日

其合于牛考慕三周者如下。

汉永平十三年闰七月晦　　西元后七〇年九月二三日
永寿三年闰五月晦　　一五七年七月二四日
永元四年六月朔　　九二年七月二三日
光和三年四月朔　　一七九年五月二四日

足证两种周期均合。又如建初六年之日食，复见于建宁元年，既合于《三统历》之八周，又合于牛考慕之三周，皆载于《汉书·五行志》，爰录之于后。

汉建初六年六月晦　　西元后八一年八月二三日
建宁元年五月朔　　一六八年六月二三日（合牛氏）
建宁元年十月晦　　一六八年一二月一七日（合《三统》）

又《三统历》会月六三四五，谓朔旦冬至与日食相会也，合于四七周期，五一三年，等于一八七三七一·六一日。地球多转半周有余，则前期日食见于东半球者，五一三年后将见于西半球，升降交点，亦适相反，前后日食，并不同样，在中历应起于同月朔，而在西历仍有一二日之差，故不如牛考慕十八周五二一年之密。查汉代及南北朝所载日食，亦有合于五一三年之周期者，惟前者中国可见，而后者不可见，足证当时之预推而未经目验者也。

1. 汉元寿二年四月晦	西元前一年六月二一日
2. 梁天监十二年五月朔	后五一三年六月一七日
1. 汉建武二年正月朔	二五年二月一七日
2. 梁大同四年正月朔	五三八年二月一五日
1. 汉建武二十六年二月晦	五〇年四月一〇日
2. 陈天嘉四十二年三月朔	五六三年四月九日
1. 汉永平五年二月朔	六二年二月二八日
2. 陈太建七年二月朔	五七五年二月二六日

查上列日食，皆相距五一三年，载在《汉书》者，中国皆得见之，而梁天监之日食，《魏书》云："京师不见，恒州以闻。"大同之日食，起于欧洲，讫于西比利亚之西，陈代二次日食亦均在西半球，中国不能见，足证梁、陈日食由推算所得也。

牛考慕周期为迦拉底与《三统历》两周之和，今若取两周之差，以八八朔望月为周期，约等于七年少四二日，则前后所起日食，升降交点相反，日食或同或不同，中国有见有不见也。查前表一九一四年八月之日食，复见于一九二一年一〇月，一九二八年一一月，一九三五年一二月及一九四三年二月，或为全食，或为偏食，或为环食，无定也。观《春秋》《汉书》日食，有合此周期者如下：

1. 鲁庄公十八年五月	西元前六七六年四月一五日
2. 二十五年七月	六六九年五月二七日
1. 汉永平六年六月晦	西元后六三年八月一三日

2. 十三年闰七月晦 七〇年九月二三日

1. 永初元年三月二日 一〇七年四月一一日

2. 元初元年四月朔 一一四年五月二二日

案永平六年之日食，不载于《续汉志》，《古今注》云："雒阳候者不觉。"盖此次日食起于西半球，中国不能望见，宜雒阳候者不觉，足证《古今注》所载，已为当时之预推矣。

由是推求古今日食，有八八月，有一三五月，有二二三月，有三五八月，以及五四年，八七年，一〇八年，五一三年，五二一年。各种周期，但皆为约数，不过借以检史志所纪日食，颇为便捷。而历代日食之有合于各种周期者，亦未暇枚举也，然则我国史志之纪载，有助于近世天学者岂浅鲜哉。